辽宁省农民技术员培训教材

农业农村部首届涉农职业院校助力乡村振兴“名课名师”配套教材

果树栽培

GUOSHU ZAIPEI

卜庆雁　梁春莉　主编

化学工业出版社
·北京·

内容简介

本教材在系统介绍果树栽培基础知识的基础上，详细讲述了建园、土壤管理、施肥管理、水分管理、花果管理、整形修剪、果园自然灾害预防等基本栽培与管理技术。针对仁果类（如苹果、梨）、核果类（如桃、李和杏、樱桃）、浆果类（如葡萄、树莓、蓝莓）、干果类（如板栗、榛子）以及设施果树，按照物候期进展顺序，介绍了各树种的主要品种和周年生产管理技术。此外，本教材配套了28条数字教学资源，便于读者对知识和技能消化吸收。

本教材可作为农民技术员培训、高素质农民培训、基层农技推广人员培训、继续教育及五年制高职农业技术类专业教学用书，也可供相关行业企业生产技术人员参考。

图书在版编目（CIP）数据

果树栽培 / 卜庆雁，梁春莉主编. -- 北京 : 化学工业出版社，2025. 11. -- ISBN 978-7-122-49529-7

Ⅰ. S66

中国国家版本馆CIP数据核字第2025Y8F114号

责任编辑：孙高洁　刘　军　　　　装帧设计：刘丽华
责任校对：李　爽

出版发行：化学工业出版社
（北京市东城区青年湖南街13号　邮政编码100011）
印　　装：三河市航远印刷有限公司
787mm×1092mm　1/16　印张12　字数276千字
2026年1月北京第1版第1次印刷

购书咨询：010-64518888　　　　售后服务：010-64518899
网　　址：http://www.cip.com.cn
凡购买本书，如有缺损质量问题，本社销售中心负责调换。

定　　价：49.80元　

本书编写人员名单

主　　编

卜庆雁（辽宁农业职业技术学院）

梁春莉（辽宁农业职业技术学院）

副 主 编

周晏起（辽宁省果树科学研究所）

齐边斌（辽宁农业职业技术学院）

李　悦（辽宁农业职业技术学院）

参编人员（按姓名汉语拼音排序）

高　野［先正达（上海）作物保护科技有限公司］

梁　义（盖州市农业服务中心）

刘克心（辽宁农业职业技术学院）

刘秀春（辽宁省果树科学研究所）

杨　豪（辽宁农业职业技术学院）

于强波（辽宁农业职业技术学院）

翟秋喜（辽宁农业职业技术学院）

张力飞（辽宁农业职业技术学院）

张清梅（内蒙古农业大学职业技术学院）

主　　审

田长永（辽宁农业职业技术学院）

前言

当前，我国果树产业发展迅猛，已成为全球最大的果树生产国和消费国。苹果、柑橘、葡萄等大宗水果产量稳居世界前列，蓝莓、树莓等特色浆果也逐渐形成区域化种植格局。果树产业作为乡村振兴“产业兴旺”的重要抓手，既能通过精品水果种植拓宽农民增收渠道，又能通过生态栽培技术实现“绿水青山就是金山银山”的发展理念，在乡村振兴中兼具经济与生态双重价值。

为深入贯彻落实国家关于高素质农民培育的政策要求，响应农业农村部《“十四五”全国新型职业农民培育发展规划》中“围绕特色优势产业开展精准培训”的号召，立足农业高职院校的教学实践与科研成果，精心编写了本教材，旨在为广大农民朋友、基层农技人员和农业职业院校学生提供一本系统、实用的果树栽培教材。

本教材紧扣果树栽培的核心技术与生产需求，第一章详细介绍果树的分类、树体结构及枝芽特性、生长发育规律等内容，为后续学习奠定理论基础；第二章从果园建立、土肥水管理、花果管理到整形修剪、自然灾害的预防，将复杂的栽培技术转化为通俗易懂的操作指南。第三至第七章则针对仁果类、核果类、浆果类、干果类及设施果树，按照物候期进展顺序，分类阐述各树种的周年生产管理技术。

本教材的编写始终坚持“实用导向、知行合一”的原则。每章开篇明确学习目的与学习要点，使学习者清晰把握重点。章节内容紧密结合生产实际，语言简洁，并辅以大量图片和视频，直观展示果树生产关键技术。每章结尾设置复习思考题，帮助学习者巩固所学知识，提升实践能力。

具体编写分工如下：第一章、第五章由卜庆雁编写，第二章由张力飞、高野、刘秀春编写，第三章由周晏起、齐边斌编写，第四章由翟秋喜、刘克心、张清梅编写，第六章由梁春莉、李悦编写，第七章由于强波、梁义编写。全书最后由卜庆雁、梁春莉负责统稿。

由于编者水平有限，书中难免存在疏漏之处，恳请广大读者批评、指正。

编者

2025年6月

目录

第一章 果树生产基础知识 / 1

第二章 果树栽培基本技术 / 27

第一章

果树生产基础知识

- **目的要求** 了解果树栽培的特点，栽培现状与发展趋势；掌握果树分类方法、树体结构及枝芽特性、果树生长发育规律及各器官间的关系。
- **学习要点** 果树栽培意义；果树栽培特点；果树生产现状及发展趋势；果树分类；果树树体结构及枝芽特性；果树生长发育规律；果树各器官间关系。
- **技能要点** 果树种类识别；果树树体结构及枝芽特性调查；果树物候期观察。
- **职业素养** 文化传承；珍爱生命，正确的人生观和价值观；爱国情怀；学农爱农、兴农强农。

第一节 果树栽培概述

一、果树与果树栽培的意义

1. 果树与果树栽培的含义

（1）果树 果树是一种经济作物，它是指能够生产可供食用的果实、种子及其衍生物的多年生植物。多数为木本及藤本植物，如苹果、梨、桃、李、杏、葡萄等；少数为草本植物，如草莓、香蕉、菠萝等。

（2）果树栽培 是指人们为获得高产优质果品，对果树及其生长环境采用各类技术进行管理和调控的过程。包括苗木培育、果园建立、栽培管理及病虫害防治等各个环节。

2. 果树栽培的意义

（1）果品具有较高的营养价值和保健价值 成熟的果品中富含人体必需的糖类、蛋白质、脂肪、矿物质、维生素和膳食纤维等六大营养元素，是日常饮食中不可或缺的部分。此外，鲜果含果酸、单宁、芳香物质等，能刺激胃液分泌，帮助消化，以其为原料制作的保健食品及药品，可以促进健康、防治疾病。如仁用杏含有维生素 B_{17}（苦杏仁苷），对治疗消化系统疾病有良效；猕猴桃、无花果、杏、银杏（白果）等有防癌作用；大枣补脾胃；山楂健脾消食；梨清热化痰；香蕉润肠等。

（2）果业具有较高的经济效益　果业是农业的重要组成部分，对推动农业经济发展和农民增收起着重要的作用。观光果园的出现，设施果树的快速发展，均使得果业增效更为明显。此外，果品可加工成果干、果脯、果茶、果冻、果汁、果酒和糖水罐头等，在丰富人们生活的同时，还带动了水果加工、运输和销售等相关产业的发展，为农村经济的多元化发展注入活力。

（3）果树栽培具有较好的生态环境效益　果树具有较强的环境适应性，既可绿化荒山、保持水土，改善我国众多丘陵山区的生态环境和农民生活条件，又可充分利用土地发展农村及城郊的生态农业，同时果树还能够吸收空气中的二氧化碳，释放氧气，有助于减缓全球气候变暖。

（4）果树栽培可以传承农耕文化，弘扬民族精神　果树栽培作为农耕文化的重要组成部分，承载着丰富的历史文化内涵。许多地区都有独特的果树种植传统和技艺，这些传统和技艺不仅代表了当地的农业智慧，还成为民族文化的重要载体。通过传承和发扬果树栽培文化，有助于增强民族自豪感和文化认同感。

二、果树生产的特点

（1）种类多，生产形式多样　与其他经济作物相比，果树的种类繁多，如乔木、灌木、藤本、草本等。不同种类果树的生物学特性、对环境条件要求和栽培技术均有所不同。此外，果树的生产形式多样，除常规露地栽培外，还有设施栽培和盆栽等形式。

（2）多年生，生产周期较长　果树是多年生植物，定植后可以连续多年结果，其寿命可达十几年，甚至几十年。一般要3～5年才进入结果期，5～7年才能达到最高产量。因此，果树栽培具有投资周期长、经济见效慢等特点。

（3）精细管理，生产技术复杂　由于果树种类多，树性差异大，加之长期生长在同一地点，对土壤要求较高。因此为提高果品质量，满足不同消费者的多种需求，实现果品的最大商品价值，必须对果树进行精细管理，同时采用特殊的栽培技术措施，如修剪、疏花疏果、保花保果等。因此，果树生产与其他经济作物生产相比技术较为复杂。

（4）多鲜食，果品质量要求高　我国果品的主要利用形式以鲜食水果为主。所以，为满足鲜食消费者健康与安全的要求，果品生产至少要达到安全无公害，尤其在园地选择、肥料与农药使用、果品贮藏运输技术等方面应严格执行生产标准。为获得较高的经济效益，增强市场的竞争力，目前提高果品质量已经成为果树生产的核心。

（5）高效益，适合集约经营　果品及其加工品属于高产值农产品，其经济效益相对较高，所以我国早有"一亩园十亩田"的谚语。果树生产在单位面积上投入人力、物力的多少，管理的精细程度直接影响着果园的经济效益，再加上我国人多地少的实际情况，因此果树生产非常适合集约经营。

三、果树生产现状与发展趋势

1. 果树生产现状

当前，我国已成为果树产业第一大国，在种植业中种植面积、产量和产值仅次于粮食、蔬菜，排在第3位。果树产业不仅是农民增收致富的重要途径，更是乡村振兴中"产业兴旺"

的关键支撑。我国果树产业整体呈现稳定发展，产业结构逐步调整优化。区域布局上由东部向中西部转移，产业结构上由生产导向型向市场导向型转变、由数量效益型向质量效益型转变，生产栽培上由扩大规模转变为“上山下滩、利用四荒”。

（1）果树面积和产量稳步提升　根据国家统计局发布数据，2022 年我国果园（园林果树）面积 1301 万公顷，同比增长 1.57%，2013 ～ 2022 年果园面积年均增长率为 1.84%。2023 年，中国水果产量为 32744.28 万吨，同比增长 4.63%；与 2013 年相比，增长了 9996.18 万吨，增幅约为 43.94%。

（2）主要果树产业布局调整进一步优化　自国家实施苹果、柑橘和梨等优势区域发展规划以来，主要果树优势生产区域基本形成，生产集中度进一步提高。如苹果产业布局主要为环渤海湾和西北黄土高原两大优势区，其面积分别占我国苹果总面积的 26.9% 和 57.2%，产量分别占我国苹果总产量的 36.0% 和 53.0%；葡萄优势区域发展布局进一步显现，主要为西北及黄土高原传统优势葡萄产区、华北及环渤海湾传统优势葡萄产区、秦岭和淮河以南亚热带设施及避雨葡萄产区、云南高原及川西优质特色葡萄产区、东北冷凉山葡萄特色产区、湖南怀化刺葡萄特色产区、华南一年多收避雨栽培产区等。

（3）果树生产布局呈现“东果西移”趋势　我国西部地区气候类型多样，海拔高、温差大，地域特色明显，生产的果品色度红、糖酸比高，有着不可复制的天然优势，是我国水果产业的重要区域。特别是西部山区人多地少，难以依靠粮食作物实现和巩固脱贫攻坚成果，果树已成为各地乡村振兴、农民致富的主要依靠之一。近年来西部 12 省份果园面积和园林水果产量在全国的占比逐年提高，我国水果“东果西移”趋势明显，由分散种植向优势区域集中。未来，随着果树“上山下滩、利用四荒”政策的实施，以及市场对果品质量安全和生态环境条件要求的不断升级，水果产区布局西移趋势会更加明显。

（4）品种结构调整进一步优化，果品质量显著提高　当前，我国主要果树新品种的引进与选育推广工作成效显著，果树品种结构调整进一步优化，适宜国内外市场需求的新品种大面积推广，品种结构明显改善。随着果树优质高效绿色生产关键技术大面积推广和“三品”提升行动，果树的优质果率和果品质量安全水平逐渐提升，果品品牌效益明显增强。据农业农村部农产品质量安全例行监测结果显示，近 5 年来水果的农药残检测合格率稳定在 96% 以上。

（5）果树设施栽培发展迅速，产业效益显著　据不完全统计，全国设施果树栽培规模已达 50 余万公顷，且效益较高，如温室桃每亩（1 亩 = 667m^2）收益为 4 万～ 6 万元，设施葡萄每亩收益为 3 万～ 5 万元，高者可达 10 万元，产业效益显著。

2. 果树生产存在问题

（1）树种、品种结构有待进一步完善　虽然经过多年发展，果品结构有所改善，但还有许多不合理之处，如主要果树品种熟期搭配不尽合理，大宗果树品种成熟期集中，品种多样化程度差，自主知识产权品种占比较低等。

（2）果园标准化生产有待提高　我国果树生产目前仍未建立以质量和效益为目标的栽培管理技术体系，比如苹果大部分果园土壤管理技术落后，土壤有机质含量低，修剪技术不配套，病虫害防治及农药使用技术不规范，致使果品质量差，果品中有害物质、农药残留时有超标。此外，生产过程管理不严格，进入市场的抗风险能力不强，果品储藏、运输标准较低。

（3）果园劳动力等生产成本持续上涨　果树产业属于农业密集型产业，我国果园经营主体主要为家庭农场和合作社，果树栽培机械化配置水平低，果园管理中疏花疏果、果实套袋、采摘装箱等需要大量劳动力。而目前现有果园从业人员老龄化严重，劳动力逐年减少，农业技术型人才紧缺，劳动力成本持续上涨，难以维持果园高水平管理。同时，山地果园无法使用大型机械车辆，轻简化、省力化、规模化生产难度大，人工成本高，产业利润率大幅下降。

（4）果树产业应对逆境生产能力不足　随着全球气候变化，极端天气增多，近年来，水果主产区频繁发生霜冻、雹灾、旱灾、涝灾、风灾、连阴雨等灾害，部分水果产区受灾程度较重。由于多数果园抗自然风险能力弱、防灾减灾技术和设施储备不足，造成了巨大的经济损失，严重影响了果树产业健康可持续发展。

（5）缺乏优质种苗生产机制，苗木质量差　主要表现为我国果树良种苗木繁育体系不健全，苗木质量不适于现代果树发展的需求。品种名称炒作繁多，假苗案件时有发生，许多果树苗木自繁自育，多为普通苗，脱毒种苗比例不足2%，出圃的苗木质量参差不齐。现代化、专业化和规范化苗木生产企业少，苗木检疫制度执行及监管缺失，不适应现代果业高质量发展的需求。

（6）农药化肥不合理及过量使用　与国外相比，我国果树生产中，农药和化肥的不合理和过量使用现象非常突出。据报道，我国单位面积化学农药用量是美国的2.3倍、欧盟的2倍；果园化肥用量是世界平均水平的2倍，是欧美发达国家的4倍，日本的3倍多。我国果园超量使用农药和化肥，会对人类健康和生态安全产生较大影响。

（7）产业化、组织化程度有待提高　我国果树生产大多由农户分散经营，规模小，组织化程度低，营销体系尚未形成，“小生产与大市场”的矛盾突出，从根本上制约了标准化生产技术的推广和实施。龙头企业或专业合作社规模小、数量少、发挥作用小，未与农户形成真正的利益共同体，对产业的带动能力不够，品牌意识薄弱，市场竞争能力不足。

3. 果树生产发展对策与趋势

（1）调整优化果树种植区域布局、树种与品种结构　继续完善果树的优势区域发展布局，调整树种和品种结构，适当控制主要果树次适宜区种植规模；大力发展区域优势特色果树，重点推广有自主知识产权的果树优良品种；调整早、中、晚熟期品种及加工鲜食比例；适度发展果树设施栽培等。

（2）推行果品生产技术标准化、安全化　通过采用国家强制标准和市场调节双管齐下的方法，逐步控制果园环境，严格按生产技术规程进行修剪、花果管理、施肥与病虫害防治，最终建立果品质量保证生产体系，实现果品生产技术标准化、安全化。

（3）大力推广节本增效技术　通过推广矮化砧苗木和抗性品种、省力化优质高效栽培技术和提高果园的机械化程度等，实现果树生产的标准化、机械化和智能化水平，确保节本增效。

（4）提高果园减灾与抗风险能力　加大对果园的基础设施基金投入，完善相关设施设备，夯实预防异常天气的基础设施；建立灾害预警和应急机制，提高我国果树产业防灾减灾与抗风险能力；搞好防灾减灾技术储备和培训。

（5）规范现代良种苗木繁育体系建设　加强果树苗木管理，制定苗木生产和经营法规，规范果树新品种审定（登记）及苗木生产销售管理办法。按标准确立一批规模大、技术力量强、设施设备完善的果树苗木生产企业，加强品种产权的保护与管理工作。建立果树无病毒苗木脱毒与繁育工程中心，实施果树苗木无毒化和标准化，保证果树苗木质量、纯度，适应现代果树产业对优质苗木的需求。

（6）推广果园农药化肥减施增效技术　集成示范推广果园化肥农药减施增效技术，提高化学肥料和农药施用效率；研发推广有机肥替代化肥、有机肥和化肥配施、测土配方施肥和水肥一体化等技术；加强果树病虫害综合防治技术研发与推广，对重要病虫害实施“统防统治”，提高防治效果，减少化学农药使用量，全面提高果业绿色发展能力和果品质量安全水平。

（7）加强果树生产的产业化与组织化建设　鼓励并扶持农民建立合作社或果农协会，形成以合作社或协会为纽带，以果品企业＋中介组织＋基地（农户）的组织化形式进行果树产业化开发，进一步加快果树生产的产业化和组织化进程。

第二节　果树分类

一、果树常见分类方法

1. 植物学分类

按植物学分类方法可划分为科、属、种。全世界主要果树（包括栽培、半栽培、野生）分属于 134 科，659 属，2972 种，另有变种 110 个，其中较重要的果树约 300 种，主要栽培的果树约 70 种。我国有果树 59 科，158 属，670 余种。植物学分类方法对了解果树的亲缘关系和系统发育，进行果树选、育种或开发利用野生果树具有重要的指导意义。目前生产中所栽培的果树种类，如苹果、梨、葡萄等都是植物学分类中的属名。

2. 园艺学分类

园艺学分类是按照果树的利用情况、果树的生物学特性和生态适应性等，对性状相近的果树进行分类，具体分类依据和结果见表 1-1。

表 1-1　园艺学分类方法

分类依据		分类结果
依据生物学特性	按照冬季叶幕特性	落叶果树和常绿果树
	按照植株形态特性	乔木果树、灌木果树、蔓性果树（藤本果树）和草本果树
	按照果实构造特点	仁果类、核果类、浆果类、坚果类、聚复果类、柑果类、荚果类和荔果类
	按照果实含水量及其利用特点	水果和干果
依据生态适应性		寒带果树、温带果树、亚热带果树和热带果树
依据利用情况		栽培类型、半栽培类型和野生类型

二、果树栽培学分类

果树栽培学上按照生物学特性相似、栽培管理措施相近的原则将各种分类方法综合进行分类，首先将果树分为木本果树和草本果树，再按冬季叶幕特性、果实形态特点等进行归类。主要类别及包含果树种类如下：

（1）木本落叶果树

① 仁果类。果实为假果，由子房和花托膨大形成。果实的外层是肉质化的花托，占果实的绝大部分，内果皮革质或骨质化，内有多种仁，花托和内果皮之间为肉质化的外、中果皮。食用部分主要是花托。果实大多耐贮运，鲜果供应期长。如苹果、梨、山楂、木瓜等。

② 核果类。果实为真果，由子房发育而成。外果皮很薄，中果皮肉质化，内果皮木质化，成为坚硬的核，核内有种子。食用部分为中果皮。果实不耐贮运。如桃、李、杏、樱桃等。

③ 浆果类。果实富有汁液，种子小而多，散布在果肉内。大部分不耐贮运。如葡萄、草莓、猕猴桃、树莓、石榴等。浆果类果实构造树种间差异大。葡萄果实由子房发育而成，外果皮膜质，中果皮柔软多汁，内果皮变为分离的浆状细胞，围绕在种子附近。食用部分为中、内果皮。草莓为聚复果，是由一花中许多离生雌蕊发育的单果聚集在肉质的花托上形成，食用部分为花托。

④ 坚果类。果实为真果，由子房发育而成。果实外面多具有坚硬的外壳，壳内有种子，种子富含脂肪、淀粉、蛋白质，食用部分多为种子。含水分少，极耐贮运。如板栗、核桃、榛子等。

⑤ 柿枣类。包括柿、枣等。也有不单列此类的，而将柿列入浆果类，将枣列入核果类。

（2）木本常绿果树

① 柑果类。包括柑、橘、橙、柚等。果实为真果，由子房发育而成，外果皮革质，具有油胞，中果皮白色海绵状，内果皮形成多汁的瓤瓣，食用部分为内果皮瓤瓣。果实大多耐贮运，鲜果供应期长。

② 其他。包括龙眼、荔枝、枇杷、杨梅、橄榄、椰子、香榧、芒果、油梨等。

三、多年生草本果树

包括香蕉、菠萝、草莓等。

第三节　果树的树体组成及枝芽特性

一、果树的树体组成

北方落叶果树多为乔木，树体分地下和地上两大部分。地下部分为根系，地上部分包括主干和树冠。地上、地下部分的交界处称为根颈（图 1-1），是果树器官中较为活跃的部位。栽植时，根颈埋得过深或过浅均易引起生长不良。越冬时根颈处最易受冻，应注意保护。

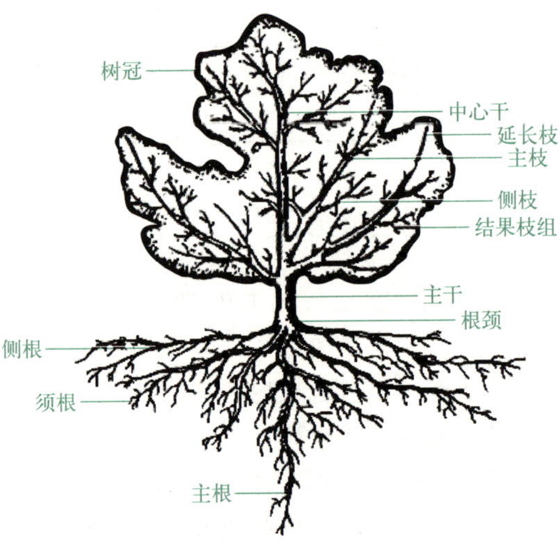

图 1-1　果树树体结构图

1. 果树的地上部分

（1）主干　从根颈到第一主枝之间的部分称为主干。主干对树冠起支撑作用，是根系与树冠之间输送水分和养分的通道，兼有贮藏养分的作用。

（2）树冠　树体主干以上的部分总称为树冠，它由骨干枝、结果枝组和叶幕构成。树冠的冠径指东西和南北的距离，用“东西向的距离（m）× 南北向的距离（m）”表示。

① 骨干枝。树冠内比较粗大而起永久作用的枝称为骨干枝。树冠中央直立生长的大枝为中心干，直接着生在中心干上的永久性骨干枝称为主枝，主枝上的永久性分枝称为侧枝。骨干枝是树体的骨架，起树上树下营养物质的输导交流和大动脉的作用，也是树体营养物质贮藏的重要器官。

② 结果枝组。指着生在各级骨干枝上，有两个以上分枝的小枝群，是生长结果的基本单位。结果枝组以其体积大小和所含枝条多少分为大型、中型和小型枝组；以疏密程度不同分为紧密型和松散型枝组；以其形态特征不同分为多轴式和单轴式枝组；以着生部位和长相不同又可分为背上直立枝组、侧生枝组、背斜枝组、水平枝组、下垂枝组等（图 1-2）。

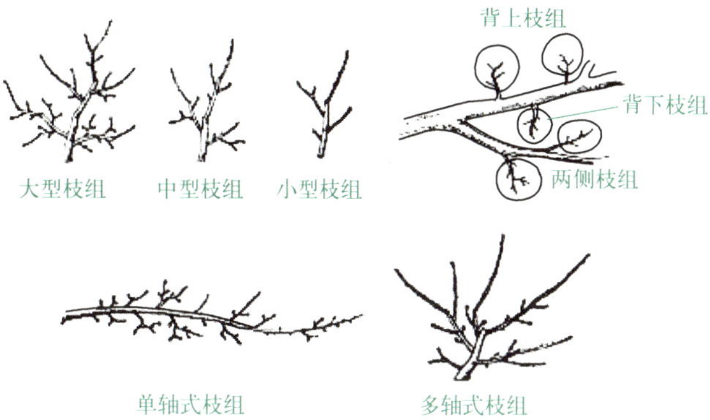

图 1-2 果树结果枝组的类型

③ 叶幕。是叶片在树冠内的集中分布。正常情况下，叶幕是一个与树形相一致的叶片群体。叶幕形状有树篱形、开心形、半圆形和分层形等（图 1-3）。对落叶果树来说，叶幕形成的早晚、维持时间长短和形态结构优劣与光能利用和果树的产量、品质密切相关。合理的叶幕动态应该是前期叶面积增长快，中期保持合适的叶面积，后期叶面积维持时间长。因此生产中，需利用整形修剪等措施来调整叶幕，从而实现果树的优质和高效生产。

2. 果树的根系

（1）根系类型　果树根系依来源不同分为实生根系、茎源根系和根蘖根系三种类型（图 1-4）。

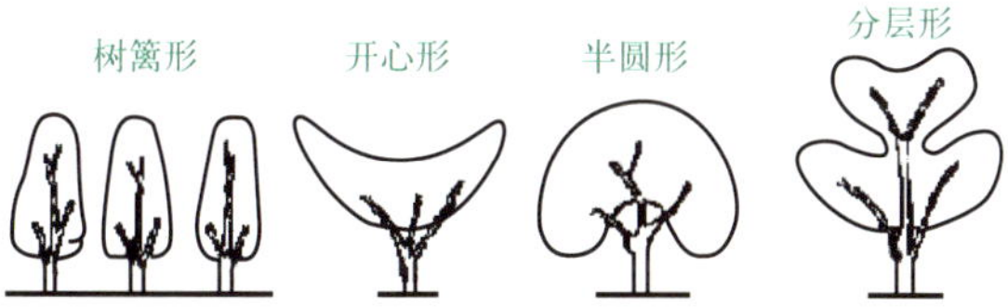

图 1-3 果树叶幕的形状

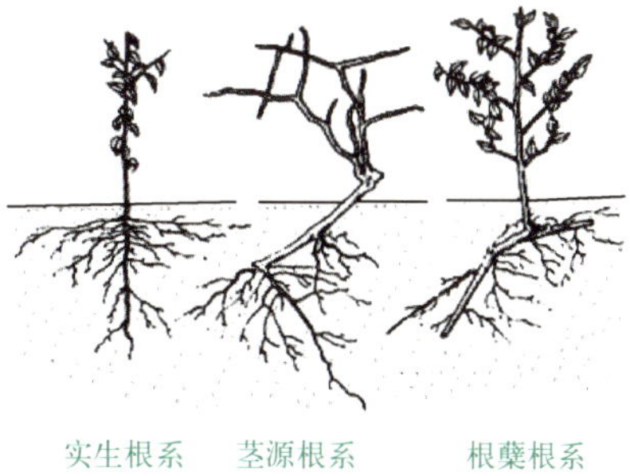

图 1-4 果树根系的类型

① 实生根系。是由种子的胚根发育而成的根系。如实生繁殖的核桃、板栗等的根系以及用于嫁接繁殖的砧木根系。其特点是主根发达，分布较深，生活力和适应性强；但生理年龄较小，变异性大。实生根系侧根一般较少，生产中为了促生大量侧根，形成分枝多而发达的根系，常在播种前将胚根根尖掐断或在苗圃中将主根切断。

② 茎源根系。是通过扦插、压条等繁殖方法，由枝条上发生的不定根形成的根系。如葡萄的扦插繁殖、苹果矮化砧压条繁殖、草莓的匍匐茎繁殖等。其特点是主根不明显，根系较浅，生活力相对较弱，生理年龄较老，个体间比较一致。

③ 根蘖根系。是果树在根上发生不定芽形成的根蘖苗，经与母体分离后成为独立个体所形成的根系，如枣、石榴、樱桃等的根系。其特点与茎源根系相似。

（2）根系组成与结构　果树根系通常由主根、侧根和须根组成。主根是由种子胚根发育而成的。侧根是着生在主根上比较粗大的根。主根和侧根上形成的较细的根称为须根，是根系最活跃的部分。根系的吸收、合成、转化功能主要靠须根完成。

二、果树的芽

1. 芽的种类

（1）根据芽体外有无鳞片包被划分　分为鳞芽和裸芽。有鳞片包被的芽为鳞芽，大部分果树的芽为鳞芽；无鳞片包被，幼叶或芽内器官裸露的芽为裸芽，如葡萄的夏芽和核桃的雄花芽。

（2）根据芽的性质划分　分为叶芽和花芽。具有雏梢和叶原始体，萌发后形成新梢的芽叫叶芽；包含有花器官，萌发后能开花的芽叫花芽。花芽又分为纯花芽和混合花芽。萌发后只开花，不长枝叶的叫纯花芽，如桃、李、杏、樱桃等核果类果树的花芽；萌发后不仅能开花，而且能抽生枝叶的芽叫混合花芽，如苹果、梨、山楂、葡萄、板栗、枣等果树的花芽。一般花芽比叶芽肥大、饱满，顶端圆钝，且往往芽的鳞片较多，抱合紧密（图 1-5）。

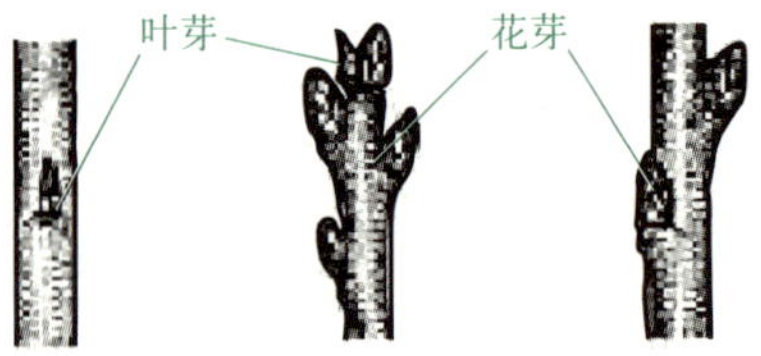

图 1-5　**果树的叶芽与花芽**

（3）根据芽着生的位置划分　分为顶芽和侧芽。着生在枝条顶端的芽叫顶芽；着生在侧面叶腋间的芽称为侧芽（也叫腋芽）（图 1-6）。杏、柿、板栗等果树的部分枝条在生长过程中顶端自行枯死，实际是以侧芽代替了顶芽的位置，因此称为伪顶芽或假顶芽。

顶芽是花芽的称为顶花芽，仁果类果树多以顶花芽结果为主，也有的品种有腋花芽结果习性。核果类果树顶芽均是叶芽，花芽为腋花芽，桃、李、杏的花芽多位于结果枝的中、上部，而甜樱桃的腋花芽则位于结果枝的基部（图 1-7）。顶芽和侧芽着生在枝的一定位置上，均为定芽；从枝的节间、愈伤组织、根以及叶上发生的芽，均为不定芽。

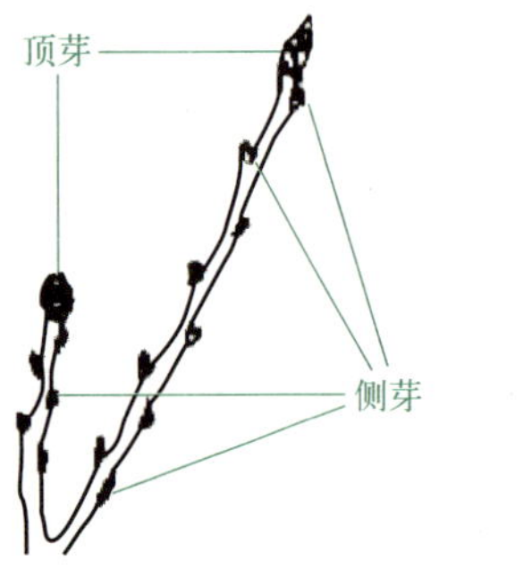

图 1-6　**果树的顶芽与侧芽**

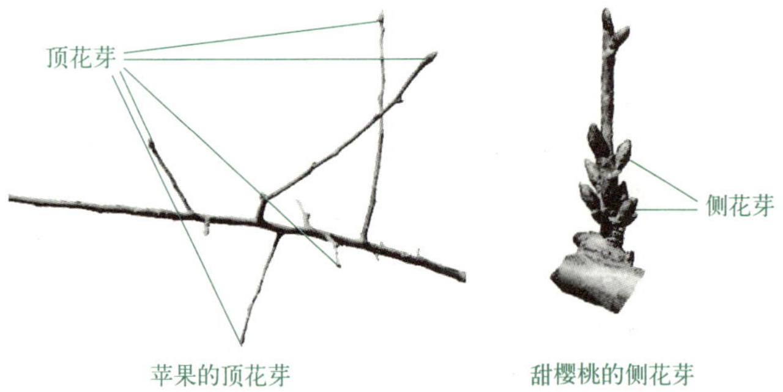

图 1-7　**果树的顶花芽与侧花芽**

（4）根据同一节位上芽着生的数量划分　分为单芽和复芽。一个节位上只着生一个芽的叫单芽，如苹果、梨的侧芽；同一个节位上具有 2 个以上的芽叫复芽，如桃、李、杏等核果类果树一个叶腋中常有 2 ～ 4 个芽（图 1-8）。若同一芽体内包含有 2 个以上的芽，则称之为芽眼，如葡萄的冬芽。

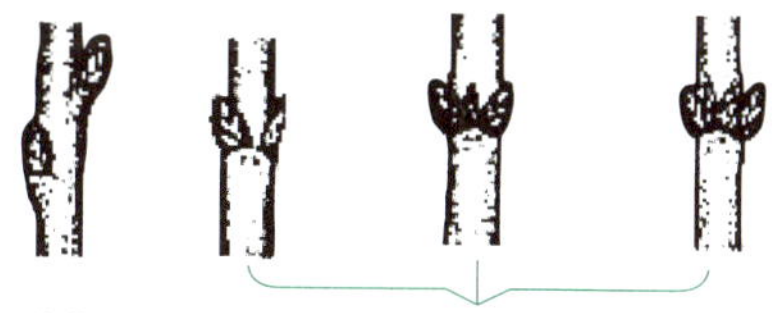

图 1-8 果树的单芽与复芽

（5）根据芽的发育程度划分　分为饱满芽和瘪芽。发育大而充实的芽称为饱满芽；小而不充实的芽称为瘪芽。

（6）根据芽萌发的特点划分　分为早熟芽、晚熟芽和潜伏芽。当年形成当年萌发的芽称为早熟芽，如葡萄的夏芽；当年形成后不萌发，第二年才能萌发的芽称为晚熟芽；形成后的第二年春天，或连续几年不萌发的芽称为潜伏芽（或称隐芽），习惯上也叫休眠芽。葡萄、苹果、梨等树种的潜伏芽寿命都比较长，在一定条件下，许多年后仍能萌发。树体进入衰老期或枝干受损伤处，常由潜伏芽萌发，抽生强旺新梢，生产上可以利用这一特性更新树冠，延长树体的经济寿命。

2. 芽的特性

（1）萌芽力　一年生枝条上的芽能够萌发的能力叫萌芽力。通常以萌芽率来表示，即一年生枝条上萌发的芽数占该枝条总芽数的百分率。萌芽率大于 60% 为强，40% ～ 60% 为中等，小于 40% 为弱（图 1-9）。果树不同树种、不同品种、不同强弱和不同角度的枝条，其萌芽力存在着差异。例如：梨树尤其是雪花梨萌芽力高；板栗、核桃萌芽力均较低；幼龄杏树，特别是在山岭地或瘠薄土壤上的杏树，萌芽力更弱。苹果短枝型品种的萌芽力比普通型品种的强；壮枝比弱枝强，平斜枝比直立枝强。

（2）成枝力　枝条上的芽萌发后抽生长枝的能力叫成枝力。成枝力用抽生长枝的数量多少表示，一般抽生长枝数量小于 2 个为弱，大于 4 个为强，2 ～ 4 个为中等（图 1-9）。不同树种、品种、枝势、不同角度的枝条，其成枝力也有差别。例如：桃树的成枝力强于梨树；梨树中秋子梨成枝力较高，白梨成枝力中等，砂梨成枝力较低。桃树中南方品种群及蟠桃品种群成枝力强，黄肉桃品种群成枝力较北方品种强，北方品种群成枝力稍弱；苹果普通型品种的成枝力强于短枝型品种；壮枝强于弱枝；斜生枝条强于水平枝条。修剪时，短截至饱满芽带可以提高成枝力。

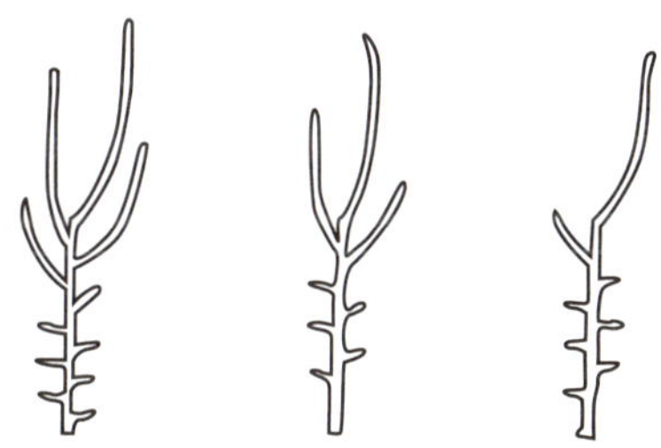

图 1-9 果树萌芽力与成枝力强弱示意图

（3）芽的异质性　是指同一枝条上的芽在发育饱满程度上存在差异的现象。芽的异质性是由不同部位的芽在发育过程中所处的环境条件及树体营养状况不同所造成的。如枝条基部的芽发生在早春，此时正处于生长开始阶段，叶面积小，气温又低，故芽的发育程度低，常形成瘪芽或隐芽。其后气温升高，叶面积增大，光合作用增强，芽的发育状况也改善，至枝条缓慢生长期后，叶片合成并积累大量养分，这时形成的芽极为充实饱满（图 1-10）。果树修剪上经常利用芽的异质性，选用不同质量和状态的芽作剪口芽，以调节枝条生长势，进而调整生长与结果的关系。

（4）芽的早熟性和晚熟性　有些果树在当年形成的新梢上，能连续形成二次梢和三次梢。如葡萄、桃树、杏树、李树、核桃的芽以及枣树的副芽等。具有早熟性芽的树种一般分枝多，进入结果期早。有一些树种，当年形成的芽一般不萌发，要到第二年春天才萌发抽枝，这种特性称为芽的晚熟性。如苹果、梨、枣树的主芽等。

桃树芽的特性

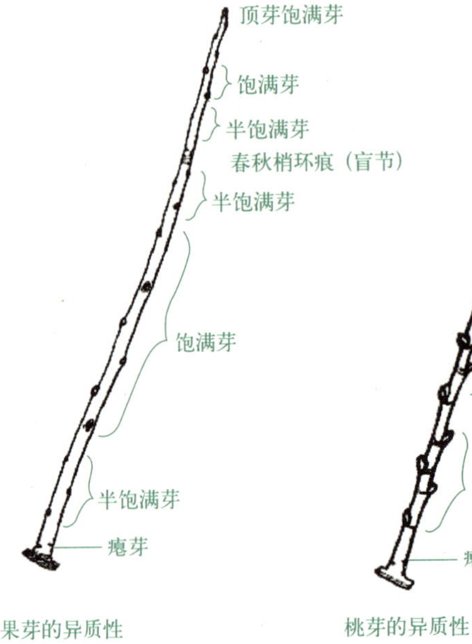

图1-10 果树芽的异质性

（5）芽的潜伏力　指果树潜伏芽的多少和维持时间的长短。芽潜伏能力的强弱和树体更新的难易程度密切相关。芽潜伏力强的果树，枝条恢复能力强，容易进行树冠的更新复壮。如仁果类果树、板栗、柿子等。桃树的芽潜伏力弱，恢复能力弱，所以树冠容易衰老。

三、果树的枝

1. 枝条的类型

（1）按照枝条的年龄划分　分为新梢、一年生枝和多年生枝。当年抽生的新枝在落叶之前称为新梢。新梢在一年中不同季节抽生的枝段分别称为春梢和秋梢，春秋梢交界处称为盲节。新梢在秋、冬季落叶后称为一年生枝。一年生枝在第二年春季萌芽后称为二年生枝（图1-11）。直接着生二年生枝的枝称三年生枝。二年生以上的枝统称为多年生枝。一般一年生枝上的芽萌发后，芽鳞片脱落后常留下较明显的痕迹叫芽鳞痕，可作为区别不同枝段年龄的依据。

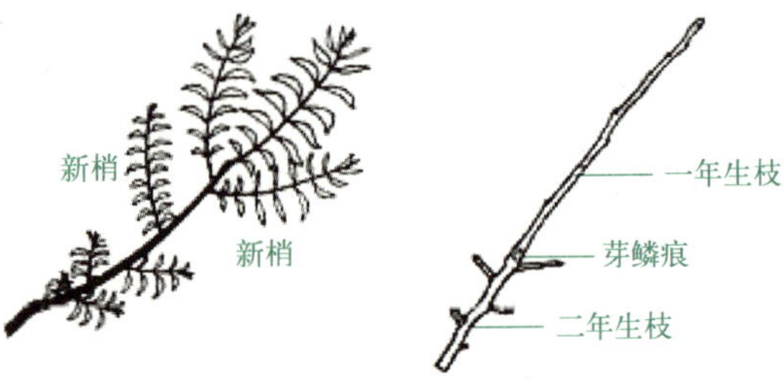

图1-11 新梢、一年生枝与多年生枝

（2）按照枝条的性质划分　可分为营养枝、结果枝和结果母枝。营养枝有两种情况，一是指只有叶芽的一年生枝，如苹果、梨、桃等果树的发育枝；二是指没有花序或果实的新梢，如葡萄的发育枝。营养枝依据其生长情况不同又分为徒长枝、发育枝（普通营养枝）、纤细枝和叶丛枝（图1-12）。结果枝是指着生有纯花芽的一年生枝或当年的带果

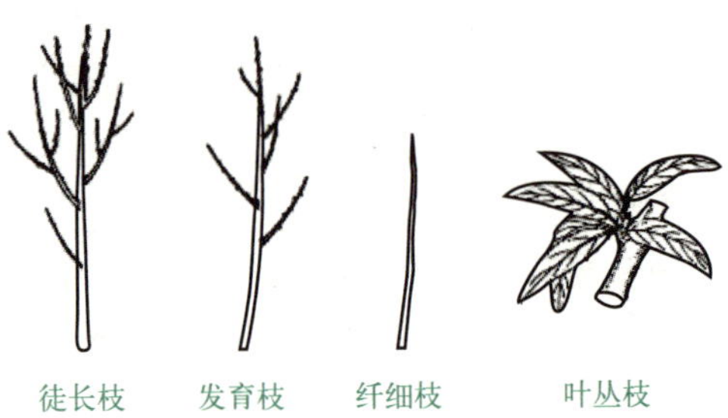

图1-12 营养枝的类型

新梢。前者如桃、李、杏、樱桃；后者如葡萄、柿、板栗、核桃等。结果枝按长度分为徒长性果枝、长果枝、中果枝、短果枝和花束状果枝。仁果类、核果类果树结果枝的类型见表1-2。

表1-2 仁果类、核果类果树结果枝的类型 单位：cm

果树种类	徒长性果枝	长果枝	中果枝	短果枝	花束状果枝
仁果类	—	＞15	5～15	＜5	—
核果类	＞60	30～60	15～30	5～15	＜5

苹果、梨的花序下有一段新梢，坐果后膨大，习惯上叫果台，由果台上发出的副梢叫果台副梢，果台副梢也能形成花芽成为结果枝。

结果母枝是指着生有混合花芽的一年生枝或直接着生结果枝的枝，如葡萄、核桃、板栗等（图1-13）。苹果、梨等着生混合花芽的一年生枝实质上是结果母枝，但因抽生的新梢很短，习惯上仍叫结果枝。

（3）按照枝条在一年内萌发生长的先后划分　分为一次枝、二次枝、多次枝（图1-14）。桃、葡萄均易发生多次枝（副梢）。

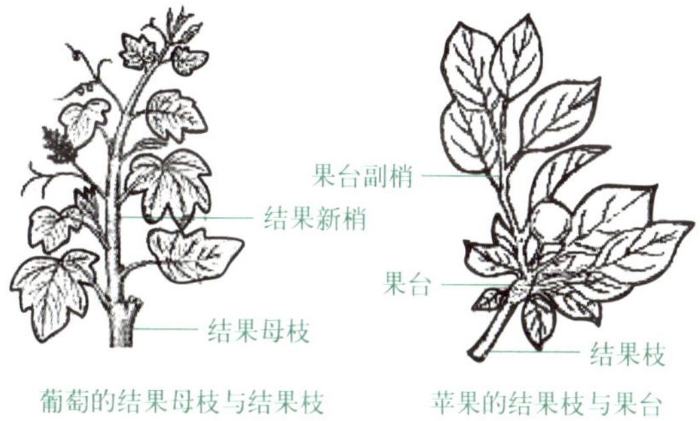

图1-13 果树的结果枝与结果母枝

图1-14 桃的一次枝、二次枝与三次枝

（4）按照枝条着生姿势划分　分为直立枝、斜生枝、水平枝和下垂枝（图1-15）。生产中经常利用改变枝条着生姿势（即分枝角度）的方法来调节生长势。

（5）按照枝条所起的作用划分　分为骨干枝、辅养枝、延长枝、竞争枝（图1-15）等。辅养枝指在幼树阶段，除骨干枝外，其他所有枝条的总称，它是一种临时性或过渡性枝。延长枝是指处于各级骨干枝最先端的一年生枝（或新梢）。延长枝选定是否合理直接影响整个树体结构，因此，在果树修剪中要特别注意延长枝的选择和剪截。竞争枝指着生在延长枝附近，长势与延长枝相当，可能与延长枝产生竞争的枝。竞争枝处理不及时或不合理，不仅造成养分浪费，而且严重扰乱树体结构，因此修剪时要认真对待，及时处理。

（6）按照枝与枝间的位置关系划分　分为重叠枝、平行枝和交叉枝（图1-15）等。

2. 枝条的基本特性

（1）顶端优势　指处于枝条顶端的芽总是优先萌发，而且长势最强，向下依次减弱的现象。顶端优势在果树上的表现为：在枝条上部的芽能萌发抽生强枝，其下生长势逐渐减弱，最下部芽甚至处于休眠状态（图1-16）；枝条越直立，顶端优势越强，反之则弱；枝条平生，顶端优势减弱，使优势转位，造成背上生长转强；当枝条下垂时，顶端优势更弱，而使基部生长转旺（图1-17）。

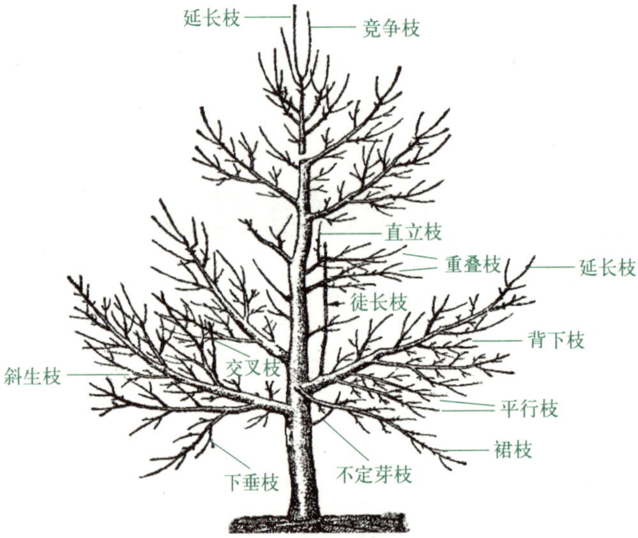

图 1-15 枝条的类型

图 1-16 枝条的顶端优势

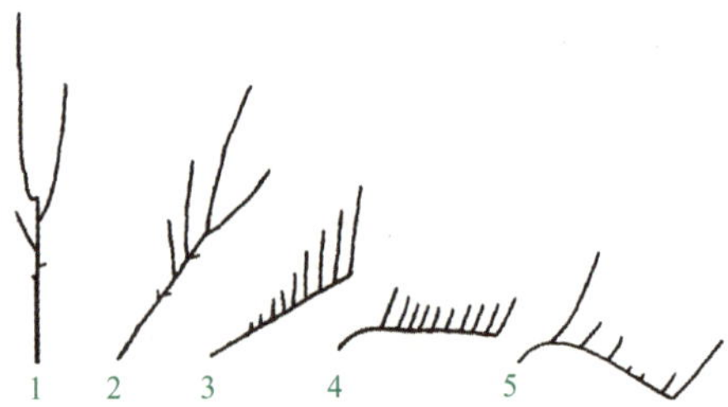

图 1-17 枝条着生角度与顶端优势

1—直立枝顶端优势强；2—斜生枝次之；3—近于水平的再次之；4—水平枝较弱；5—下垂枝优势转移

（2）垂直优势　是指树冠内枝条的生长势，直立枝最旺、斜生枝次之、水平枝再次之、下垂枝最弱的现象。通过改变枝芽生长方向可以调整枝条的生长势。

（3）干性　中心干的强弱和维持时间的长短简称为干性。顶端优势明显的果树，干性强。不同树种干性强弱有所差异，如苹果、梨等干性较强，板栗的干性中强，桃的干性较弱。

（4）层性　是指树冠中枝条成层分布的现象。层性与顶端优势和成枝力有关，一般顶端优势明显以及成枝力弱的树种层性明显，如苹果、梨、山楂、甜樱桃、核桃等，反之层性不明显，如桃、杏、酸樱桃及柿树等。

干性和层性对整形具有重要意义。凡干性强、层性明显的果树，多生长高大，适于培养成有中心干的分层树形。相反，干性弱、层性不明显的果树宜采用开心形树冠。

（5）分枝角度　枝条与其着生母枝所形成的夹角叫分枝角度。根据分枝角度将树姿分为开张（60°以上）、半开张（40°～60°）和直立（40°以下）三种。分枝角度大，树姿开张者长势缓和，容易形成花芽。

第四节　果树的年生长发育规律

一、果树的物候期

1. 物候期的定义

果树在一年中随着外界环境条件变化会出现一系列生理与形态的变化，并呈现一定的生长发育规律性，这种随气候而变化的生命活动过程称为年生长周期。在年生长周期中果树器官随季节性气候变化而发生的外部形态规律性变化的时期称为生物气候学时期，简称物候期。果树物候期的变化既反映果树在年生长周期中的进程，又在树体上体现出一年中气候的变化。

落叶果树的生命活动在一年中有生长期和休眠期两个阶段。生长期是从春季萌芽到秋季落叶；休眠期是从落叶后到第二年春季萌芽前。

2. 物候期的特点

果树的物候期具有顺序性、重叠性和重演性三个特点。顺序性是指同一种果树的各个物候期呈现一定的顺序。如开花期是在萌芽的基础上进行的，又为果实发育做准备；重叠性指同一树上同时出现多个物候期的现象（图 1-18）。如落叶果树的新梢生长、果实发育、花芽分化、根系活动等物候期均交错进行，而重叠性会导致营养的竞争；重演性指同一物候期在一年中多次重复出现的现象。如新梢可以多次生长，形成春梢、夏梢、秋梢，葡萄一年可以多次开花结果等。

图 1-18 物候期的重叠性

二、根系的生长发育

1. 根系的分布特点

依据根系在土壤中的分布状况，可以分为水平根和垂直根。水平根是指与地面近于平行生长的根。垂直根指与地面近于垂直生长的根。

根系在土壤中的分布深度和范围受树种、砧木、土壤质地、栽培管理技术等的影响。草莓的根系分布浅，集中在地表 20cm 的土层内；桃、樱桃、梅等根系分布较浅，多在 40cm 的土层内；苹果、梨、柿、核桃等根系分布较深，多在 60cm 的土层内。乔化砧的根系比矮化砧的根系分布深而广。土层深厚肥沃或经常施肥的果园，水平根分布距离小；干旱贫瘠的土壤，根延伸较远。根系水平分布范围，一般为树冠冠幅的 1 ～ 3 倍，而以树冠外缘附近较为集中，约有 60% 的根系分布在树冠正投影之内。成年果树根系分布深度一般小于树高，多分布在 10 ～ 80cm 范围土层，10 ～ 40cm 为根系集中分布层。

2. 根系的生长

根系没有自然休眠期，当环境条件适合时，可以全年不断生长，只是受内部与外部条件的影响，一年中根系生长表现出周期性变化，即生长高峰与低峰相互交替出现。由于根系与地上部相互间进行营养物质交换，也受地上部器官活动的制约，表现为根系生长与地上部器官的生长相互交错发生。一般发根高峰多在枝梢缓慢生长时，叶片大量形成后。

多数果树如苹果、梨、桃、山楂等一年有 2 ～ 3 次生长高峰。如苹果，其根系在年生长周期中有三次生长高峰：第一次生长高峰出现在开花前 8 ～ 13d，在辽宁熊岳地区多为 4 月中旬，随着开花和新梢加速生长，根的生长转入低潮，这次高峰发根较多，但时间较短，主要依靠上年贮藏的营养；第二次生长高峰出现在新梢将要停止生长到果实加速生长和花芽分化前，约 6 月底至 7 月初，是全年发根最多的时期，随着果实的迅速膨大，花芽大量分化，根系生长又转入低潮；第三次生长高峰出现在秋梢停止生长到落叶前（图 1-19），自 9 月上旬至 11 月中旬，此时花芽分化已初步奠定基础，果实已采收，随着叶片养分的回流积累，根系得到的养分相对增加，根系又出现一次生长高峰，此次生长高峰持续时间较长，但生长势较弱，而后随着土温下降，根系生长开始变得缓慢，直至被迫转入休眠。树种不同，发根状况不完全一致。部分树种根系活动状况见表 1-3。

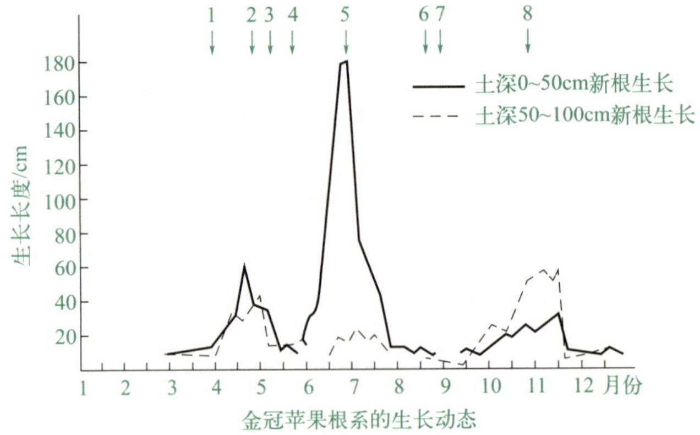

图 1-19 苹果根系生长动态示意图

1—萌芽；2—初花；3—枝条开始生长；4—果实发育；5—秋梢开始生长，花芽分化；
6—长枝停止生长；7—果实采收；8—落叶

表 1-3 部分树种根系活动状况

树种	第一次生长高峰	第二次生长高峰	第三次生长高峰	研究者，年份，地点
梨	5 月下至 6 月上旬	9 月下至 11 月上旬		刘振岩、李震三，2000 年，山东
葡萄	6 月中下旬	9 月中下旬		晁无疾，2001 年，华北地区
桃	7 月上中旬	10 月上中旬		华北地区
杏	5 月中下旬	6 月中下旬	7 月末、8 月初和 9 月中下旬	罗新书，1983 年，山东

3. 影响根系生长的因素

（1）内部因素　根系生长发育、水分和养分的吸收、有机物质的合成，都与树体的营养状况有关。其中，前期根系的生长主要受上年贮藏养分多少的影响，而中后期的活动主要受当年制造的碳水化合物多少的影响。内源激素也会影响根系的生长，如新梢产生的生长素对新根的发生有重要的刺激作用。当树体结果过多或枝叶受到损伤时，即使加强肥水管理，也难以改变全树的生长状况。

（2）外部因素　根系开始活动和停止生长与土壤温度密切相关。一般北方果树在土温达 3 ～ 7℃时可发生新根，12 ～ 16℃根系旺盛生长，超过 30℃或低于 0℃则停止生长。不同树种要求不同，如苹果根系开始生长要求土壤温度 3 ～ 4℃，梨 0 ～ 5℃，杏、桃则要求 4 ～ 5℃。

水分和土壤通气状况均会影响根系的生长。最适于果树根系生长的土壤含水量为土壤最大田间持水量的 60% ～ 80%。当土壤水分降至一定程度，即使其他条件适合，根系也要停止生长。土壤水分过多，土壤通气性差，影响根系呼吸，削弱根的生长和吸收，严重时根系会窒息死亡。大多数果树根系正常活动要求土壤含氧量在 10% 以上，发生新根则要求在 12% 以上；含氧量在 5% 时，根系的生长缓慢；含氧量在 2% ～ 3% 时，根系生长停止。因而，通气差的果园要进行土壤改良，以保持较好的土壤通气状况。

土壤是决定根系生长的关键因素，它包括土壤的有机质、土壤中的生物、土壤的营养状况及 pH 值等。土壤有机质可以改善土壤理化性质，协调水、气、热的关系和矿质营养的供应；土壤中的生物如蚯蚓、蚂蚁、昆虫幼虫以及微生物影响土壤物质的转化、营养的供给和土壤肥力，从而影响根系的生长；土壤养分也影响根系生长，根总是向肥多的地方生长，尤其有机肥可使果树发生更多的新根；土壤 pH 值对根系生长也有影响，多数果树根系在微酸性土壤条件下生长良好。

果树根系的生长发育

三、芽与枝叶生长

1. 芽的萌发

萌芽是指从芽开始膨大，到幼叶相互分离和花蕾伸出时为止，它是果树由休眠期转向生长期的一个标志。萌芽期主要利用贮藏养分，萌芽后抗寒力显著降低。

各种果树萌芽都要求一定的积温，因此温度是决定果树春季萌芽早晚的关键因素。北方落叶果树多在日平均气温达到 5℃以上，土温达 7 ～ 8℃时，经过 10 ～ 15d 才能萌芽。但枣和柿则要求平均气温在 10℃以上。天气晴朗，温度较高，萌芽整齐；湿润冷凉持续时间长，萌芽延迟且不整齐。贮备营养充足的果树萌芽早，反之则晚。幼树一般比老树萌芽早，壮树比弱树萌芽早，发育充实的芽比瘦弱芽萌发早。树种不同，萌芽早晚不同，各树种芽萌动顺序依次为：杏、李、桃、梨、苹果、葡萄、板栗、枣。

2. 枝的生长

果树叶芽萌发后进入新梢生长期。新梢生长包括加长生长和加粗生长。加长生长和加粗生长一年内达到的长度和粗度称为生长量；在一定时间内加长生长和加粗生长的快慢称为生长势。生长量和生长势均是衡量一株果树生长强弱的常用指标。

（1）加长生长　新梢加长生长是从叶芽萌发后露出芽外的幼叶彼此分离后开始，至新梢顶芽形成或停止生长为止。随着枝条的伸长，进一步分化出侧生叶和芽。

加长生长经历 3 个时期：

① 开始生长期（叶簇期）。指从第一片叶展开到迅速生长前为止。

② 旺盛生长期。指从新梢节间明显伸长到生长缓慢下来为止。此期节间加长，叶片数量和面积快速增加，是果树叶幕的主要形成期，也是树体营养转换期和全年需肥水临界期，因此生产上必须加强栽培管理，如充分供应肥水、夏季修剪及定果等。

③ 缓慢生长期。从生长变缓直至停止生长。此时形成的节间较短，大多中、长枝在这期间形成顶芽，停止生长，持续一段时间后枝条转入成熟阶段。

（2）加粗生长　新梢加粗生长是形成层细胞分裂、分化和增大的结果，加粗生长晚于加长生长，其停止期也比新梢加长生长停止期晚。加粗生长起始于新梢，然后是一年生枝、多年生枝、侧枝、主枝、主干、根颈，秋季则按此顺序依次停止。多年生枝只有加粗生长，而无加长生长。从木质部的年轮可看出枝干加粗在年龄间的差异。

3. 叶的生长

（1）单叶的发育　叶的发育经过叶原基的出现，叶片、叶柄和托叶的分化，叶片展开至叶片停止增大等过程。果树叶片生长期分为迅速生长期和缓慢生长期两个阶段，单叶面积的大小主要取决于叶片生长期及迅速生长期的长短。不同树种叶片生长期的长短不同，如梨需要 16 ～ 28d，苹果 20 ～ 30d，猕猴桃 20 ～ 35d，葡萄 15 ～ 30d。

（2）叶幕的形成　落叶果树的叶幕在年周期中有明显的季节性变化，而其变化受树种、品种、环境条件和栽培技术的影响。通常，抽生长枝多的树种、品种或幼旺树，叶幕形成慢；反之，叶幕形成快。为了保持叶幕较长时间的生产状态，在年周期中要求前期叶幕形成快、中期相对稳定、后期维持时间长。而中后期叶幕的稳定主要通过栽培技术实现，如夏季修剪、病虫害防治、肥水管理等。

果树叶面积的大小用叶面积系数（也叫叶面积指数）来衡量，它是指单位面积上所有果树叶面积总和与果树所占土地面积的比值，反映单位土地面积上的叶密度。叶面积系数高则表明叶片多，光合面积大，光合产物多。但叶面积系数过高会导致叶片之间相互遮光，降低功能叶比例和果实品质；叶面积系数过低会导致果树叶量不足，光合产物减少而影响产量。生产上一般采用调整树冠形状、适当分层及错落配置各种结果枝组等措施来提高叶面积系数。多数果树叶面积系数以 3 ～ 6 为宜。

四、花果发育

1. 花芽分化

花芽分化是指果树芽的生长点经过生理和组织状态的变化，最终形成各种花器官原基的过程。

（1）花芽分化的过程　落叶果树的花芽除少数（如葡萄、枣）外，绝大多数都是在开花前一年的生长季内形成的。芽经过初期的发育后进入质变期，开始花芽生理分化，继而进行形态分化，在雄蕊、雌蕊的发育过程中形成性细胞。

① 生理分化。芽生长点内进行的由营养生长状态向生殖生长状态转化的一系列的生理、生化过程称为生理分化。具有纯花芽的果树，芽在鳞片分化之后即进入生理分化期；而具有混合花芽的果树，则在雏梢分化达到一定节数之后开始这一过程。生理分化期是花芽与叶芽发育方向分界的时期，也称花芽分化临界期。此期生长点原生质处于不稳定状态，对内外因素有高度的敏感性，易于改变代谢方向。因此此期是控制花芽分化的关键时期，它主要决定花芽分化的数量。

② 形态分化。从花原基最初形成至各器官形成完成叫形态分化。它是叶芽经过生理分化后在产生花原基的基础上，花器各部分分化形成的过程。花器的分化是按一定顺序进行的。凡具有花序的果树，先分化花序轴，再分化花蕾。就一朵花蕾而言，先分化下部和外部的器官，后分化上部和内部的器官。此期决定花芽分化的质量。

③ 性细胞形成。是雄蕊和雌蕊的形成及成熟过程。这一阶段多半在第二年 2 月下旬或 3 月上旬开始。这个时期大量消耗能量和营养物质，如不能及时供应，就会导致花器官退化，影响花芽的质量，引起大量落花落果。因此花前花后及时追肥灌水，对提高坐果率有一定的作用。

（2）花芽分化的条件

① 枝芽状态。花芽分化时芽内生长点细胞必须处于生理活跃状态，形成顶花芽的新梢必须处于停止生长或处于缓慢生长状态。而形成腋花芽的枝条必须处于缓慢生长状态。

② 营养物质。花芽分化需要大量的营养物质供应作保证，尤其是碳水化合物和含氮有机化合物。在足够的碳水化合物基础上，保证相当量的氮素营养，碳 / 氮比适宜，才有利于花芽分化。

③ 内源激素的调节。花芽分化要求激素的启动和促进。激素有促花激素（细胞分裂素和脱落酸）和抑花激素（生长素和赤霉素）之分。果树花芽分化要求促花激素和抑花激素达到动态平衡，才有利于营养积累，进而促进花芽分化。

④ 环境条件。落叶果树一般在相对较高的温度下分化花芽，如苹果花芽分化适宜的日均温是 20 ～ 27℃；杏树在 24℃比 16℃多分化花芽 40% 左右；草莓则要求 5℃以上 10℃以

下，但长期高温或低温不利于花芽分化。光是花芽形成的必需条件，遮光会导致花芽分化率降低。适度的干旱可使营养生长受抑制，碳水化合物积累，脱落酸相对增多，有利于花芽分化。而雨水过多或灌水过多，会使枝条徒长，消耗营养多，不利于花芽分化。土壤养分的多少和各种矿质元素的比例可影响花芽分化。氮肥过多，会使新梢旺长而影响花芽分化；充足的磷肥则有利于花芽分化；增施钾肥可增大葡萄的花序。

（3）控制花芽分化的途径

① 选育壮苗，加强土肥水等的综合管理，使幼树快长、长大、长壮，增加枝量，缓和树势，促进营养物质的积累和转化，是幼树早结果早丰产的组织基础和营养基础。

② 应用矮化砧木，控制树体高度，改变枝类组成，减少生长的消耗，增加营养积累水平，有利于成花。

③ 幼旺树必须冬季修剪与夏季修剪结合，通过冬季修剪培养树体骨架，再配以环剥、扭枝等夏季修剪措施，促进花芽的形成。

④ 在肥水管理上，要加强生长前期的肥水管理而控制生长后期的肥水，特别是控制氮肥和水，促进新梢及时结束生长，减少营养消耗，增加营养的积累贮藏，促进形成花芽。

⑤ 利用生长延缓剂多效唑、乙烯利等，调节内源激素的平衡，促进成花。

⑥ 通过疏花疏果，合理负担，可降低赤霉素水平，以减少对花芽分化的抑制作用，从而防止出现大小年结果现象。

2. 开花

开花是从花蕾的花瓣松裂到花瓣脱落为止。果树生产上常以单株为单位将开花期分为初花期、盛花期、终花期和谢花期 4 个时期。全树有 5% 的花开放为初花期；25% ～ 75% 的花开放为盛花期；全树的全部花已开放，并有部分花瓣开始脱落为终花期；50% 的花正常脱落花瓣至全部脱落为谢花期。

（1）开花早晚差异　不同树种和品种开花早晚的差异较大。一般樱桃、杏、李、桃较早，苹果、梨次之，葡萄、柿、枣、栗较晚。开花的早晚与地理位置、地形也有关系。如在山地，海拔每升高 100m，开花期延迟 3 ～ 4d。在平原，纬度向北推进 1°（110km），果树开花期平均延迟 4 ～ 6d。北坡比南坡开花期延迟 3 ～ 5d。果树开花的早晚也取决于花芽的着生位置和开花习性。同一树上短果枝开花早于长果枝，顶花芽开花早于腋花芽。

（2）开花状况差异　仁果类果树多为花序，不同树种开花状况不同。苹果为伞形花序，中心花先开；梨为伞房花序，边花先开；山楂为多歧聚伞花序（图 1-20）。核果类果树为纯花，但每芽的花朵数也有区别，如桃一芽 1 朵花，李一芽 1 ～ 3 朵花，大樱桃一芽 1 ～ 6 朵花（图 1-21）。葡萄开花时花序由上而下单花帽状脱落。在一天中，花的开放时间多在上午 10 时至下午 2 时。

多数果树一年开花 1 次。如遇夏季久旱而秋季温暖多雨的气候或遭病、虫伤害等刺激，

苹果的花序　梨的花序　山楂的花序

图 1-20　仁果类果树的开花状况

桃花芽开花状　　李花芽开花状　　大樱桃花芽开花状

图 1-21 核果类果树的开花状况

易发生二次开花，对来年产量不利。但具有早熟性芽的葡萄、早实新疆核桃可开花 1 次以上。石榴一年能多次开花。生产上可利用这一特性实现一年多次结果。

（3）外界环境条件影响　温度对开花期影响最大。不同树种和品种开花对温度的要求也不一样。如苹果大多数品种要求 17 ～ 18℃；鸭梨要求 14 ～ 15℃；桃要求 10℃以上；枣、柿要求 18 ～ 20℃。花期长短与树体营养水平和环境条件有关。树体贮藏营养充足，则开花整齐且单花的开花期长，有利于授粉受精，坐果率高。弱树、老树开花整齐，开花期短。天气高温干燥时，新陈代谢旺盛，受精过程快而花期缩短，冷凉湿润则花粉萌芽伸长和受精过程迟缓，花期延长。

3. 授粉受精

果树花粉粒传到雌蕊柱头上的过程叫授粉。花粉落在柱头上，花粉粒萌发并与胚囊中卵细胞结合的过程叫受精。大多数植物开花后，必须经过授粉受精后才能形成果实。

（1）授粉受精时间　苹果适宜授粉期为 3 ～ 4d。在花刚开放，柱头新鲜且有晶莹的黏液分泌时最适宜授粉。大多数果树在晴朗无风或微风的上午适于授粉。果树受精的有效期一般为 6 ～ 7d。多数被子植物授粉后 24 ～ 48d 可以完成受精。

（2）授粉结实方式

① 自花授粉、自花结实。同一品种内的授粉叫自花授粉。最典型的自花授粉是在花开放前花粉粒已经成熟，在同一朵花内完成授粉过程，称为闭花授粉，如葡萄的部分品种。在自花授粉后，能获得生产上要求的产量的叫自花结实（不管果实中有无种子）。枣、杏、葡萄某些品种均为自花结实。但自花结实的品种，异花授粉后往往产量更高。苹果和梨的绝大多数品种为自花不实品种，需要配置授粉树，才能正常结果。

② 异花授粉、异花结实。不同品种间授粉为异花授粉。大部分苹果、梨品种，以及几乎全部的甜樱桃品种，不少的李、杏品种都是自花不结实的。自花不结实的品种，必须与不同品种进行异花授粉，才能形成大量果实。那些供给花粉的品种叫授粉品种，其植株叫授粉树。

在异花授粉中，虽雄雌配子都具有生活力，也有结实很少或不结实的现象，称异花不实。这就说明异花授粉也不一定坐果率都高，因此建园时应认真选择授粉品种。

③ 单性结实。不经授粉，或虽经授粉但未完成受精过程而形成果实的现象叫作单性结实。不需要任何刺激就可以单性结实的叫自发性单性结实。如香蕉、菠萝、无花果、柿、柑橘和某些三倍体苹果和梨的品种，都有自发性单性结实的能力。要有花粉或其他刺激才能单性结实的，叫刺激性单性结实。黄魁苹果，一些西洋梨品种可经花粉刺激产生单性结实。单性结实的果实因未受精而没有种子。

（3）影响授粉受精的因素

① 亲本树的营养状态。它是影响花粉发芽、花粉管生长速度、胚囊寿命以及柱头接受

花粉时间的重要内因。在树体内氮素、碳水化合物、生长素等营养条件良好的情况下，花粉管生长快、胚囊寿命长，柱头接受花粉的时间长，就能显著延长有效授粉期。因此提高上一年秋季树体营养水平，具有重要意义。

② 微量元素。如硼、锰对花粉发芽和受精有重要作用。花粉含硼不多，而是由含硼多的柱头和花柱补充。硼的主要作用是：增加糖的吸收、运输和代谢，形成糖硼复合体；增加氧的吸收；对花粉管膜果胶物质的形成及花粉管的生长有促进作用。因此在果树生产中，为了提高坐果率，于发芽前喷 1% ～ 2% 的硼砂或花期喷 0.1% ～ 0.5% 的硼砂已成为常用的增产措施之一。其他如锰、钙等对西洋梨、欧洲李的花粉发芽和花粉管伸长也有一定作用。

③ 激素。赤霉酸有促进花粉管伸长的作用，还可以使自花不实的果树品种提高坐果率。此外，也有促进单性结实的作用。因此，生产上常于花期喷布赤霉酸，以提高某些树种和品种的坐果率。

④ 环境条件。温度影响花粉发芽、花粉管生长速度和通过花柱的时间。不同树种和品种要求最适温度不同，苹果的花粉发芽和花粉管生长的适宜温度是 10 ～ 25℃，超过 30℃时则受到抑制。而葡萄花粉发芽与花粉管伸长要求的温度比苹果高。李、杏等核果类花粉的发芽温度较低。苹果花粉在正常温度下需 48 ～ 72h 乃至 120h 通过花柱，但高温时只需 24h。低温也影响访花昆虫的活动。一般蜜蜂活动要求 15℃以上的温度。

花期大风，使柱头干燥，不利于花粉发芽，又不利于昆虫活动。花期阴雨低温，不利于传粉，花粉很快失去生活力，不利于授粉受精。

4. 果实的生长发育

从花期结束到果实生理成熟是果实发育期。

（1）坐果　花经过授粉受精后，子房或子房连同其他部分生长发育形成果实的现象称为坐果。坐果的多少用坐果率表示。花朵坐果率（%）=（坐果数 / 开花数）×100%，花序坐果率 =（坐果花序数 / 开花花序数）×100%。果树生产中往往在生理落果后统计坐果率。

（2）果实的发育　从开花至果实成熟，不同树种历时不同。草莓只有 20d，树莓、樱桃等为 30 ～ 60d，杏、枣、无花果等为 50 ～ 100d，山楂、核桃、榛、柿等需 100 ～ 200d。同一树种不同品种的差异也较大，如苹果、梨、桃等树种的早、中、晚熟品种变动范围为 60 ～ 200d，李、葡萄等在 50 ～ 140d 之间。

果实自受精到成熟的发育过程中，按体积、直径或鲜重在各个时期的积累值画成的增长曲线，叫果实生长图形。果实生长图形有“S”型和双“S”型。苹果、梨、板栗、核桃、草莓为“S”型；大部分核果类及葡萄、山楂、柿、枣为双“S”型（图 1-22）。

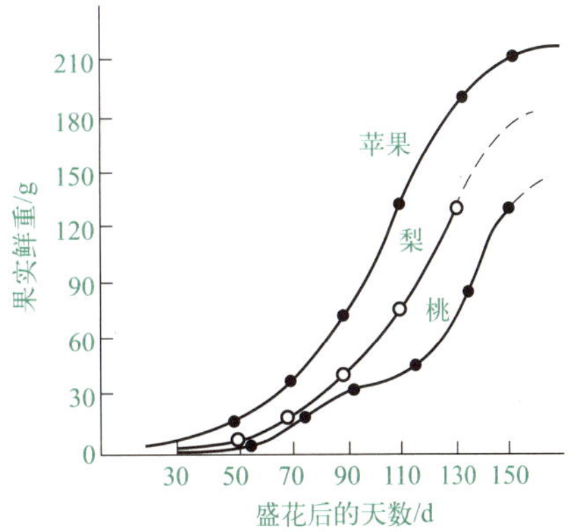

图 1-22　果实生长曲线

北方大多数果树的果实发育过程分为三个阶段，但不同树种其阶段略有不同。如苹果果实发育的三个阶段分别为：初始缓慢生长期，以细胞分裂为主，果实体积增大不明显；快速生长期，以细胞膨大为主，果实体积增大非常迅速；第二次缓慢生长期，果实体积增大缓慢，逐渐停止生长，主要是与成熟有关的品质变化，果实在整个生长发育期间只表现出一次快速

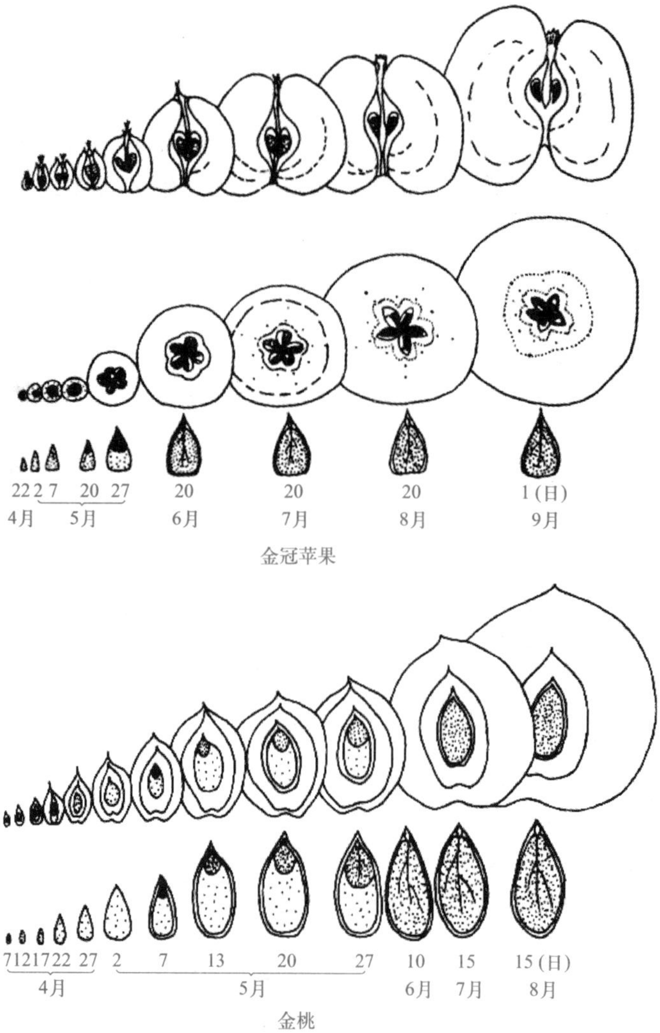

图1-23 金冠苹果和金桃果实发育过程示意图

（于忠宪，罗新书，1980）

增长（图1-23）。桃、杏等果实具有双“S”型曲线的，三个阶段分别是：第一次果实迅速生长期，从开花后至胚出现或核层硬化；果实生长缓慢期，即硬核期，此期早熟桃的时间短，晚熟桃的时间长；第二次果实迅速生长期，此期果实恢复生长，果实体积迅速膨大，以横径的增长为主，果实生长量占成熟果实总量的20%～30%。

（3）落花落果 果树的开花数并不等于坐果数，而坐果数也不等于成熟的果实数。因为开花后，一部分未经授粉受精的花要脱落，而授粉受精后，一部分幼果因营养不良或其他原因而脱落，这种现象叫作“落花落果”。即使授粉受精，果树的落花落果现象仍然存在，如苹果、梨的最终坐果率为8%～15%；桃、杏为5%～10%。

① 落花落果的原因。落花落果的直接原因是花梗、果柄基部由于激素的变化而产生离层，具体原因包括内在因素和外在因素。由树体内部因素造成的落花落果统称为生理落果。落花落果呈多峰现象，苹果、梨、桃、李等的生理落花落果集中时期一般有3～4次（图1-24）。

仁果类和核果类果树落花落果一般有四次：

第一次是落花，盛花后期部分花开始脱落直至谢花，原因是花器官发育不全，如雌蕊、胚珠退化，或虽然花器官发育完全但未能授粉受精，缺乏激素调动营养。葡萄、杏一般落花量很大。枣的落蕾量为20%～60%。

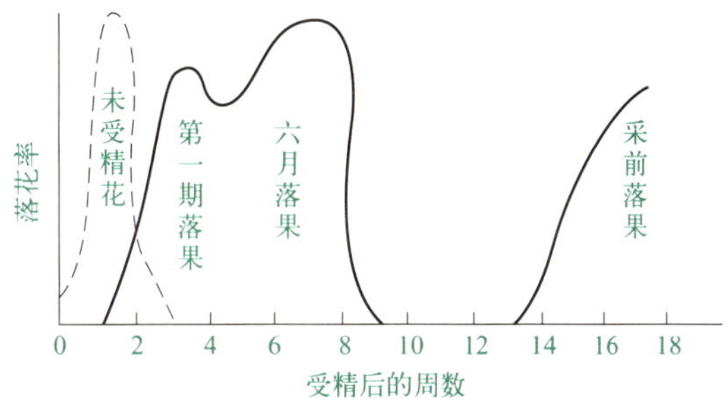

图1-24 苹果生理落花落果曲线图

第二次是落果，出现在谢花后2周左右，多数是受精不完全的幼果脱落，其原因主要是授粉受精不充分和树体贮藏营养不足。

第三次生理落果出现在谢花后4～6周，仁果类果树约在6月上、中旬，也称为“六月落果”，原因是当年枝叶生长与坐果出现营养竞争，此次落果对树体的营养损失最大。

第四次落果，即采前落果，原因是内源激素不足，致使形成离层而脱落。如元帅系苹果从成熟前30～40d起开始少量脱落，15～20d大量脱落，成熟前最为严重。

除以上原因外，外部因素也可以造成落花落果，如干旱、低温、大风、冰雹、药害、污染及其他人为因素等，生产上应根据果园实际情况合理分析落花落果的主要因子，以便采取相应的技术措施减少落花落果。

② 提高坐果率的措施。

a. 加强果园管理，提高树体营养水平是基础。深翻松土，合理施肥，水分适度和中耕除草等措施都能提高花芽质量，使花器发育健全，对提高坐果率和果实品质有显著的效果；对地上部进行合理的修剪，改善通风透光条件，提高树体营养水平，如盛花后2～3周摘心，使更多的光合产物供应幼果，落果随之减少。保护叶面积和加强后期营养积累以提高树体营养水平是提高坐果率的基础。

b. 提高授粉受精率是关键。对风害引起的落花落果，应积极及早地营造防护林，减少风害；建园时没有配置授粉树的果园，在树冠内应高接授粉品种带有花芽的多年生枝，以提高授粉率；多数果树为虫媒花，花期放蜂可提高坐果率；缺乏授粉品种或花期气候不良（如昼夜平均气温低于12℃，或花期阴雨、大风等）应进行人工授粉。

c. 控制树体营养流向，优先保证坐果需要。如花期夏剪，枣树花期“开甲”等。

d. 应用植物生长调节剂和微量元素。如花期喷硼、赤霉素或PBO等。

（4）果实品质　果实品质可分为五种，即外观品质、风味品质、营养品质、贮藏品质和加工品质。外观品质和风味品质由消费者的感觉器官评定。外观品质，主要从果实大小、色泽、形状（果形指数）、洁净度、整齐度、有无机械损伤及病虫害等方面评定；风味品质评定指标有甜味、酸味、香气、果汁含量、质地等；营养品质评定指标有蛋白质、糖分、脂肪、有机酸、矿物质、维生素和其他对人体健康有益成分的含量；果实的贮藏品质指果实采后的贮藏寿命和货架寿命。一般苹果、梨等果实贮藏品质好，桃、杏、枣等果实的贮藏寿命较短；果实的加工品质指其适合加工特殊需要的品质要素。如罐藏用桃要求果肉是不溶质的；用于加工蜜枣的枣要求果肉疏松。市场经济的发展，要求果实具有性状、性能和嗜好三方面品质。性状指果实的外观，如果形、大小、整齐度、光洁度、色泽、硬度、汁液等。性能指与食用目的有关的特性，如风味、糖酸比、香气、营养和食疗等。嗜好因国家、地区、民族、集团乃至个人爱好而有所差异，如我国人民多喜欢个大、红色果实，而日本消费者喜欢甜味较浓的水果。发展果树生产或营销果品应注意果实的综合品质。

五、落叶和休眠

1. 落叶

落叶是北方果树在漫长的生物进化过程中，为适应严冬低温而形成的遗传特性，是果树进入休眠的标志。

温带落叶果树在日平均气温降到15℃以下，日照短于12h以下开始落叶。落叶的早晚与树种、树龄、树势、着生部位及环境条件等因素有关。水果中，一般杏、桃较早，桃树在15℃以下落叶；梨、葡萄次之，梨在13℃以下落叶；苹果较晚，在9℃以下开始落叶。干果中，柿、枣树落叶较早，核桃、板栗则落叶较晚。幼龄树较成龄树落叶迟；旺树较弱树落叶迟；在同一株树上，短枝较长枝落叶早；树冠内膛和下部的较上部和外围的落叶早。土壤过分干旱、水涝或严重病虫害，则会引起早期落叶。早期落叶影响光合产物的制造和积累，使树体营养严重亏缺，有时引起二次发芽和开花，影响来年产量和损伤树势，栽培上应引起注意。如果水分和氮肥过多，新梢生长不能及时停止，则延迟落叶。延迟落叶则叶内养分来不及运往枝条而损失，而且组织成熟不充分，越冬能力降低，对来年的生长和结果都不利，应该尽量避免。

2. 休眠

果树的芽或其他器官生长暂时停顿，仅维持微弱的生命活动的现象称为休眠。它是在系统发育过程中形成的，是一种对逆境（如低温、高温、干旱等）的适应特性。

（1）休眠的类型　果树休眠可根据其生理活性分为两种不同类型，即自然休眠和被迫休眠。自然休眠指即使给予适宜生长的环境条件仍不能萌芽生长，需要经过一定的低温条件，解除休眠后才能正常萌芽生长的现象。落叶果树冬季休眠属于这种休眠。苹果、梨、桃、柿、栗等多数果树的自然休眠大约在12月到次年1月可解除，而葡萄、枣、核桃多在1月下旬至2月中下旬结束自然休眠。当果树处于自然休眠期时最抗寒，不易遭受冻害。

被迫休眠是指由于不利的外界环境条件（低温、干旱等）胁迫而暂时停止生长的现象，逆境消除即恢复生长。如落叶果树冬季通过自然休眠后，往往由于周围温度过低而进入被迫休眠，此外根系休眠也属于被迫休眠。进入被迫休眠后，果树的越冬性显著降低。解除休眠通常是以芽开始活动为标志。设施果树早熟促成栽培，就是当树体满足自然休眠以后提供生长条件而实现的。

（2）休眠的影响因素

① 内在因素。果树自然休眠期的长短与其在原产地形成的对冬季低温的适应能力有关。休眠期的长短又与树龄、树势甚至组织结构差异有关。一般幼树进入休眠期比成年树晚，而解除休眠期也较迟。从枝条年龄和枝势来看，细小枝、衰弱枝比主干、主枝休眠早。根颈部进入休眠最晚，但解除休眠最早，故易受冻害。花芽比叶芽休眠早，萌芽也早。顶花芽比腋花芽萌发早。枝条中的皮层和木质部进入休眠早于形成层，所以初冬如遇严寒，形成层易受冻。进入休眠后，形成层则比木质部和皮层耐寒，故隆冬的冻害多发生在木质部。

② 外在因素。

a. 温度。温度对果树的休眠产生着非常深刻的影响。落叶果树在进入自然休眠期后需要一定限度的低温期才能通过休眠，否则花芽发育不良，次年发育延迟。打破落叶果树冬季自然休眠所需的低温时间长短，称作果树的低温需求量，一般用打破休眠所需的0～7.2℃的累计（积）低温时间表示。品种对低温的需求量越小，休眠的时间越短。一般苹果、梨需900～1000h，李、杏需700～1000h，桃需550～750h。如果冬季低温不足，未能解除自然休眠，果树将表现不萌芽、不开花或萌芽不整齐，叶片小，生长结果差等现象。

b. 日照。短日照影响果树休眠。气温 15℃以下日照缩短，果树即开始落叶，所以果树休眠需要一定的暗期。苹果、梨、桃、长山核桃等果树进入休眠需要较长时间的短日照，而李、樱桃、油梨、枇杷、木瓜等果树进入休眠需要较短时间的短日照。

c. 水分。土壤干旱，空气干燥导致植株水分亏缺，能促使果树进入休眠；而水肥过多，枝条旺长，可延迟果树进入休眠。

（3）休眠的调控措施

① 促进休眠。对幼年树或生长旺盛树，需促其正常进入休眠。可在生长后期限制灌水，少施氮肥，也可使用生长抑制剂或其他药剂，以抑制其营养生长，促进其休眠，以防止提前到来的寒潮和早霜危害。

② 推迟休眠。对花期早的树种、品种，适当推迟进入休眠期，不仅可以延长营养生长期，而且还可以延迟次年萌芽和开花的物候期，避免早春的冻害。主要的方法是采取适当的夏季重修剪，后期加施氮肥或加强灌水，应用生长调节剂（生长素）和微量元素（铁、锌等），以推迟进入休眠。

③ 延长休眠期。果树在通过自然休眠期以后如遇回暖天气，有利于萌芽，这时若遇春寒，将会出现冻花冻芽现象。为避免上述灾害，可采用树干涂白，早春灌水降温，喷施生长延缓剂等办法防止春天树体增温过快，推迟花期，减轻早春冻害。

④ 缩短休眠期（提早解除休眠）。用石灰氮处理葡萄，用乙醚等药剂或用植物矿物油处理果树，可缩短休眠期，促进提前开花。如日光温室生产葡萄，12 月中下旬用石灰氮 5 ～ 8 倍液涂抹巨峰葡萄冬芽，加温后能使葡萄提早 2 周解除休眠，萌芽整齐且萌芽率高。

第五节　果树的生命周期

果树一生经过生长、结果、衰老、更新和死亡的过程，这个过程称为生命周期，也称年龄时期。果树由于繁殖方法不同，有实生繁殖果树和无性繁殖果树之分，二者的生命周期特点各有不同。

一、实生繁殖果树的生命周期

实生繁殖果树的生命周期可分为两个明显不同的发育阶段，即幼年（童期）阶段和成年阶段。

1. 幼年阶段

幼年阶段是从种子萌芽开始，到具备开花的潜力为止。此发育过程也称为性成熟过程，它是有性繁殖果树个体生长必须度过的一个性发育成熟时期。对处于童期的果树，无论采取任何措施都不能使其开花结果，但可以采用一些技术措施来缩短童期，使实生树提前开花。童期长短是植物的一种遗传属性。果树种类不同，童期长短不同，如“桃三杏四梨五年”。

2. 成年阶段

成年阶段从具备开花潜力开始，直至衰老死亡为止。成年阶段具备开花结果的能力，在适宜的条件下，可以连年开花结果。经过多年开花结果以后，生长逐渐衰弱，产量不断下降，出现衰老以至死亡的现象，这个过程又称为老化过程或衰老过程。

二、无性繁殖果树的生命周期

无性繁殖果树是指通过压条、扦插、嫁接等营养器官繁殖获得的果树植株。它与实生繁殖果树不同，不是由种子开始，而是起始于成年树体上的芽，其年龄阶段发育是母体的继续，因此没有幼年阶段，只要内外条件具备，随时可以开花结果。这种树的生命周期一般可划分为幼树期、初果期、盛果期和衰老期四个年龄时期。

1. 幼树期

通常指从果树定植到第一次开花结果。幼树期的生长特点是新梢生长量大，节间较长，组织不充实，越冬性差，往往有多次生长，长枝比例大，枝条生长势强并呈直立状态，树冠不开张，多呈圆锥形；年生长期长，停止生长晚，进入休眠迟；树体贮藏营养少，旺而不壮，不易形成花芽和结果。

幼树期的长短，因树种、品种、栽培管理水平和环境条件而异。如苹果、梨一般为3～4年，杏、李、樱桃等2～3年，桃、葡萄1～2年。此期管理任务主要有：首先，为根系生长创造良好的条件，如栽植前改良土壤，增施有机肥，深坑大穴；其次，做好整形工作，增加枝量，及早建成良好的树体骨架；最后，生长后期及时控制肥水，使枝条及时停长，组织成熟，增加营养积累，增强越冬力。

2. 初果期

指从第一次结果到大量结果前。此期特点是：树体营养生长仍占优势，树冠不断扩大；随树龄的增加和结果量逐年增多，生长势逐渐趋向缓和，侧向生长加强；长枝比例逐渐减少，中、短枝增多，产量逐年上升，果实品质也相应提高。

此期苹果、梨3～5年，葡萄及核果类树冠扩展快，初果期很短，一般开始结果后，很快进入盛果期。此期管理任务有：合理供应肥水，保证根系和地上部的生长发育；继续进行整形，扩大树冠；修剪要轻剪、增加分枝，缓和树势，增加结果部位，迅速提高产量，争取早日进入盛果期。

3. 盛果期

从大量结果到产量明显下降前。此期特点是：骨干枝离心生长逐渐减缓、停止，发育枝减少，结果枝大量增加，树冠、产量和果实品质均达到生命周期中的最高峰；新梢生长趋于缓和，大量形成花芽，中、短果枝比例加大；生长结果的平衡关系极易破坏，管理不当则出现大小年现象。

盛果期的长短与树种、品种、环境条件和栽培管理水平有关。苹果为15～40年，梨为15～70年，桃为10～20年。盛果期重在调节好营养生长和生殖生长的关系。因此，此期主要管理任务有：加强肥水供应，实行细致的更新修剪，均衡配备营养枝、结果枝和结果预备枝；尽量维持较大的叶面积，控制适宜的结果量，防止大小年结果现象过早出现。

4. 衰老期

从产量、品质明显下降到树体死亡。此期特点是：骨干枝先端逐渐枯死，向心生长逐步加强；树体衰老，成花差，产量低，品质差。

此期主要管理任务有：一是适时更新复壮，如加强地下管理，适当加重修剪量，恢复增强新梢的生长势，同时应充分利用徒长枝更新恢复树冠；二是当经济效益降到一定程度后需砍伐，重新建园。

第六节　果树各器官间的关系

一、根系与地上部分的关系

1. 营养物质的相互依赖和相互制约

果树根系与地上部的相互关系中，最突出的特点之一是在营养物质的相互依赖上。俗语“根靠叶养，叶靠根长”是这种关系的高度概括。一方面地上部枝叶通过光合作用生产的碳水化合物和含氮化合物等有机营养物质回流到根系，才能促进根系的生长。另一方面，地上部主要通过根系吸取各种矿质营养和激素类物质，才能进行正常的生长发育。

地上部与地下部在营养物质相互依赖的同时，又存在着对营养物质相互竞争的问题。如根系生长高峰总是与地上部生长高峰错开。当枝叶生长旺盛时根系生长缓慢，而在根系第二次生长高峰期，果实的增长迅速下降。这些现象的出现主要是植物有机体自身的调节作用，使果树能进行正常的生长发育。

2. 地上部与根系间形态结构上的相关性

（1）局部枝根量的相关性　地上部大骨干枝与地下部大骨干根之间有局部的关系。主干矮的树，这种对应关系更为明显。一般表现在树冠的同一方向，如果地上部枝叶量多，则相对的根量也多。同时也形成了同一方向的根系与枝叶间营养交流的对应关系，即营养交流的局限性。了解这种对应关系，给确定施肥位置提供了依据。

（2）生态上的对应关系　植物地上部与地下部之间，在生态上也有其相似的关系。因此，通过对地上部枝叶的观察，可以推测不易观察到的地下部根系的生长状态。如幼龄树，生长旺，长枝比例大，地下部根系也必然是生长旺，向外扩展的延伸根多，而吸收根、须根相对较少，表现根系旺长，而密度小。小老树则相反。当果树一侧的根系生长受到抑制，相应那一侧地上部的生长也受到影响。生产上通过修剪、花果管理等措施也可控制根系的生长。

（3）地上部与根系在生长量上的相关性　枝叶和根系在生长量上常保持一定的比例关系，称为冠根比（缩写为 T/R）。冠根比的大小常依环境条件、树体状态和树龄等而变化。如苹果的冠根比值，生长在沙土地上为 0.7 ～ 1，生长在壤土上为 2.0 ～ 2.5，黏土上为 2.1 或更高。因此，在栽培上要维持同样大小的树冠，沙土地果园要比壤土或黏土果园的根量高 2 倍以上。所以，沙土地栽培果树，必须加强土壤改良，提高土壤肥力，以促进根系生长，提高冠根比值，以减少形成过多的根量所消耗的营养。

果树生产上常采用不同砧木控制树体大小、生长势及抗逆性；通过疏果、轻剪多留枝以促进根系生长，最终通过根系与地上部的协调与平衡，实现生产目标。如进行较大果树移栽时，移栽后对地上部做较重的修剪，且移栽当年去除全部花朵，主要目的就是使地上地下生长平衡，保证移栽后的果树正常生长。

二、营养生长与生殖生长的关系

果树的营养器官和生殖器官在生长发育上是相互依存、相互制约的关系，这种关系主要表现在营养物质分配上。根、茎、叶等营养器官的生长是开花坐果、果实生长和花芽分化的基础。而果实发育对营养器官的生长发育也可产生抑制作用。如果树的花芽分化多在新梢生长缓慢期或停止生长以后开始。枝条健壮，单叶面积大，为果实生长和花芽分化提供了物质基础，但生长过旺反而不利于果实生长和花芽分化。

营养器官制造的营养物质具有就近供应和集中使用的特点。就近供应指枝叶制造的营养物质首先供给附近器官使用。如短枝上的叶片供本枝上果实生长和花芽发育（图 1-25），上部叶片供下部器官发育，所以梢头果通常发育不好。集中使用指在年周期的某一物候期内，全树营养往往集中分配给生长发育强度最大的器官和组织，如开花坐果期，营养物质主要供应开花坐果需要。

果树生产中经常采用开张角度、轻剪缓放、控制氮肥、使用生长抑制剂等来减少营养器官或增加生殖器官；对树势较弱的大树及大年树采用疏除花果、回缩短截、前期充分供应肥水的方法，减少生殖器官数量、提高质量并增加营养器官的数量。通过以上措施调节营养生长和生殖生长的关系，使生长和结果达到动态平衡，争取最大的经济效益。

三、生殖生长间的相互关系

在开花坐果、果实发育、花芽分化间也存在着竞争制约关系。过多的开花或结果，将导致果个变小，出现严重的落花落果而降低产量；同时抑制花芽的分化，导致果树出现大小年现象。仁果类果树的果实发育与花芽分化重叠的时间较长，果实对花芽分化影响较大，容易出现大小年。而核果类果树由于重叠时间较短，不易出现大小年（图 1-26）。

图 1-25　甜樱桃短枝营养就近供应

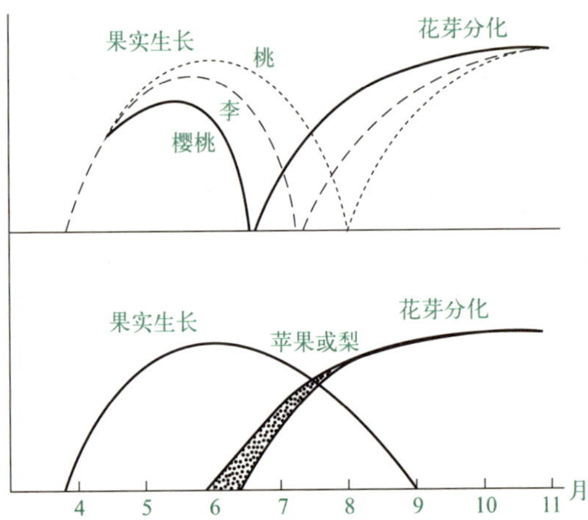

图 1-26　果实生长与花芽分化的关系

复习思考题

1. 与其他经济作物相比，果树栽培具有哪些特点？
2. 果树分类方法有哪几种？其分类依据各是什么？
3. 果树的枝芽特性有哪些？
4. 什么是果树的物候期？具有哪些特点？
5. 影响花芽分化的因素有哪些？生产中应如何促进果树形成大量优质的花芽？
6. 果树落花落果的时间和原因各是什么？如何提高果树的坐果率？
7. 营养繁殖果树一生分为几个年龄时期？各年龄时期的管理要点是什么？

第二章

果树栽培基本技术

- **目的要求** 了解果园建立、果树土肥水管理、花果管理、整形修剪及自然灾害的预防等相关知识及技术要点。
- **学习要点** 建立标准化果园；土壤管理；施肥管理；水分管理；花果管理；整形修剪；自然灾害的预防。
- **技能要点** 果树建园方案的制定及果树栽植；果树土肥水管理；果树授粉、疏果及果实套袋；果树生长期修剪与休眠期修剪；果树防寒。
- **职业素养** 生态文明意识；吃苦耐劳精神；精益求精的工匠精神；竞争意识。

第一节 建立标准化果园

一、园址的选择

建立标准化果园时，应选择生态条件良好、环境质量合格，并具有可持续生产能力的农业生产区域。也就是要做到适地适树、因地制宜、集中连片、形成规模、灌排方便、交通便利，能够满足果树商品化、产业化、现代化生产的需要。

1. 果园类型

常见的果园类型有丘陵山地果园、平地果园、沙滩地及盐碱地果园等。通常在地势平坦或坡度小于5°的缓坡地带视为最适合建园区域。

（1）丘陵山地建园特点　光照充足，温差较大，通风排水良好，具备生产优质果品的独特优点，而且有改善生态环境、保持水土的作用。但丘陵山地地势起伏，地形复杂，土壤厚薄不一，且养分含量低。建园时，一要选择山麓地带和相对海拔在200～500m的低位山带建园；二要充分利用丘陵山区的小气候带；三要考虑坡向和坡形的作用。通常南坡向阳，光照充足，温度较高，昼夜温差大，土壤干燥，果树表现物候期早、产量高、品质好。但容易发生霜冻、干旱及日烧。北坡与南坡相反，东坡与西坡的优缺点介于南坡与北坡之间。

（2）平地建园特点　地势开阔、地面平整、土层深厚、肥水充足，便于机械化管理和交通运输，果树发育健壮，树体高大，产量较高，果实色泽、风味、耐贮性均可。但树势偏旺，结果稍迟，应注意控制树势。选择园址时，要避开地下水位高的地段。

（3）沙荒地、盐碱地建园特点　沙荒地、盐碱地在我国有较大面积分布。沙荒地含沙量大，通透性强，土壤昼夜温差大，肥力低，保肥保水能力差。盐碱地土壤黏重，通气性差，因含有大量的盐类，使土壤溶液浓度加大，且易出现缺素症，从而影响果树对水分和养分的吸收。这两类土壤可选择部分宜果地带，有针对性地采取措施改良土壤，提高肥力之后再建园。如沙荒地可以提前营造防护林来防风固沙，栽培时多施用有机肥、利用绿肥作物来增加土壤有机质的含量和改良土壤；盐碱地建园前可采用洗盐，营造防风林，勤耕勤锄，挖排水沟降低水位等方法防止盐分上升；也可以种植耐盐的绿肥作物，起台田、覆草以减轻盐害。

果树是多年生植物，长期选择吸收土壤中的养分，造成根系分布范围内土壤盐类的积累，使土壤肥力下降，土壤有害物质比较多。因此，不论哪种类型果园，建园时均应避开果园重茬地，否则会使重茬果树生长结果受到严重影响。有结果表明，重茬地的前茬果树会对后茬果树的生长量产生影响，具体内容参见表 2-1。如确需重茬建园时，则必须彻底进行土壤改良。如连续 4 ～ 5 年种植豆科作物或绿肥，并翻入土中，以恢复土壤肥力。如在短时间内重茬建园，可采取全园土壤消毒或深翻、换土等方法。

表 2-1　前茬果树对后茬果树生长量的抑制程度

后作	前作							
	无花果	桃	梨	苹果	葡萄	柑橘	枇杷	核桃
无花果	1	3	2	5	6	4	7	8
桃	4	1	8	2	5	6	3	7
梨	1	7	3	2	4	8	5	6
苹果	7	2	4	1	6	8	3	5
葡萄	1	6	7	3	2	4	8	5
柑橘	1	7	4	2	8	3	5	6
枇杷	8	5	6	2	1	7	3	4
核桃	6	4	8	3	2	7	5	1
平均	3.6	4.4	5.3	2.5	4.3	5.9	4.9	5.5

注：摘自《中国农业百科全书果树卷》，1993；生长量最小为 1，最大为 8。

2. 果园环境标准

建立果园时，要确保园地附近没有污染源，如化工厂、化肥厂、造纸厂、砖瓦厂、水泥厂等，并按照《绿色食品　产地环境质量标准》（NY/T 391—2013）的规定对园地环境进行检测，并符合标准要求。果园环境标准主要包括空气环境质量、农田灌溉水质量和土壤环境质量等三方面内容。

（1）空气环境质量　果园空气质量的标准是确保果园环境清洁安全的关键因素之一。空气中的污染物主要有二氧化硫、氟化氢、臭氧、氮化物、氯气、碳氢化合物等。空气中污染物含量过高会影响果树正常生长发育，造成急性或慢性危害。污染严重时，叶片产生伤斑，果面龟裂，叶果脱落，枝干干枯，甚至死亡；果树长期受低浓度污染物影响会出现叶片褪绿黄化，开花不齐，花朵或幼果脱落等慢性危害；同时也会造成潜隐性危害，如果树生理机能受到影响，对不良环境的抵抗力降低，产量和品质下降等。空气污染物主要来源于农药厂、化肥厂、发电厂、冶炼厂、玻璃厂、造纸厂、水泥厂、屠宰场、垃圾场以及工矿企业密集大量产生烟尘的地方，交通主干道车辆排放尾气、灰尘及装载物泄露等均可引起污染。选择园地时对上述地区应采取回避策略，在远离污染源地建园。果园空气质量指标可参考表 2-2。

表 2-2　果园空气质量指标

检测项目	指标	
	日平均	1h 平均
总悬浮颗粒物 / (mg/m^3)	≤ 0.3	≤ 0.5
二氧化硫 / (mg/m^3)	≤ 0.15	≤ 0.5
氮氧化物 / (mg/m^3)	≤ 0.1	≤ 0.2
氟化物 / (μg/m^3)	月平均≤ 10	

（2）农田灌溉水质量　果园灌溉用水包括江河、湖泊、水库、井水、工业废水、城市生活污水等。用被污染水灌溉果园，会对果树造成严重危害。一般井水污染较轻，但应注意重金属元素含量是否超标。工业废水和生活污水必须经净化处理才能浇灌果树。所以，选择园地必须对灌溉水源进行检测，国家标准要求灌溉用水中氯化物、氰化物、氟化物、汞、砷、铅、镉、六价铬、石油类、pH 值等污染物的浓度应符合标准（表 2-3）才能建园。

表 2-3　果园灌溉水质量指标

检测项目	指标
氯化物 / (mg/L)	≤ 350
氟化物 / (mg/L)	≤ 2
总汞 / (mg/L)	≤ 0.0005
总砷 / (mg/L)	≤ 0.05
总铅 / (mg/L)	≤ 0.05
总镉 / (mg/L)	≤ 0.005
六价铬 / (mg/L)	≤ 0.1
石油类 / (mg/L)	≤ 10
pH 值	5.8 ～ 8.5

（3）土壤环境质量　土壤污染因子包括人为污染和天然污染两大类。人为污染主要来自三个方面。一是工业“三废”的排放；二是农药、化肥、垃圾杂肥的施用；三是污水灌溉。天然污染主要是大自然因素所致。如土壤中某些元素的富集，矿床周围地质因素，水土流失、冲积，风蚀、地震，火山喷发等，均可导致不同程度的污染。因此在建园前要严格检测土壤，使得土壤中类金属元素砷和重金属元素镉、汞、铅、铬等污染物的浓度不得超过规定限值（表 2-4）。同时在建园后的果树生产过程中必须注意安全使用农药，推广配方施肥，防止对土壤造成新的污染。

表 2-4 果园土壤质量指标

检测项目	指标		
	pH<6.5	pH 6.5 ～ 7.5	pH>7.5
总汞 /（mg/kg）	≤ 0.3	≤ 0.5	≤ 1
总砷 /（mg/kg）	≤ 15	≤ 20	≤ 30
总铅 /（mg/kg）	≤ 80	≤ 100	≤ 150
总镉 /（mg/kg）	≤ 0.3	≤ 0.6	≤ 1
总铬 /（mg/kg）	≤ 90	≤ 100	≤ 150

二、果园的规划设计

1. 建园调查与测绘

（1）建园调查　在建园设计规划前，首先应进行社会调查和地形勘察。社会调查主要了解当地经济发展状况、土地资源、劳动力资源、产业结构、生产水平与果树区划等，在气象或农业主管部门查阅当地气象资料，采集各方面的信息。地形勘察主要是掌握规划区的地形、地势、土壤质地、肥力状况和植被分布，以及园地小气候等自然条件等。

掌握基本情况后，聘请有关专家进行可行性分析论证。在具备发展条件的基础上，确定生产目标、发展规模、技术水平、主要工程建设、树种与品种结构、经营规划及经济效益分析等，形成规划的基本框架。

（2）测绘　利用经纬仪或罗盘仪对规划区进行导线及碎部测量，达到规定精度要求，绘制成 1 :（5000 ～ 25000）的平面图。图中须标明地界、河流、村庄、道路、建筑物、池塘、耕地、荒地以及植被等，并计算面积。山地果园规划还应进行等高测量，绘制地形图。为具体规划设计提供依据。

2. 园地的规划

大型果园通常各类用地的比例应为：栽植面积占 80% ～ 85%，道路占 5%，防护林占 5% ～ 10%，其他占 5%。

（1）小区规划　小区是果园土壤耕作和栽培管理的基本单位。应根据果园面积、地形等情况进行小区的划分，为便于实行统一生产管理和机械作业，一般同一小区内的地势、土壤、气候条件等应尽可能保持一致。

平地果园小区面积以 4 ～ 8hm^2 为宜；山坡与丘陵地果园小区面积 1 ～ 2hm^2 即可；统一规划而分散承包经营的小果园，可以不划分小区，以承包户为单位，划分成作业田块。

平地果园小区形状以长方形为宜，小区的长边应与当地主风向垂直，以增强抗风能力；山地丘陵果园小区的形状以带状为宜，或随特殊地形而定，其长边最好在同一等高线上，以便整修梯田和保持水土。

（2）道路规划　果园设有良好而合理的道路系统，既可以减轻劳动强度，提高工作效率，又能节约土地。道路系统要与小区、排灌系统、防护林统筹规划。面积在 8hm^2 以上的果园，道路系统一般分为 2 ～ 3 级，由干路、支路和小路组成。

平地果园，干路应与附近公路相接，尽可能贯通全园，与办公区、生活区、贮藏转运场所相连。干路路面宽 6 ～ 8m，能保证汽车或大型拖拉机对开；支路连接干路和小路，贯穿于各小区之间，路面宽 4 ～ 5m，便于耕作机具或机动车通行；小路是为了方便小区管理而设置的作业道路，路面宽 1 ～ 3m。

山地或丘陵地果园应顺山坡修盘山路或“之”字形干路，其上升坡度不能超过 7°，转弯半径不能小于 10m。支路可以选在小区边缘和山坡两侧沟旁，并与各等高台田连通。山地果园的道路，不能设在集水沟附近。在路的内侧修排水沟，并使路面稍向内倾斜，使行车安全，减少冲刷，保护路面。

（3）排灌系统规划

① 灌溉系统。灌溉方式有沟灌、喷灌、滴灌和渗灌等。不同的灌溉方式在设计要求、工程造价、占用土地、节水功能及灌溉效应等方面差异很大，规划时应根据具体情况而定。

沟灌主要是规划干渠、支渠。渠道的分布应与道路、防护林等规划结合，使路、渠、林配套。在有利灌溉的前提下，尽可能缩短渠道长度。渠道应保持 0.1% ～ 0.3% 的比降，并设立在稍高处，以便引水灌溉。山地果园的干渠应沿等高线设在上坡，落差大的地方要设跌水槽，以免冲坏渠体。

喷灌系统包括首部枢纽（取水、加压、控制系统、过滤和混肥装置）、输水管道和喷嘴三个主要部分。喷灌的输水管道有固定与移动式两种。固定管道按干管、支管和毛管三级设置，毛管分布于果树行间土壤内，每隔一定距离接出地面安装喷嘴。为保证出水均匀，还要安装减压阀与排气阀。

滴灌系统主要由首部枢纽（水泵、过滤器、混肥装置等）、输水管网（干管、支管、分支管、毛管）和滴头组成。滴灌干管直径 80mm，支管直径 40mm，分支管细于支管，毛管 10mm 左右。在毛管上每隔 70cm 左右安装一滴头。分支管按树行排列，毛管环绕树冠外缘一周。

② 排水系统。果园类型不同，其排水系统也不同。平地果园主要有明沟排水与暗沟排水两种排水方式。明沟排水系统主要由园外或贯穿园内的排水干沟、区间的排水支沟和小区内的排水沟组成。小区内的排水小沟一般深度 50 ～ 80cm；排水支沟深 100cm 左右；排水干沟深 120 ～ 150cm，使地下水位降到 100cm 以下，各级排水沟要相互连接。盐碱地果园，为防止土壤返盐，各级排水沟应适当加深。

暗沟排水是在地下埋设瓦管管道或石砾、竹筒、秸秆等其他材料构成排水系统。此法不占地面，不影响耕作，唯造价较高。暗沟设置的深度、沟距与土壤的关系见表 2-5。

表 2-5　暗沟深度和沟距与土壤的关系

项目	土壤			
	沼泽土	沙壤土	黏壤土	黏土
暗沟深度 /m	1.25 ～ 1.5	1.1 ～ 1.8	1.1 ～ 1.5	1.0 ～ 1.2
暗沟间距 /m	15 ～ 30	15 ～ 35	10 ～ 25	8 ～ 12

注：摘自《中国果树栽培学》。

山地果园的排水系统包括拦洪沟、排水沟和背沟（也称集水沟）等。拦洪沟是在果园上方沿等高线设置的一条较深的沟，一般宽度和深度为 1 ～ 1.5m，比降 0.3% ～ 0.5%。主要起将上部山坡的洪水拦截并导入排水沟或蓄水池中的作用，保护果园免遭冲毁。山地果园的排水沟应设置在集水线上，方向与等高线相交，汇集梯田背沟排出的水而排出园外。排水沟的宽度 50 ～ 80cm，深度 80 ～ 100cm。在梯田内修筑背沟，沟宽 30 ～ 40cm，深 20 ～ 30cm，保持 0.3% ～ 0.5% 的比降，使梯田表面的水流入背沟，再通过背沟导入排水沟。

（4）防护林规划　建园前营造防护林能起到降低风速、保持水土，调节温度、增加湿度，改善果园生态气候条件的作用。还可以提供蜜源、肥源、编条等林副产品，增加果园收入。

① 防护林类型。防护林的类型主要有紧密型林带、稀疏型林带和透风型林带三种。一般认为果园的防护林以营造稀疏型或透风型为好。在平地防护林可使树高 20 ～ 25 倍距离内的风速降低一半。在山谷、坡地上部设紧密型林带，而坡下部设透风或稀疏林带，可及时排除冷空气，防止霜冻为害。

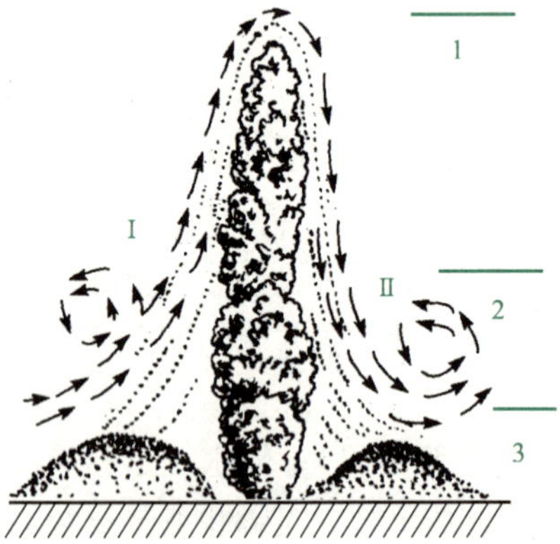

图 2-1 紧密型防护林带
Ⅰ—迎风面（起沙）；Ⅱ—背风面（落沙）；1—乔木；2—亚乔木；3—灌木

a. 紧密型林带。由乔木、亚乔木和灌木组成，林带上下密闭，透风能力差，风速 3 ～ 4m/s 的气流很少透过，透风系数小于0.3。在迎风面形成高气压，迫使气流上升，跨过林带的上部后，迅速下降恢复原来的速度，因而防护距离较短，冷空气易下沉而形成辐射霜冻，但在防护范围内的效果显著（图 2-1）。平地果园规划紧密型防护林时应注意：在地势较低的地方不栽树，要留出 5 ～ 6m 宽的豁口，以排除冷空气。

b. 稀疏型林带。由乔木和灌木组成，林带松散稀疏，风速 3 ～ 4m/s 的气流可以部分通过林带，方向不改变，透风系数为 0.3 ～ 0.5。背风面风速最小区出现在林高的 3 ～ 5 倍处。

c. 透风型林带。一般由乔木构成，林带下部（高 1.5 ～ 2m 处）有很大空隙透风，透风系数为 0.5 ～ 0.7。背风面最小风速区为林高的 5 ～ 10 倍处。

果园防护林类型知多少

② 防护林常用的树种。防护林一般由乔木和灌木组成。乔木树种可选择杨、柳、楸、榆、椿、泡桐、板栗、银杏、山楂、枣、杏、柿、山定子、杜梨和桑等；灌木树种可选择紫穗槐、酸枣、枸杞、柽柳、毛樱桃等。

在选择防护林的树种时注意：一是适应当地环境条件，抗逆性强，尽可能选用乡土树种；二是生长迅速、寿命较长，具有良好的防风效果；三是对果树的副作用要尽可能小；四是防护林本身要有较高的经济价值。

③ 防护林的营造。平地、沙滩地果园，一般迎风面设置一条较宽的主林带，方向与主风向垂直，通常由 5 ～ 7 行树组成。主林带间距 300 ～ 400m。与主林带垂直营造副林带，由 2 ～ 5 行树组成，带距 300 ～ 600m。山地果园防护林一般由 5 ～ 8 行组成，风大地区可增至 10 行。主林带间距 300 ～ 400m，带内株距 1 ～ 1.5m，行距 2 ～ 2.5m。最好乔木与灌木混交。为了避免坡地冷空气聚集，林带应留缺口，使冷空气能够下流。林带应与道路结合，并尽量利用分水岭和沟边营造。果园背风时，防护林设于分水岭；迎风时，设于果园下部；如果风来自果园两侧，可在自然沟两岸营造。

（5）其他附属设施的规划　果园内的附属设施主要有生产生活用房、生产资料仓库、果品贮藏库、选果场、积肥场等。应根据果园规模及生产需要，按照方便、高效、安全、生态、环保的原则进行合理规划设计。

三、树种品种选择和配置

1. 树种、品种选择

果树建园前选择树种、品种时，既要注意所选树种及品种要适应当地的气候和土壤条件，表现丰产优质，病虫害较轻；又要注意适应市场需求，适销对路，经济效益高；还要注意树种、品种不能过于杂乱，每个品种都要达到一定的生产规模。

（1）树种规划　在选择树种时，首先应根据区域化、良种化的要求，因地制宜地确定发展果树的种类。作为商品化果园，栽植树种应尽量单一，不要多种果树混栽。一般主栽树种 1 个，主栽品种 2 ～ 3 个即可。为了体现适地适栽，应考虑各树种的适宜年平均温度（表 2-6）、土壤含盐量（表 2-7）和 pH 值（表 2-8），同时还要考虑各树种的特性。如李、杏花期易受风害、霜害，平地果园应栽在风小的背风面，山地果园宜栽在山腰上；杏树耐旱不耐涝，李树耐涝但不耐旱，因此杏树应栽在地势比较高的地方；葡萄耐旱、喜光，应栽在地势较高地方；苹果的花期和果实成熟期的冻害和风害均较轻，可安排在风力较强的一面。

表 2-6　主要果树适宜的年平均温度

树种	适宜的年平均温度 /℃	树种	适宜的年平均温度 /℃
苹果	7 ～ 15	中国樱桃	12 ～ 16
小苹果	6 ～ 8	甜樱桃	10 ～ 14
秋子梨	6 ～ 12	李	3 ～ 22
白梨	7 ～ 14	核桃	8 ～ 15
砂梨	12 ～ 18	梅	16 ～ 20
华北系统桃	8 ～ 14	柑橘	18 ～ 20
华南系统桃	12 ～ 17	枇杷	15 ～ 17
杏	6 ～ 14	涩柿	10 ～ 15
葡萄	5 ～ 8	甜柿	16 ～ 20
北方枣	10 ～ 15	板栗	11 ～ 16

表 2-7　主要果树对土壤含盐量的适应程度

树种	正常生长时土壤含盐量 /%	受害极限土壤盐浓度 /%
苹果	＜ 0.16	0.28
梨	＜ 0.20	0.30
桃	＜ 0.10	0.15
葡萄	＜ 0.30	0.35
枣	＜ 0.30	0.35

表 2-8　主要果树对土壤 pH 值适应范围

树种	适应范围	最适应范围
苹果	5.0 ～ 7.5	5.5 ～ 7.0
梨	5.0 ～ 8.5	5.6 ～ 7.2
桃	5.0 ～ 8.2	5.2 ～ 6.5
葡萄	6.0 ～ 8.5	6.5 ～ 8.0
板栗	4.6 ～ 7.5	5.5 ～ 6.5
枣	5.0 ～ 8.5	5.2 ～ 8.0

续表

树种	适应范围	最适应范围
柑橘	5.0 ～ 6.5	6.0 ～ 6.5
山楂	6.0 ～ 7.5	6.5 ～ 7.0
柿	5.0 ～ 7.5	6.0 ～ 7.0
无花果	7.0 ～ 7.6	7.0
杏	5.0 ～ 8.0	5.6 ～ 7.5

注：以上数据均摘自《中国农业百科全书　果树卷》，1993。

（2）主栽品种规划　在确定主栽品种时，要考虑品种的生物学特性，当地气候条件、土壤条件、地理位置、交通条件以及市场需求等，同时要合理搭配早、中、晚熟品种，鲜食与加工品种的比例。在有多个品种适栽的情况下，挑选销路好、效益高的品种定为主栽品种。主栽品种所占比例约为全园的 80%。

2. 授粉树的配置

果树属异花授粉植物，绝大部分种类和品种自花不实，或自花结实率很低，有的还是雌雄异株，因此，建园时需配置一定数量的授粉树，才能提高坐果率和果实品质。

（1）授粉树具备的条件　与主栽品种花期一致或相近，且花粉量大，花粉发芽率高；与主栽品种能相互授粉，且有较强的亲和力，授粉后果实品质无劣变；与主栽品种始果年龄和寿命相近；能丰产稳产，并具有较高的经济价值；能适宜当地环境，栽培管理容易。

（2）授粉树配置比例　授粉树的数量可根据授粉品种的经济价值和花量大小、果园地形的复杂程度以及传媒方式来确定。当授粉品种经济价值较高且能与主栽品种互相授粉，则其比例可达到 50%，若产量或品质稍差，应尽量压缩授粉品种，但不能少于 15%；当授粉品种花粉质量好，授粉结实率高，可适当少栽授粉品种，若授粉效果稍差，应保持在 20% 以上。

（3）授粉树配置方式　授粉树的配置方式有中心式、行列式、复合行列式、等高式 4 种。中心式于授粉树经济价值不高时采用，此种方式授粉效果好，且授粉树所占比例小，但生产管理不方便；行列式为果园普遍应用的方式，具体可根据授粉树的价值高低与主栽品种按（2 ～ 4）：（2 ～ 4）的等量式配置或 1：（3 ～ 4）的差量式配置。此种方式果园生产管理较为方便，但授粉树所占比例较大。复合行列式在两个品种不能相互授粉，需要配置第二个授粉品种时采用；等高式只在山地果园使用（图 2-2）。

中心式	行列式	复合行列式	等高式
××××××	○××××○	○×××△○	○××××××××××○
×○××○×	○××××○	○×××△○	×○××××××××○×
××××××	○××××○	○×××△○	××○○○○○○○○××
××××××	○××××○	○×××△○	○××××××××××○
×○××○×	○××××○	○×××△○	×○××××××××○×
××××××	○××××○	○×××△○	××○○○○○○○○××

图 2-2　**授粉树的配置方式**

×—主栽品种；○，△—授粉品种

四、山地果园水土保持模式

1. 修筑梯田

梯田是山地水土保持的有效方法，也是加厚土层、提高肥力、促进果树生长的重要措施。梯田由梯田壁、梯田面、边埂和背沟四部分组成（图 2-3）。分为内倾式梯田和水平梯田两种。内倾式梯田适用于多雨地区，水平梯田适用于少雨地区。

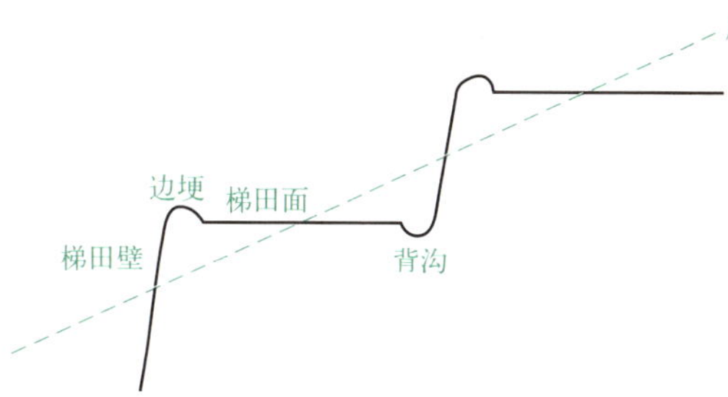

图 2-3　梯田的构造（马文哲）

（1）等高测量　在修筑水平梯田之前，先要进行等高测量。方法是：选一坡度适当的地方，由上而下拉一直线为基线。然后根据梯田要求的宽度，将基线分成若干段，并在各段的正中间打点为基点。以基点为起点，按一定的比降（一般为 0.1% ～ 0.3%）向左右延伸，测出一系列等高点，同一高度的等高点连成的线就是等高线，即为梯田面的中轴线。

（2）设计梯田面宽度　梯田面的宽度要根据坡度和栽植行距来设计。坡度小或栽植行距大，田面应宽些，反之，则可窄些。一般坡度在 10° ～ 30°时，阶面宽度变动在 3 ～ 10m 之间。田面设计较窄时，修筑容易，用工量少，对土壤肥力破坏性小，但不耐旱，边埂和背沟占地比例大，田面利用率低，不便于耕作管理。一般每台梯田只栽一行树时，梯田面宽度不应小于 3m；栽两行树的不应小于 5m。在条件许可的情况下，应尽量将田面拓宽，力争每一台面能栽两行以上的树，以充分利用土地，更好地发挥果树群体效应。坡度与阶壁、阶面的关系见表 2-9。

表 2-9　不同阶面宽度和坡度对应的阶壁高度　单位：m

坡度 /（°）	阶面宽度 /m				
	3	4	5	6	8
10	0.5	0.7	0.9	1.0	1.4
12	0.6	0.9	1.1	1.3	1.7
14	0.7	1.0	1.2	1.5	1.9
16	0.9	1.1	1.4	1.7	
18	1.0	1.3	1.6	1.9	
20	1.1	1.3	1.8	2.1	
22	1.2	1.6	2.0		
24	1.3	1.8			
26	1.5	2.0			

注：摘自《中国农业百科全书　果树卷》，1993。

（3）修筑梯田　修筑梯田时，应先修梯壁。由于修筑梯壁所用材料不同，分为石壁梯田和土壁梯田两种。为了牢固，梯壁要稍向内倾斜，石壁一般与地面呈 75°角，土壁保持 50° ～ 60°为宜。在修梯田壁的同时，要随梯田壁的逐渐增高，从梯田中轴线上侧取土填到上层梯田的下侧，最后整平田面，并在其内侧挖一小排水沟，即背沟。背沟一般宽 30cm，深 20cm。挖出的土堆在梯田外沿修筑边埂，边梗宽 30cm、高 15 ～ 20cm（图 2-4）。梯田修好后，一般梯面内侧的土层比外侧土层薄，肥力较差，应注意加以改良。

山地果园修筑梯田

2. 等高撩壕

在坡面上按等高线挖横向浅沟，将挖出的土堆在沟的外侧筑成土埂，称为撩壕（图 2-5）。撩壕是坡地果园改长坡为短坡的一种水土保持措施。果树栽在土埂外侧。此法能有效地控制地面径流，拦蓄雨水。当雨量过大时，壕沟又可以排水，防止土壤冲刷。撩壕对坡面土壤的层次和肥力状况破坏不大，能增加活土层厚度，有利于幼树生长发育。但撩壕后的果园地面不平，会给管理工作带来不便。另外，在坡度超过 15°时，撩壕堆土困难，因此超过 15°不适宜撩壕。

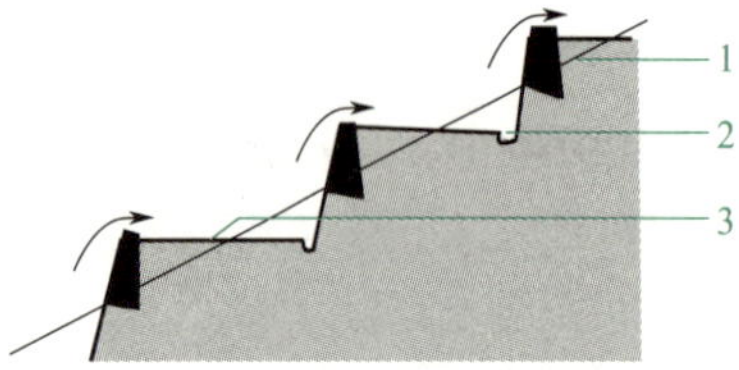

图 2-4 **梯田的构造**

1—原地面线；2—内沟；3—梯田面

图 2-5 **撩壕（马文哲）**

撩壕前，选一坡度适中的坡面，由上而下拉一直线为基线，然后按果树栽植的行距，将基线分成若干段，并在各段的正中间打出基点；以基点为起点，按 0.3% 的比降向左右延伸，测出等高线，再取 50 ～ 70cm 的距离，划出平行于等高线的两条线。撩壕时将两条平行线间的土挖出，堆在下坡方向，培成弧形宽埂。壕沟宽一般为 50 ～ 70cm，深 40cm 左右，沟内每隔 5 ～ 10m 筑缓水埂，其高度比壕顶略低，用以拦水，水多时可溢过小坝，顺沟缓流，而不至于冲毁壕体。壕外坡稍长于壕内坡，壕宽略大于沟宽。壕间筑多道小等高垄，采用生草或间作覆盖，进一步拦截径流，防止冲刷。

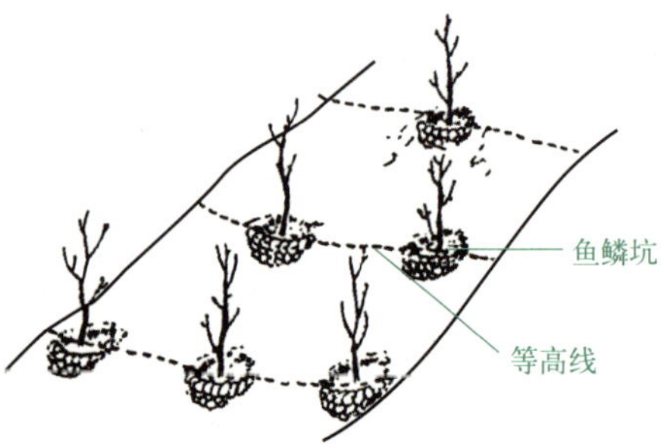

图 2-6 **鱼鳞坑（李道德）**

3. 修鱼鳞坑

山地陡坡，地形复杂，修水平梯田和等高撩壕都比较难时，可以修鱼鳞坑来进行水土保持。鱼鳞坑是一种面积极小的单株台田，由于其形似鱼鳞，故称“鱼鳞坑”（图 2-6）。修鱼鳞坑时，先按等高原则定点，确定基线和中轴线，然后在中轴线上按株行距定出栽植点，并以栽植点为中心，由上部取土，修成外高内低半月形的小台田，台田外缘用土或石块堆砌，拦蓄雨水供果树吸收利用。台田面直径一般为 2 ～ 5m，中心位于等高线上。

五、栽植与栽后管理

1. 栽植时期

果树主要在秋季落叶后至春季萌芽前栽植。秋栽一般在霜降后至土壤结冻前进行。秋栽有利于根系恢复，次年春季发根早，萌芽快，成活率高。但在冬季寒冷、风大、气候干燥的地区，必须采取有效的防寒措施，如埋土、包草、套塑料袋等，以防冻害和抽条。春栽在土壤解冻后至萌芽前进行。春栽宜早不宜晚，栽植过晚则发芽迟缓苗慢。栽后如遇春旱，应及时灌水以提高成活率，促进发苗。

2. 栽植方式

确定栽植方式主要以经济利用土地，提高单位面积经济效益和便于栽培管理为原则。常用的栽植方式有以下几种。

（1）长方形栽植　此种栽植方式生产中应用最为广泛。特点是行距较大，一般大于树冠高度，株距稍小，一般与冠幅相当，行间留有作业道。通风透光良好，便于机械耕作。果树栽植的行向，一般以南北行向为好，尤其是平地果园，南北行向较东西行向树体受光量大而均匀，果实品质好。

（2）正方形栽植　此种栽植方式的行距和株距相等，植株呈正方形排列，稀植时管理较为方便，但密植时树冠容易郁闭，且不利于机械化操作。

（3）带状栽植　即宽窄行栽植，一般双行成一带，带距为行距的 3 ～ 5 倍。带间行距较大，通风透光好；带内较密，群体抗逆性较强，适合于密植栽培，但带内光照条件较差，管理稍有不便，一般较少采用。

（4）等高栽植　适于山地、丘陵地果园。栽植时掌握“大弯就势”“小弯取直”的方法调整等高线，并对过宽、过窄处适当增、减树行，在行线上按株距栽植。

果树栽植方式

3. 栽植密度

确定果树合理栽植密度的根本依据是树体大小，即根据所选树种及品种在果园具体环境条件和既定的栽培管理制度下，能够或者要求达到的最大体积来确定，树体愈小，栽植密度愈大。生产上可根据以下因素综合确定。

（1）树种和品种特性　不同树种、品种的树冠大小和生长势不同，株行距应有所不同。如苹果＞梨＞桃＞葡萄；普通型品种＞短枝型品种。

（2）砧木种类　砧木的种类、使用方式和砧穗组合不同，树冠大小也不同。一般普通品种 / 乔化砧 > 短枝型品种 / 乔化砧；普通品种 / 半矮化砧 > 普通品种 / 矮化砧。同一种矮化砧，用作中间砧比自根砧树冠大，则其栽植密度应减小。

（3）自然条件　一般山坡地土层薄，肥力低，树冠小，栽植密度应比土质良好的平地大。在高纬度和高海拔地区，树冠较小，栽植密度应加大。气候温暖、雨量充足、水利条件较好，树冠高大，栽植密度小。

（4）栽培制度　可以采用变化性密植，将全部果树分为永久性植株和临时性植株，对后者采用控制树高、大量结果、适时间伐的栽培技术，以充分利用土地和光能。大面积果园机械化耕作，可以适当放宽行距、株距。现将北方主要果树栽植密度参考值列入表 2-10。

4. 栽植前准备

（1）确定栽植点

① 平地穴栽。选园地较垂直的一角，划出两条垂直的基线。在行向一端的基线上，按设计行距量出每一行的点，用石灰标记。另一条基线标记株距位置。在其他三个角用同样方法划线，定出四边及行、株位置，并按相对应的标记拉绳，其交点即为定植点。然后标记出每一株的位置。

② 平地沟栽。用皮尺在园地四角分别拉直角三角形，划出垂直的四边基线。在行向两端的基线上，标记出每一行的位置，另两条对应基线标记株距位置。接着在两条行距的基线上，

表 2-10 北方主要果树栽植密度参考表

果树种类	砧木与品种组合（架式）	栽植距离 /m		株数 / 亩	备注
		行距	株距		
苹果	普通型品种 / 乔化砧	4 ～ 5	3 ～ 4	33 ～ 56	山地、丘陵
		5 ～ 6	3 ～ 4	28 ～ 44	平地
	普通型品种 / 矮化中间砧 短枝型品种 / 乔化砧	3 ～ 4	2	83 ～ 111	山地、丘陵
		4	2 ～ 3	56 ～ 83	平地
	短枝型品种 / 矮化中间砧 短枝型品种 / 矮化砧	3 ～ 4	1.5	111 ～ 148	山地、丘陵
		3 ～ 4	2	83 ～ 111	平地
梨	普通型品种 / 乔化砧	4 ～ 6	3 ～ 5	33 ～ 56	
	普通型品种 / 矮化砧 短枝型品种 / 乔化砧	3.5 ～ 5	2 ～ 4	33 ～ 95	
桃	普通型品种 / 乔化砧	4 ～ 6	2 ～ 4	28 ～ 83	
杏	普通型品种 / 乔化砧	5 ～ 7	4 ～ 5	19 ～ 33	
李	普通型品种 / 乔化砧	4 ～ 6	3 ～ 4	28 ～ 56	
葡萄	（小棚架）	3 ～ 4	0.5 ～ 1	166 ～ 444	
	（自由扇形、单干双臂）	2 ～ 2.5	1 ～ 2	134 ～ 333	
	（高宽垂）	2.5 ～ 3.5	1 ～ 2.5	76 ～ 267	
樱桃	大樱桃	4 ～ 5	3 ～ 4	33 ～ 56	
核桃	早实型品种	4 ～ 5	3 ～ 4	33 ～ 56	
	晚实型品种	5 ～ 7	4 ～ 6	16 ～ 33	
板栗	普通型品种 / 乔化砧	5 ～ 7	4 ～ 6	16 ～ 33	
	短枝型品种 / 乔化砧	4 ～ 5	3 ～ 4	33 ～ 56	
柿	普通型品种 / 乔化砧	5 ～ 8	3 ～ 6	14 ～ 44	
枣	普通型品种	4 ～ 6	3 ～ 5	22 ～ 56	
	（枣粮间作）	8 ～ 12	4 ～ 6	9 ～ 21	
山楂	普通型品种 / 乔化砧	4 ～ 5	3 ～ 4	33 ～ 56	
草莓	普通型品种	小行距：0.25 ～ 0.35； 垄距：1	0.15 ～ 0.18	7000 ～ 10000	大垄 双行栽植

按每行相对的两点拉绳，划出各行线，再按栽植沟的宽度要求（80 ～ 100cm），以行线为中心向两边放线，划出栽植沟的开挖线。四周基线上的株行距标记点应保护好，以便栽树时拉线校正树行。

③ 山地栽植。山地以梯田走向为行向，在确定栽植点时，应根据梯田面的宽度和设计行距确定。如果每台梯田只能栽一行树，以梯田面的中线或距梯田外沿 2/5 处为行线，向左右延伸按株距要求标记栽植点。山坡地形复杂，梯田多为弯曲延伸，行向应随弯就势。遇到田面宽窄不等时，可酌情采取加减行处理。

（2）挖栽植穴（沟） 栽植前提早 3 ～ 4 个月挖好栽植穴（沟）。一般是秋栽树夏挖坑，春栽树秋挖坑。其好处是有利于土壤熟化；使填入栽植坑内的有机肥和秸秆提早分解；接纳地下水或灌溉水，促使土壤充分沉实，有利栽植成活。

栽植穴的大小，依土壤性质和环境条件而定。在小区打好的栽植点上，以点为中心挖半径 40 ～ 50cm、深 80 ～ 100cm 的栽植穴。下层土壤坚实或土质较差的地块，栽植穴应适当加深，以利改良下层土壤。注意表土和底土一定要分开放置，拣出粗沙或石块等物。要求穴壁平直，不能挖成漏斗形。穴挖好后，将秸秆、杂草或树叶等有机物与表土分层填入坑内。为加速分解，在每层秸秆上撒少量生物菌肥或氮素化肥，尽量将好土填入下层，每填一层踩踏一遍。填至离地表 30cm 左右时，撒入一层粪土（优质农家肥按每株 25kg 左右）。土壤回填后，有灌溉条件的应立即灌水，使坑内土壤和有机物充分沉实，以免栽树后土壤严重下陷，造成悬根、埋干或倒伏现象，影响栽植成活和园地的整齐。如果下层土壤具有卵石层或白干土的土壤，必须取出卵石和白干土，然后换进好土。在密植园中，可开成沟（最好在前一年开沟），沟的深度和宽度都在 80 ～ 100cm。为了在栽后几年不深施有机肥，可在沟的最底层放入秸秆，在秸秆上面再施入混土的粪肥（图 2-7）。

（3）准备苗木　栽植前要将苗木分级，避免壮苗和弱苗混栽，从而影响建园的整齐度。苗木定植前浸水 24 ～ 48h，栽前对根系进行修剪，使根系露出新茬，利于形成愈伤组织产生新根。在栽植前用生根粉、萘乙酸、吲哚乙酸等处理根系，再蘸泥浆，可提高栽植成活率。为控制病虫害的发生，尤其是检疫性病虫害的扩散，要对苗木进行消毒处理。此外，如果苗木不能立即栽植，可以先进行假植。

5. 栽植方法

栽树前，先将栽植坑进行修整，深度保持 25cm 左右，并将坑中间培成小丘状，栽植沟可培成龟背形的小长垅。拉线核对准确栽植点并打点标记，栽时将苗木放于定植点，目测前后左右对齐，做到树端行直。根系周围尽量用表土填埋，填土时轻轻提动苗木使根系舒展，并边填土边踏实，将坑填平后培土整修树盘，然后浇透水。当水下渗后撒一层干土封穴，以减少水分蒸发（图 2-8）。运往地里的苗木，先用湿土将根系封埋，边栽边取，以防根系失水而影响成活。

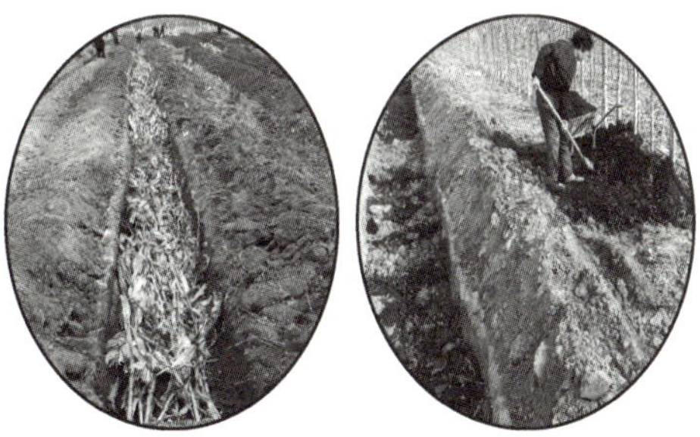

沟底铺秸秆　　秸秆上施入粪肥

图 2-7　栽植沟

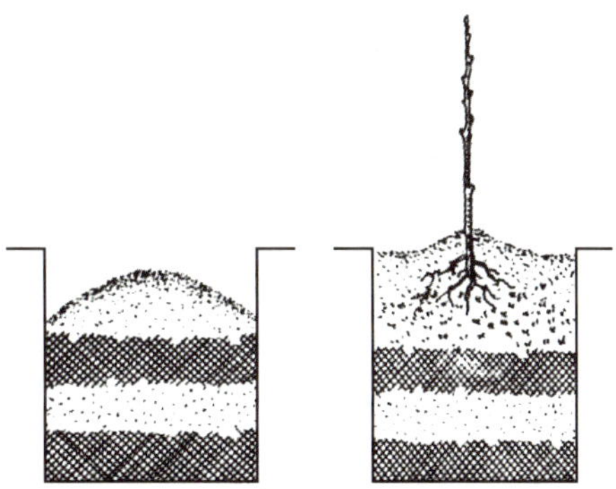

土壤与有机肥分层回填　　幼树栽植

图 2-8　幼树栽植

栽苗深度十分关键，一般普通乔化苗的栽植深度以嫁接口稍高出地面为宜。栽植过深时，下层温度低且透气性差，树发芽晚且生长缓慢，易出现活而不发的现象；栽植过浅则根系外露，固地性和耐旱性降低，成活率低。栽植矮化中间砧苗时，宜采用“深栽浅埋、分批覆土”的方法，最终使中间砧段入土 1/2 ～ 2/3。

6. 栽后管理

为了提高栽植的成活率，促进幼树生长，加强栽植后的管理十分重要。主要管理措施有：

（1）及时灌溉　春季苗木栽植后应浇好定植水，及时松土或覆盖保墒。秋栽苗在春季萌芽前要适当灌水，以利萌芽抽枝。5月份以后注意灌水促进幼树旺盛生长。7～8月高温干旱季节应适时灌水。9月份以后控制灌水。入冬前灌足越冬水，以防枝条抽干。无灌溉条件的地区应覆盖保墒。

图2-9　**苗干套袋**

（2）修剪定干　苗木定植后在萌芽前进行定干。定干高度应根据整形要求决定，苹果、梨、杏和李等果树70～90cm，剪口以下25～30cm内要有8～10个饱满芽。定干后立即用封剪油涂抹剪口，以防失水。

（3）覆膜套袋　树盘覆盖地膜可以缩短缓苗期，提高幼树成活率，加速植株生长。对于新栽幼树，连续覆盖2年效果更好。不同栽植密度覆盖地膜的方法不同，株距小于2m的密植园可成行连株覆盖；株距大于2m的果园用1m^{2}的小块地膜单株覆盖。

在寒冷、干旱、多风地区，苗木栽植后应在苗干上套一直径3～5cm，长度70～90cm的细长塑料袋（图2-9），基部用细绳绑扎，周围用土堆成小丘。套袋主要作用是防寒保湿，减轻冻害、防止苗木抽条。幼树发芽时，将苗木基部土堆扒开，剪开塑料袋顶端，下部适当打孔，暂不取下。发芽3～5d后，在下午将塑料袋取下。

果树苗木覆膜套袋

（4）补苗　幼树发芽展叶后要检查成活情况。对于死株，应立即用预备苗补栽。如果苗干部分抽干，可剪截到正常部位，促其重新发枝。夏季发生死苗、缺株，要在秋季及时补苗，最好选用同龄而树体接近的假植苗，带土移栽，以保证果园的整齐度。

（5）追施肥料　幼树施肥应“少量多次”，既要及时供给营养，又要防止造成肥害。一般栽树时已施定植肥，所以可在新梢长到15cm左右时每株追施50g尿素。新梢长到30cm左右时每株再追50g尿素。7月下旬每株追施50～80g复合肥。除土壤施肥外，还要加强根外追肥。结合防治病虫喷药，生长前期喷0.3%～0.5%的尿素，8月上旬以后喷0.3%～0.5%的磷酸二氢钾或交替喷施光合微肥、腐植酸叶面肥等，效果更好。

（6）夏季修剪　萌芽后，对靠近地面的萌蘖要及时抹除，以保证整形带内枝条旺盛生长。新梢长达25～30cm时，如果幼树旺盛新梢不足4个，应对中心干延长枝进行重摘心处理，即掐去梢尖3～5cm，以促发侧生分枝。但摘心不宜太晚，7月中旬以后摘心发出枝条多易发生冻害。生长较旺而枝条角度小的，进入秋季要拉枝开角，缓和长势。

（7）防治病虫　幼树萌芽初期容易遭受金龟子、大灰象甲和象鼻虫等为害，可在为害期内利用废旧尼龙纱网作袋，也可结合覆膜套袋项目进行套长塑料袋来保护整形带内的嫩芽。还应注意防治蚜虫、卷叶虫、红蜘蛛、浮尘子等害虫及早期落叶病、白粉病和锈病等侵染性病害，以保护叶片。

第二节 果园土壤管理

果园土壤管理的目的是改善土壤性状，使其适应果树的生长发育，达到优质高产的目的。果园土壤管理方法有深翻改土、清耕、间作、生草、覆盖、免耕等。

一、深翻改土

对立地条件不好、土壤瘠薄、肥力较低的山地果园，在定植前及定植后的每年秋季进行深翻，同时结合客土改良，既可以改善土壤结构和理化性质，又可增强保肥蓄水能力，加深活土层，利于根系生长。深翻一般有三种方式：

1. 扩穴深翻

幼龄果园常采用此方法，又叫放树窝子。即在幼树定植后，以定植穴为中心，每年或隔年向外挖宽60～80cm、深40～60cm的环沟状，直到全园翻遍为止（图2-10），适合土层薄、砾石多的山地果园。扩穴一般结合施基肥每年进行一次，最好在定植后2～3年内完成。根颈附近要浅翻，以免损伤树体。

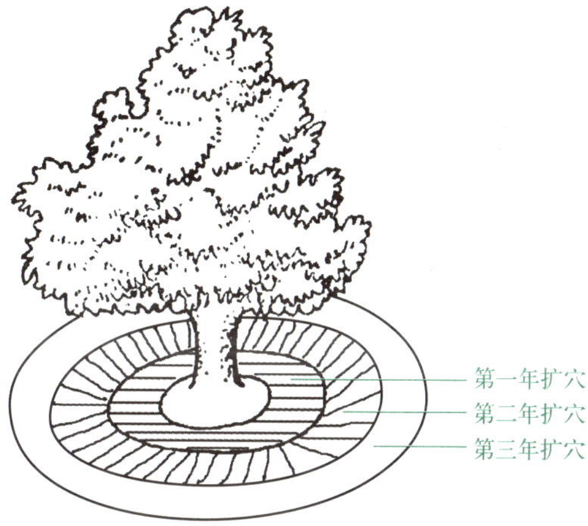

图2-10 扩穴深翻示意图

2. 隔行深翻

成龄果园适宜采用此方法。平地果园，完全实行隔行进行深翻，每次只伤果树植株一侧根系，对果树生长发育影响较小，全园分两次完成。深翻深度以0.4～0.8m为宜，宽0.5m左右。而等高撩壕的坡地果园和里高外低的梯田果园，第一次先在下坡（或梯田外侧）进行较浅的深翻施肥，下一次在上坡（或梯田内侧）深翻把土压在下坡，同时施有机肥料，这种方法应与修整梯田等相结合进行。

3. 全园深翻

密植园多采用此方法。是将栽植穴以外的土壤全部深翻，深度为30～40cm，靠近树干的地方，因粗根多耕翻可浅些。一次深翻需要较多的劳力和肥料。

无论采用何种深翻方法，深翻时均需将挖出的表土和心土分别堆放，并及时剔除翻出的石块、粗沙及其他杂物。回填时，先把心土和秸秆、杂草、落叶混合填入沟底部，再结合果园施肥将有机肥、速效性肥和表土混匀填入。深翻后及时灌水沉实，使根与土壤密接。深翻时尽量保护根系完整，不伤直径1cm以上的粗根。当分次深翻时，沟与沟之间不留“隔墙”，防止形成死沟积水。对地下水位高的地段，翻土深度不宜超过雨季地下水上限，防止接上地下水；低洼、排水不良的地段，深翻后底层最好铺埋碎石块，使形成暗道排水。

二、清耕与间作

1. 清耕

清耕是我国果园土壤管理的传统方法，即在果园内不种任何作物，常年进行中耕除草，使土壤保持疏松和无杂草状态。清耕主要在盛果期果园中进行。全年均可进行，一般秋季深耕，生长季节进行多次中耕，使土壤保持疏松通气，促进微生物繁殖和有机物分解，短期内可显著增加土壤有机态氮素。中耕松土，能起到除草、保肥、保水作用。但长期采用清耕法会使土壤有机质含量迅速减少，土壤结构受到破坏，山地果园水土流失严重，土壤中有效养分的淋溶多，易造成树势衰退，且费时费工。

2. 间作

间作以不影响果树生长发育为前提，在果树行间种植浅根、低秆、病虫害较少的作物，以增加收入。间作物只能种在树冠外围，1 ～ 3 年生幼树应留出 1.0 ～ 1.5m 树盘，以后随着树冠和根系逐年扩大，间作面积逐年缩小，盛果期果园一般不宜间作。同时，应按果树和间作物自身的要求，加强各自的栽培管理，避免间作物与果树之间互相争夺肥、水。间作物可选择花生、大豆、甘薯、马铃薯、荞麦、小油菜、食用菌和中草药等。

三、生草

在果园水源充足的地区或年降水量大于 500mm 的地区可以进行生草栽培。在行距为 5 ～ 6m 的稀植果园，由于行间距离较大，幼树期即可以进行生草栽培。高密度果园不宜采用生草栽培，但可以覆草。采用生草方法时，以草对果树的肥、水、光等竞争相对较小，又对土壤生态效应较佳，且对土地的利用率较高为原则。生草分为人工生草和自然留草两种。

1. 人工生草

人工生草指在果树行间种植 1 年或多年生豆科或禾本科草本植物，待草长到 40 ～ 50cm 高度，留茬 15 ～ 20cm 刈割后覆盖在树盘下作绿肥使用，每个生长季节可以刈割 3 ～ 4 次，或在每年秋季将绿肥翻压到土壤中（图 2-11）。

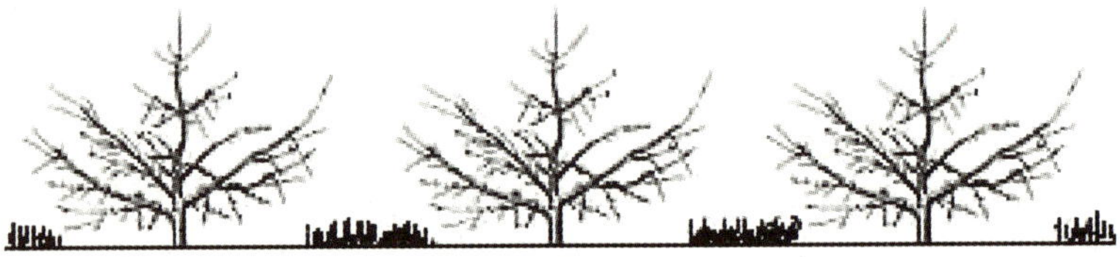

图 2-11 **人工生草**

采用生草法时，注意以下几个关键环节：

一是因地制宜地选好草种和品种。我国北方选用的草种主要以豆科为主，如三叶草、紫花苜蓿、豌豆、紫云英、草木樨、苕子等，其次为禾本科绿肥，如黑麦草、早熟禾、果园牧草等。这些品种适应性强，植株矮小，生长速度快，鲜草量大，覆盖期长，容易繁殖管理，再生能力强，且能有效地抑制杂草发生。

二是掌握播种技术。播种时间以春秋两季为宜，春季在 3 ～ 4 月土壤解冻后进行，秋季在 9 ～ 10 月。春季适宜条播，秋季适宜撒播。播种前每亩撒施磷肥 150kg，翻耕 20cm，耙碎耙平土壤，为草种出苗和苗期生长创造良好的条件。采用条播，行距 30cm 左右，覆土厚度小粒种子或黏土果园约为 2cm，大粒草种或沙土、壤土为 5cm 左右。

三是生草最初的几个月不要刈割，当草根扎深、营养体显著增加后，再开始刈割。一般 1 年刈割 2 ～ 4 次。

四是苗期注意中耕除草，控制杂草生长，干旱时及时灌水并可补施少量氮肥。

五是掌握刈割技术。无灌溉条件的多年生草，宜雨后刈割，刈割后撒施少量氮肥，促进草的再生；有灌溉条件的多年生草，每次刈割后撒施少量氮肥和灌水。

六是注意草的更新。生草 5 ～ 7 年后，草逐渐老化，应及时将草翻压，休闲 1 ～ 2 年后再重新播种。

2. 自然留草

自然留草可选用当地果园常见的杂草资源，最好选用植株矮小、生草量大、有利于天敌及微生物活动的杂草，如稗草、狗尾草等。待草长到 40cm 左右，留茬 10cm 左右刈割后覆盖在树盘下作绿肥使用。每个生长季节可以刈割 4 ～ 6 次，每年秋季将杂草用旋耕机翻压到土壤中。

四、果园覆盖

在年降水量不足 500mm 地区，可以在树冠下或稍远处覆以有机物、地膜或砂石等。生产上应用较为普遍的是有机覆盖和地膜覆盖。覆盖时期以夏、秋季为好，可以延缓地温升降，保护浅表层根系，明显促进新根的产生。

1. 有机覆盖

有机覆盖是在果园土壤表面覆盖秸秆、杂草、绿肥、麦壳、锯末、树叶等有机物。一般覆盖厚度 10 ～ 15cm，每亩用干物料量 1000 ～ 1500kg，以后年年补充，保持厚度不变，覆盖有机物后压少量土，以防风吹和火灾。覆盖有机物能防止水土流失，抑制杂草生长，防止返碱，减少蒸发，降低地表温度和缩小昼夜变化幅度，增加有效态养分和有机质含量，并能防止磷、钾、镁等被土壤固定而成无效态，对团粒结构形成也有显著效果，尤其是对旱地果园和山地果园，是不可多得的好办法。但覆盖有机物后果园春季地温上升慢，不利于果树根系生长。

果园覆草后，应加强病虫害防治，草被应与果树同时进行喷药。对容易积涝的果园，缩小覆盖面积（如只盖树盘）并修好排水沟，确保雨季顺利排水。覆盖用草应尽量细碎，才能迅速生效。深施有机肥时，应扒开草被挖沟施下，然后再将草被覆盖原处。多年覆草后应适当减少氮肥施用量。

2. 地膜覆盖

地膜覆盖指用塑料薄膜将园地覆盖。根据不同目的选用不同的地膜材料，如在幼树定植后，为了增加早春地温和防止水分蒸发，宜选用白色地膜；为了保湿和防草可以选用黑色地膜；为了增加果实着色并使着色均匀，可以铺银色反光膜。覆膜具有良好的增温、保墒效果，据试验资料证明，早春果园覆膜后，0 ～ 20cm 土层的地温比对照高 2 ～ 4℃，土壤含水量比清耕果园的土壤含水量高 2% 左右。但由于覆膜不能为土壤提供有机质，且覆膜后地温高，土壤有机质矿化分解速度加快，养分易流失，且容易引起白色污染。

除地膜覆盖外，目前生产中应用较多的为园艺地布。与塑料地膜相比，它不仅具有提温、保墒、防草等优点，而且由于无纺布透气性好，可以维持果树根系良好的呼吸作用，促进根系的生长和新陈代谢，防止由无氧呼吸造成的根系腐烂等问题。覆盖园艺地布还能有效保持土壤湿度，减少浇水的频率，使土壤内水分变化幅度相对平缓，有利于维持果树良好的生长环境，增强对病害的抵抗力。

3. 砂石覆盖

即在土壤表面覆盖一层夹有卵石的粗砂（一般厚度为 7 ～ 13cm），俗成砂田或铺砂地。

主要作用是使土壤含水量提高 1 ～ 2 倍；防止土壤盐渍化；昼夜温差比一般旱地高，可提高果实产量和品质；由于砂层高温干燥，可抑制病虫害发生。缺点是每年增加一层新砂，会加厚砂层，生产力下降；砂田难于机耕，铺、换砂和施肥等费工费事，有时优质砂源有限，可局部采用此法。

第三节　施肥管理

一、果树必需的营养元素

1. 十六种必需元素

十六种必需元素包括：来自空气和水的营养元素，碳（C）、氢（H）、氧（O）；来自土壤的营养元素，如大量元素有氮（N）、磷（P）、钾（K）、钙（Ca）；中量元素有镁（Mg）、硫（S）；微量元素有铁（Fe）、锰（Mn）、硼（B）、锌（Zn）、铜（Cu）、钼（Mo）、氯（Cl）。

2. 主要营养元素的生理功能及生理病害诊断

（1）氮元素

① 缺素症状。植株矮小、生长缓慢，叶片数少、叶片小；叶绿素含量低、叶片呈黄绿色，严重时叶片变黄，一般从老叶开始变黄。

② 诊断指标。主要参照叶片含氮量适宜值，苹果为 1.8% ～ 2.6%，梨 2.0% ～ 2.4%，桃 2.8% ～ 4.0%，葡萄叶柄 0.6% ～ 1.3%，樱桃 2.5% ～ 2.9%，李、杏 2.4% ～ 3.0%，草莓 2.5% ～ 3.5%。

③ 易发生条件。土壤瘠薄、管理粗放、缺肥和杂草多的果园易表现缺氮症。在砂质土上的幼树，生长迅速时遇大雨，几天内即表现出缺氮症。

④ 防治方法。结合秋施基肥（土杂粪、人畜粪，饼肥等有机肥），在基肥中混以无机氮肥（尿素、硫酸铵、硝酸铵等）或追施，缺氮症状会很快消失。如苹果，每株未结果树施用纯氮量 0.25kg；初结果树施用纯氮量 0.25 ～ 0.55kg；盛果树施用纯氮量 0.55 ～ 1.0kg。另外可叶面喷施 0.3% ～ 0.5% 尿素溶液 2 ～ 3 次。

（2）磷元素

① 缺素症状。当磷供应不足时，果树生长受到抑制，叶色转深或呈紫红色，花芽小而少，开花延迟，果实变小。

② 诊断指标。主要参照叶片含磷量适宜值，苹果为 0.15% ～ 0.23%，梨 0.12% ～ 0.25%，桃 0.20% ～ 0.40%，葡萄叶柄 0.10% ～ 0.3%，樱桃 0.15% ～ 0.25%，李 0.14% ～ 0.25%，杏 0.19% ～ 0.25%，草莓 0.3% ～ 0.5%。

③ 易发生条件。在疏松的沙土或有机质多的土壤上，常有缺磷现象。偏施氮肥的、磷肥施用量过少的果园易发生缺磷症状。

④ 防治方法。秋施有机肥和无机磷肥或含磷复合肥。于缺磷果树展叶后，叶面喷施 0.2% ～ 0.3% 的磷酸二氢钾 2 ～ 3 次，也可用 1% ～ 3% 过磷酸钙水澄清溶液或 0.5% ～ 1% 磷酸铵水溶液喷施。

（3）钾元素

① 缺素症状。果树缺钾时，生长缓慢，枝梢细长，叶片小，对花芽形成影响较大，即

使是轻度缺钾，也会造成减产。此外，老叶内缺钾会发生叶缘枯焦或皱缩卷曲等现象。

② 诊断指标。主要参照叶片含钾量适宜值，苹果为 0.8% ～ 2.0%，梨 1.0% ～ 2.0%，桃 1.5% ～ 2.2%，葡萄叶柄 1.0% ～ 2.5%，樱桃 1.0% ～ 1.8%，李 1.6% ～ 3.0%，杏 2.0% ～ 3.5%，草莓 1.5% ～ 2.5%。

③ 易发生条件。有效钾含量低于 100mg/kg 的土壤，在细砂土、酸性土以及有机质少的土壤，易缺钾。沙质土施石灰过多，易缺钾。轻度缺钾土壤中施氮肥，刺激果树生长，更易表现缺钾。日照不足，土壤过湿也可表现缺钾症。施用钙、镁较多时，缺钾更为严重。

④ 防治方法。秋季施充足的有机肥，如厩肥或草秸。果园缺钾时，幼果膨大期开始，或 6 ～ 7 月追施草木灰、氯化钾（15 ～ 20kg/ 亩）或硫酸钾（20 ～ 25kg/ 亩）等肥。叶面喷施 0.2% ～ 0.3% 磷酸二氢钾水溶液或 0.3% ～ 0.5% 硫酸钾或硝酸钾。

（4）钙元素

① 缺素症状。果树缺钙时，根系生长受到显著抑制，生长点常腐烂，易发生果实苦痘病、软腐病及裂果病等。

② 诊断指标。参照果树叶片钙含量的适宜值，苹果为 1.0% ～ 2.0%，梨 1.0% ～ 2.5%，桃 1.5% ～ 2.4%，葡萄叶柄 1.0% ～ 1.8%，樱桃 1.5% ～ 2.1%，李 1.5% ～ 3.0%、杏 2.0% ～ 4.0%，草莓 1.0% ～ 2.0%。果实氮钙比大于 30 时或每 100g 鲜果含钙量小于 3mg 时，果实易表现缺钙症状。

③ 易发生条件。土壤酸度较高，钙易流失。前期干旱，后期供水过多，不利于钙的吸收利用。氮肥过多，修剪过重，会加重缺钙症状。

④ 防治方法。改良土壤，增施有机肥，促进氮、磷、钾、硼、锌、铜等元素稳定均衡供应。在沙质土壤园中喷施或穴施石膏、硝酸钙、矿物钙肥、氧化钙或有机肥中配施骨粉等。幼果期果面多次喷布 0.5% 硝酸钙或氯化钙或其他活性钙肥。适度修剪，合理疏果，合理负载。

（5）铁元素

① 缺素症状。缺铁时，叶绿素不能合成，果树叶片表现黄化。先表现在新梢顶端幼嫩部分。

② 诊断指标。参照果树叶片铁含量的适宜值，苹果为 150 ～ 290mg/kg，梨 100 ～ 200mg/kg，桃 100 ～ 200mg/kg，葡萄叶柄 30 ～ 100mg/kg，樱桃 90 ～ 200mg/kg，李 100 ～ 250mg/kg、杏 100 ～ 250mg/kg，草莓 70 ～ 200mg/kg。

③ 易发生条件。盐碱重的土壤，表现缺铁。施氮肥过多，修剪过重，树体内的锰、铅、钼、锌、钒的含量高，能减少铁的吸收。以山定子作砧木的苹果树，易发生黄叶病，以海棠作砧木一般较轻。

④ 防治方法。选用抗性强砧木，改土治碱，增施有机肥，增加土壤有机质含量，挖沟排水，增加土壤透水性，是防治黄叶病的根本措施。另外适当补充铁素，把硫酸亚铁与有机肥混合施用，每亩施 20 ～ 50kg，治疗黄叶病；发芽前枝干喷施 0.3% ～ 0.5% 硫酸亚铁溶液或其他铁肥；在果树发芽前，用硫酸亚铁 30 ～ 50 倍液浸泡刻伤的侧根，每株灌施药液 100kg。

（6）硼元素

① 缺素症状。果树发生缺硼可导致分生组织退化，外部症状为顶端生长衰弱，枝条节间变短，植株矮小，副梢生长弱；叶片明显变小增厚、发脆、皱缩、向外弯曲，出现各种畸

形，果实出现褐斑、坏死（缩果）等；尤为明显的是开花时花冠不脱落或落花严重，花序干缩，结实不良；另外，缺硼植株的根系分布较浅，甚至造成死根。

② 诊断要点。花而不实，枝梢、根系、果实均产生不同程度病变。

③ 诊断指标。参照果树叶片硼含量的适宜值，苹果为 30 ～ 60mg/kg，梨 20 ～ 50mg/kg，桃 25 ～ 60mg/kg，葡萄叶柄 25 ～ 60mg/kg，樱桃 20 ～ 50mg/kg，李 20 ～ 60mg/kg，杏 25 ～ 60mg/kg，草莓 35 ～ 50mg/kg。

④ 易发生条件。沙滩地果园和通气不良、土壤黏重的地区缺硼现象较为严重。在过于干燥和灌水少的园地，影响根部对硼的吸收，引致缺硼症，特别是在花期前后土壤过于干旱时更易加重缺硼症的发生。土壤缺硼临界值为 0.5mg/kg。土层薄，缺少有机质和植被保护，易被雨水冲刷而缺硼。氮肥施用过多，增加硼的需要量，加剧缺硼病的发生。

⑤ 防治方法。增施有机肥，合理施用化肥。干旱时适时浇水。落叶或发芽前，结合施基肥开沟施入硼砂或硼酸，每亩施 10 ～ 15kg。开花前、开花期、开花后连喷 2 ～ 3 次 0.1% ～ 0.3% 硼砂水溶液。

（7）锌元素

① 缺素症状。果树缺锌，新生枝条上部的叶片狭小，枝条纤细、节缩短，形成簇生小叶，通称“小叶病”，不易分化花芽，易产生无籽小果，发生重者叶片从新梢基部逐渐向上脱落，只留顶端几簇小叶，形成光枝现象。易表现症状的果树有苹果、桃、葡萄、柑橘、核桃等。

② 诊断要点。生长点附近的节间缩短，多枚叶从芽中生出形成丛状叶，叶片甚小，巨峰葡萄大小粒现象严重。

③ 诊断指标。参照果树叶片锌含量的适宜值，苹果为 15 ～ 50mg/kg，梨 20 ～ 60mg/kg，桃 20～60mg/kg，葡萄叶柄 25～50mg/kg，樱桃 16～28mg/kg，李 20～60mg/kg、杏 20～50mg/kg，草莓 30 ～ 50mg/kg。

④ 易发生条件。土壤内全锌含量少、土壤含磷量高、大量施氮肥使土壤变碱、元素间不平衡、有机物和土壤水分过少时，都是发生缺锌症的重要原因。

⑤ 防治方法。春季萌芽前喷施 3% ～ 5% 硫酸锌加 3% ～ 5% 的尿素，芽露红时再喷 1 次 1% 硫酸锌，或发芽后喷 0.2% ～ 0.3% 硫酸锌水浸液，同时加 0.2% 的熟石灰水浸液，可以减轻当年病症。另外也可结合秋施有机肥，每亩施 1 ～ 2kg 硫酸锌。

二、果园常用肥料

1. 有机肥料

（1）农家肥

① 家畜粪尿。以家畜（包括猪、牛、羊等）的粪尿为主，掺以各种垫料、饲料残渣积制而成的有机肥料，通常叫作厩肥。成分变动范围是：氮（N）0.4% ～ 0.8%，磷（P_2O_5）0.2% ～ 0.3%，钾（K_2O）0.5% ～ 0.9%。施用时一般多作基肥，腐熟程度好的也可以作追肥。

② 禽粪。是鸡粪、鸭粪、鹅粪、鸽粪等的总称。含量一般如下：水分 50.5% ～ 70.1%、有机物 23.4% ～ 30.8%，氮（N）0.55% ～ 1.76%，磷（P_2O_5）0.50% ～ 1.78%，钾（K_2O）0.62% ～ 1.00%。禽粪是容易腐熟的有机肥料。

未腐熟的农家肥一般具有以下特点：一是氮素以尿酸形态为主。尿酸盐不能直接被作物吸收，而且对作物的根系生长有害。二是含盐分较多，容易使土壤盐化，出苗不整齐，生根慢。三是自带较多的病菌、虫卵，易引发病虫害。四是含量不稳定，无法保证足够的养分，且易烧苗烧根。因此，农家肥应先堆腐后施用。

（2）饼肥　饼肥种类很多，主要有大豆饼、菜籽饼、棉饼、花生饼、蓖麻饼、桐子饼等。饼肥中含有大量的有机质、蛋白质、剩余油脂和维生素等，养分浓度高。一般有机质含量为75%，N为2%～7%，P_2O_5为1%～3%，K_2O为1%～2%；菜籽饼、蓖麻饼、芝麻饼含磷较高，可达2%～3%。饼肥可作基肥和追肥，施用前必须把饼肥打碎，并经过发酵腐熟，否则施入土中继续发酵产生高热，易烧伤作物根部。饼肥的施用量根据土壤肥力高低和果树产量而定，土壤肥力低和耐肥品种宜适当多施；反之，应适当减少施用量。一般说来，中等肥力的土壤，每亩施100kg左右。由于饼肥为迟效性肥料，应注意配合施用适量速效性氮、磷、钾化肥。

（3）绿肥　品种有白三叶草、红三叶草、紫花苜蓿、田菁、苕子等，鲜草养分含量为氮（N）0.52%～1%，磷（P_2O_5）0.07%～0.2%，钾（K_2O）0.15%～0.5%。绿肥作物大多具有较强的抗逆性，可改良土壤障碍。

（4）生物有机肥　生物有机肥集农家肥的有机养分、化肥的化学营养物质及有益生物菌群于一身，不仅可供给作物各种营养物质，起到增加作物产量的目的，还可以增加土壤有机质，改良土壤，协调土壤水、肥、气、热之间的关系，尤其是其含有的大量活性菌可增加和活化土壤有益微生物，抑制土壤有害微生物的产生，防止土壤再植病及病虫害的发生。另外，生物有机肥含有的多种氨基酸和总糖可直接被根系吸收，明显改善果实品质。

指标含量：含有机质≥45%（或根据产品标准标注具体值），氮、磷、钾总养分含量≥5%，钙、镁、铁、锌、硼等适量，pH值5.5～8.5（通常标注为7.0左右），含水量≤30%，有效活菌数≥0.2亿/g。

2. 常用单质化肥

（1）氮肥　硫酸铵（含氮20%～21%）、氯化铵（含氮24%～25%）为生理酸性肥料，尽量不施在酸性及微酸性土壤上；碳酸氢氨（含氮16.8%～17.5%），应深施覆土，以减少氨的挥发；尿素（含氮46%）在地温低时应提前一周施入。所有氮均应避免随水冲施，尤其是沙质土壤，应采用少量多次的沟施原则。

（2）磷肥　过磷酸钙（普钙，含磷12%～18%）、重过磷酸钙（含磷40%～50%）为水溶性磷肥；钙镁磷肥（含磷14%～18%）为弱酸溶性磷肥；磷酸一铵（含氮11%，含磷51%～53%）、磷酸二铵（含氮18%，含磷46%）为合成磷肥，含磷量较高。由于磷素在土壤中易固定，因此磷肥与有机肥料混合以基肥形式施入较好，一般不宜作追肥施用。另外，最好集中施用或分层施用以增加与作物根群的接触面积，提高利用率。

（3）钾肥　硫酸钾（含钾50%～54%）、氯化钾（含钾50%～60%）价格低，最好土壤施入，硝酸钾（含钾43%～46%）成本高，多以冲施为主。磷酸二氢钾（含钾35%）叶面喷施为主。草木灰（含钾5%～10%）为碱性肥料，不宜与铵态氮肥或酸性肥料混合。另外，钾肥最好在幼果期施入，对果实膨大及品质提高有积极作用；钾肥最好施在根系附近，提高利用率。

（4）钙肥　包括钙镁磷肥（含钙21%～24%）、过磷酸钙（含钙18%～21%）、硝酸钙（含钙19.4%）、氯化钙（含钙53%）、石膏（含钙22.3%）、磷矿粉（含钙20%～35%）等。酸性土壤上钙肥与有机肥配合施入效果较好，或者叶面喷施。石灰不宜大量或连年施用。碱性土壤一般不缺钙。

（5）微量元素肥料　最好选择质量较好的进口肥料，普通微量元素肥料叶面喷施浓度可参考表 2-11。

表 2-11　果树常用叶面肥的种类及浓度

肥料名称	浓度 /%	肥料名称	浓度 /%
尿素	0.3 ～ 1.0	硝酸钾	0.3 ～ 0.5
硫酸铵	0.1 ～ 1.0	硫酸亚铁	0.3 ～ 0.5
硝酸铵	0.1 ～ 0.3	硫酸锌（萌芽后）	0.2 ～ 0.3
过磷酸钙	1.0 ～ 3.0	硼酸	0.2 ～ 0.5
磷酸二氢钾	0.3 ～ 0.5	硼砂	0.1 ～ 0.3
硫酸钾	0.3 ～ 0.5	硫酸镁	2.0 ～ 3.0
草木灰	1.0 ～ 3.0	硫酸锰	0.2 ～ 0.3
螯合铁	0.05 ～ 0.1	硫酸铜	0.1

注：不同树种不同时期喷布的浓度差异较大，如桃树对铜较敏感，须在萌芽前喷布，硫酸锌芽前芽后浓度相差较大。

3. 复合（混）肥料

（1）复合（混）肥料　不考虑土壤养分，仅根据果树营养特性制成的专用肥。如果树专用肥中，幼树氮磷钾比例为 1 : 1 : 1 或 1 : 2 : 1，结果树氮磷钾比例为 2 : 1 : 2。

（2）掺混肥料　又叫 BB 肥，根据土壤养分含量及果树需肥量现配现制，不需重新造粒。

4. 肥料利用率

肥料利用率是指作物吸收来自所施肥料中的养分数量与所施肥料中的养分数量比例。肥料的利用率高低，与作物种类、品种，土壤理化性状，气候状况，耕作管理水平，肥料种类及施肥量和方法等因素有关。果树常用肥料当季利用率见表 2-12。

表 2-12　常用肥料当季利用率

肥料种类	利用率 /%	肥料种类	利用率 /%
圈肥	20 ～ 30	尿素	30 ～ 50
堆肥	25 ～ 30	过磷酸钙	25
新鲜绿肥	30	钙镁磷肥	25
草木灰	30 ～ 40	硫酸钾	50
碳酸氢铵	27	氯化钾	50

三、果树施肥技术

1. 施肥量

果树施肥量根据果树需肥规律、土壤供肥性能和肥料效应综合确定，在以有机肥为基础的条件下，通过土壤分析和叶片营养诊断，提出果树大量元素氮、磷、钾和微肥的适宜施肥量及搭配比例，确定适宜施肥量，减少环境污染。不同地区，不同树种施肥量要结合当地的土壤条件、树种品种等实际情况选定施肥方案，推行配方施肥，才能获得明显成效，不能生搬硬套。

（1）目标产量法

施肥量（kg/ 亩）=［目标产量所需养分总量（kg）－土壤供肥量（kg）］÷ 肥料中养分含量（%）÷ 肥料当季利用率（%）

肥料利用率（%）=［施肥区果树体内该元素的吸收量（kg）－无肥区果树体内该元素的吸收量（kg）］÷ 所施肥料中该元素的总量（kg）×100%

校正系数 = 空白区果树吸收的养分量（kg）÷ 空白区产量（kg）×100% ÷ 土壤养分测定值（mg/kg）

土壤供肥量（kg）= 土壤养分测定值（mg/kg）×0.15× 校正系数

0.15 为土壤测定值（mg/kg）换算成每亩土壤养分含量（kg）的换算系数。在应用以上公式计算产量时，应从实际出发，以产定肥而不是以肥定产，还应加强其他栽培管理工作措施，使施肥与水分管理、病虫防治、修剪整形等技术措施配套应用，以呈现最好的施肥效果。

（2）经验施肥法　利用目标产量法计算肥料用量相对准确，但需要有土壤化验分析数据及肥料利用率等其他一系列数据的支撑，应用起来比较烦琐，因此田间施肥时也可以根据经验进行施肥量计算。表 2-13 为科研人员根据多年试验及生产经验，兼顾了果树每生产 100kg 果实吸收的纯氮、磷、钾的量、肥料利用率及辽宁省土壤有效养分状况所得的粗略经验值，估算出 100kg 果应施入的纯氮、磷、钾总量，用此计算施肥量，只需了解肥料的养分含量即可，生产上可直接应用此表计算施肥量。但对于不同土壤类型、不同品种、树龄及产量的果树，施肥相对误差较大，应根据土壤分析测试结果及树体具体情况确定。

表 2-13　每 100kg 果实大约需要纯氮、磷、钾的量　　单位：kg

树种	氮（N）	磷（P）	钾（K）
苹果、梨	1.0 ～ 1.2	0.5 ～ 0.6	1.0 ～ 1.2
葡萄	1.0 ～ 1.2	0.6 ～ 0.8	1.2 ～ 1.6
桃、李	0.8 ～ 1.0	0.3 ～ 0.5	1.0 ～ 1.2
杏	1.5	0.5 ～ 0.6	1.2 ～ 1.5
草莓	0.6 ～ 0.8	0.3	0.8 ～ 1.0
枣树	1.5	1.0	1.1

2. 施肥时期

果树在年周期中有以下几个重要的施肥时期，如萌芽前后、开花前后、果实膨大期、花芽分化期、着色前、采收后等。但因品种、树势、树龄、根系生长动态、土壤状况及肥料的性质不同而异。基肥以早秋为宜，即晚熟品种为着色前、早熟品种为采收后。苹果、梨追肥以果实膨大期和着色前为主，可与基肥同时施入，幼果膨大期施入总量的 1/3，着色前施入总量的 2/3；葡萄可于花前、幼果膨大期、着色前三次施入，各施入总量的 1/3（巨峰葡萄花前可不施肥）；桃、李、杏可于幼果膨大期、硬核后、采收后三次施入，各施入总量的 1/3，果实生育期短的果树硬核后可不施；甜樱桃可于幼果膨大期、采收后、秋季三次施入，各施入总量的 1/3；草莓可于第一茬果幼果膨大期及每次采果后平均施入，枣树可于花期、生理落果后及早秋三次施入，各施总量的三分之一。如头年秋未施肥的果园，第二年前期应加大施肥量；沙质土壤可少量多次追肥。另外根据土壤理化状况及果树营养特性可于基肥中施入一定量的中微量元素，或在不同的生育时期叶面喷施一定浓度的中微量元素肥料。如辽东或辽南棕壤微酸性土壤的果园，花前喷 1 ～ 2 次 0.2% 的硼砂水溶液，幼果期连喷 3 次 0.5% 的硝酸钙或 1% 的氯化钙。辽西褐土地区需适当补充铁肥和锌肥。

3. 施肥方法

（1）环状沟　树冠垂直投影处挖宽 30 ～ 40cm、深 40 ～ 50cm 的环状沟，将有机肥与表土按 1：3 的比例及一定数量的化肥施入，混匀后回填底土。随着树冠扩大，环状沟逐渐向外扩展（图 2-12）。

（2）条状沟　适于密植苹果、梨、桃等果园或葡萄园。苹果等树，在树的行间或隔行开沟施肥，沟宽、深同环状沟。葡萄在主干一侧，距主干 50 ～ 60cm，挖宽 30 ～ 40cm、深 40 ～ 50cm 的沟，将有机肥与表土按 1：3 的比例及适量的化肥混匀后回填。下一次施肥可在另一侧开沟（图 2-12）。

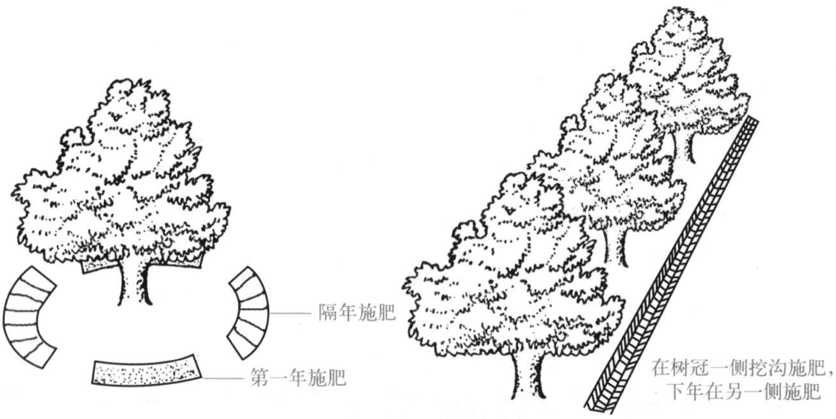

图 2-12　**环状沟施肥（左）、条状沟施肥（右）**

（3）放射沟　在树冠垂直投影处向里向外各 20 ～ 30cm，里浅（20cm）外深（50cm）、里窄（20cm）外宽（40cm）的放射状沟（图 2-13），每株依据树的大小 3 ～ 6 条不等，然后将有机肥、秸秆、表土等混以一定量的化肥施入，然后覆土。

（4）穴贮肥水　适合山坡地果园或土质不好、土层较薄的贫瘠果园。方法是在春季发芽前，在树冠投影内挖 4 ～ 8 个直径 20 ～ 30cm、深 40 ～ 50cm 的穴，穴中放一直径 15 ～ 20cm 用水泡透的草把，高度低于地面 5cm，草把周围填上有机肥与土的混合物，灌一定量的营养液，然后将树盘整平，覆膜，将穴中心的地膜戳一个洞，定期浇水或营养液（图 2-14）。

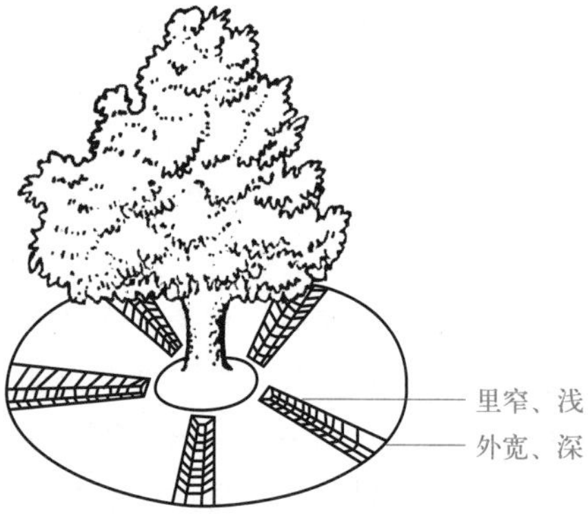

图 2-13　**放射沟施肥**

图 2-14　**穴贮肥水**

（5）冲施　生长季节追施速效肥料的施肥方式。将肥料撒于树盘下后放水或将肥料溶于水中灌于树盘下。这种施用方式见效快，但养分利用率低，土壤易板结，因此在一个生长季节冲施肥的次数不要超过 3 次。

（6）滴灌施肥　是一种精准施肥方式，可显著节省肥料，比常规施肥省肥 50% 以上。但滴灌施肥要求果园配备滴灌设施，且肥料必须是可溶的。主要技术要点为按照果树需肥规律和产量确定施肥量和施肥时期（见施肥量计算），然后选择可溶性肥料溶于灌溉水中，根据果树营养临界期滴入果树根部。

滴灌施肥推荐肥料：尿素、硝铵溶液、磷酸、硝酸钙、氯化钾、硝酸钾、硫酸钾、其他水溶性氮磷钾复合肥等。

第四节　水分管理

水既是果树的重要组成部分，也是有机物合成的主要原料，更是植物体有机物、无机物运输的主要载体，因此，植物的生长发育离不开水。

一、果树的需水规律

果树树种、品种、树龄不同，其需水量、耐旱性和耐涝性不同。一般来说，需水量从大到小的顺序是梨 > 李 > 桃 > 苹果 > 杏 > 樱桃。比较不同树种的抗旱性，枣、柿、杏和板栗的抗旱力最强，核桃和葡萄次之，苹果、梨和桃的抗旱力较弱。就耐涝性而言，葡萄和枣的耐涝力强，苹果和梨次之，桃、樱桃、李和杏的耐涝力最差，具体见表 2-14。

表 2-14　主要果树的需水量、耐旱力和耐涝力

树种	每亩需水量 /m^3	耐旱力和耐涝力
苹果	146 ～ 415	较耐旱
砂梨	404 ～ 564	耐涝
西洋梨	248 ～ 353	较耐旱
桃	369	较耐旱、极不耐涝
欧洲葡萄	113 ～ 502	较耐旱
欧亚葡萄	342 ～ 422	较耐旱、较耐涝

果树在不同的物候期，对需水量有不同的要求。一般果树生长前半期水分供应充足，有利于生长与结果；而后半期要控制水分，保证枝条及时停止生长进入休眠。

（1）萌芽期　土壤含水量应达到田间持水量的 70% ～ 80%。水分不足时，萌芽延迟或萌芽不整齐，影响新梢生长。但此期水分不宜太多，否则会降低地温，导致根系活动迟缓。

（2）花期　土壤含水量应达到田间持水量的 60% ～ 70%，土壤水分充足、稳定，花期长，落花落果轻，利于坐果。

（3）花芽分化临界期　土壤含水量应达到田间持水量的 50% ～ 60%。土壤适当干旱，有利于花芽分化。该时期应适当控水，使春梢生长变缓慢，全树约 75% 的新梢（生长点）

停止生长，花芽分化较理想。

（4）果实膨大期　土壤含水量应达到田间持水量的80%。土壤水分充足，果实发育快，果形好。

（5）成熟期　土壤含水量应达到田间持水量的80%。着色期对水分要求较严，干旱、湿度小，不利于着色。采收前水分要稳定，水分波动大时易引起裂果，加重采前落果；水分过多，果实品质降低，不耐贮。

（6）休眠期　土壤含水量应达到田间持水量的80%～90%，土壤水分充足，利于越冬休眠。

二、果园灌水方法

1. 常规灌水方法

（1）漫灌　是在田间不做任何沟埂，灌溉水在较大的田面上漫流，借重力作用浸润土壤，是一种比较粗放的灌水方法。采用漫灌的方法，土壤只需稍加平整，操作简单，但漫灌的均匀性差，水量浪费较大，特别是对果园的漫灌常常造成5～10倍用水的浪费，另外大水漫灌破坏土壤结构，易抬高地下水位，而且大量水分容易使肥料及土壤养分流失。

（2）沟灌　是地面灌溉中较好的方法。即在果树行间开沟，把水引入沟中，靠渗透湿润根际土壤。此法具有节省灌溉用水，使全园土壤湿润均匀，不破坏土壤结构的特点，而且土壤通气良好，有利于土壤微生物的活动，还可减少果园中平整土地的工作量，便于机械化操作。

灌水沟的数量，可因栽植密度和土壤类型而异。密植园可在两行树之间只开一条沟，稀植园如为黏重土壤，可在行间隔100～150cm开沟，如为疏松土壤则每隔75～100cm开沟，沟宽50cm，深30cm左右。灌水后将沟填平。

（3）畦灌　是在果树间筑埂，埂高一般为15～20cm，把果园划分成许多长方形或正方形的小区，每区果树株数不等，两旁用土修成长条畦田，引水在畦内顺坡缓流而渗入土壤的一种灌溉方式。畦灌适于地面坡度较小、面积较大和水流量较大的果园。这种灌水方法能使灌溉水分与果树根系相接触，使整个根系吸水均匀。但会破坏土壤结构，使土壤表面板结，需培筑许多纵横土埂，既费劳力又妨碍机械化耕作。

（4）垄灌　适于采用高垄栽培的果园，灌水时在高垄的旁边挖一“V”型垄沟，沟深15～20cm，沟上部宽25～30cm，水流入垄沟，渗入沟底和两侧，润湿土壤。垄灌不湿润全部土壤，灌溉效果决定于水的侧面渗透运动。采用这一方法要求土地平整、坡度整齐。

（5）穴灌　是按树体大小在树冠下挖穴，并向穴内注水进行灌水的方法。穴数随树冠大小而定，一般4～8个，直径30～40cm，穴深40～50cm。向穴内灌水后不立即封土，用草或地膜盖注水孔，以便下次再灌，直到水灌透后再封土。近年来穴灌已与贮肥、施肥技术相结合，可以施肥保墒。此法适于水源较远，又无灌溉设施的山地果园。

2. 果园节水灌溉方法

（1）喷灌与微型喷灌　喷灌是利用机械与动力设备从水源取水加压或利用天然落差使水经过管道系统将水呈雾状喷射降落田间的一种方法。喷灌系统由水源、进水管、水泵站、过滤装置、输水管道（干管和支管）、竖管、喷头组成（图2-15）。由水泵从水源取水并加压，经输水管道系统送到果园，由喷头喷水。喷灌系统一般分为固定式、半固定式、移动式三种。喷灌较地面灌溉节省用水 30% ～ 50%，能减少灌水对土壤结构的不良影响，工效高，可与施肥喷药等作业结合，节省劳力。喷灌还有调节气温、提高空气湿度等改善果园小气候的作用。

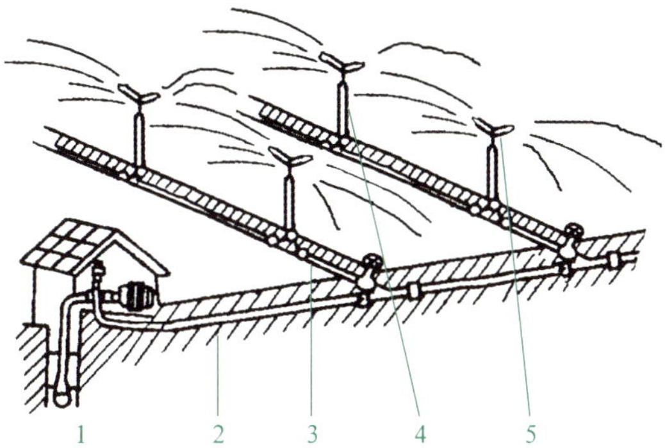

图 2-15 **喷灌系统**
1—泵站；2—干管；3—支管；4—竖管；5—喷头

微型喷灌是喷灌技术的改进，是通过低压管道系统，以较小的流量将水喷洒到土壤表面进行灌溉的一种灌水方法。灌时水流以较大的流速由微喷头喷出，在空气阻力的作用下粉碎成细小的水滴降落在地面或果树叶面。设备包括水源、水泵站（含水泵和机房）、过滤系统、自动化控制区（主要是自动化灌溉仪和电动阀）、灌溉区（包括支管、毛管和喷头）。由于微喷头出流孔口和流速均大于滴灌的滴头流速和流量，从而大大减小了灌水器的堵塞。微喷灌可将可溶性化肥随灌溉水直接喷洒到作物叶面或根系周围的土壤表面，提高施肥效率，节省化肥用量。

（2）滴灌　又叫滴水灌溉，利用一套低压管道系统（通常为塑料管道和特制的毛管滴头）将具有一定压力的水或溶于水中的肥或药一滴一滴地、均匀而又缓慢地滴入作物根系分布范围，使土壤保持最适于植株生长的湿润状态，又能维持土壤良好通气状态的一种先进灌溉技术。完整的果树滴灌系统由水源工程和滴灌系统组成，其中水源工程包括水库、抽水站、蓄水池等，滴灌系统包括加压泵、过滤器、流量调节装置、调压装置、水表、各级管道（干管、支管和毛管）、滴头等（图 2-16）。其原理是在低压条件下，使小流量的水通过滴头中的狭窄孔道进行灌水。每个滴水孔就是一个点水源，这些点水源以 0.1 ～ 1.0m 的间距均匀分布在供水毛管上，在土壤中形成一个近似圆盘形的湿润区，供果树根系吸收水分。滴灌还可结合施肥，不断地供给根系养分。滴灌能节约用水，比喷灌节省用水一半左右；滴灌不会产生地面水层和地面径流，不破坏土壤结构，土壤不会板结；也不至于过干或过湿。但滴灌需要管材多，投资较大，管道与滴头容易堵塞，要求有良好的过滤设备。

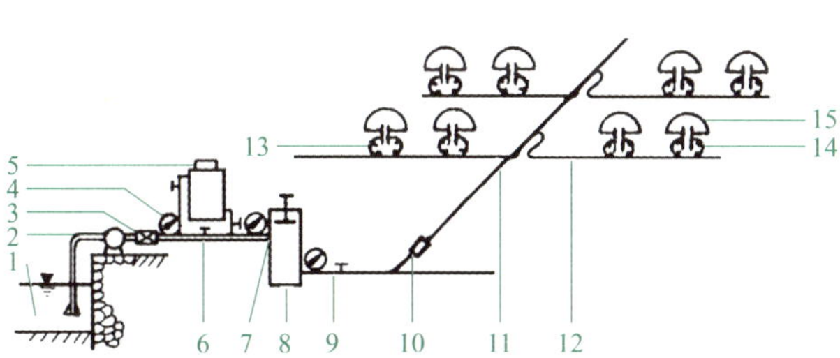

图 2-16 **滴灌系统**
1—水源；2—水泵；3—流量计；4—压力表；5—化肥罐；6—阀门；7—过滤器；8—排水管；9—干管；10—流量调节阀；11—支管；12—毛管；13—滴头；14—短引管；15—果树

滴灌时间应掌握湿润根系集中分布层为度。滴灌间隔期应以果树生育进程的需求而定。通常在不出现萎蔫现象时，无需过频灌水。

（3）渗灌　也称暗灌，是利用埋在土中的渗水管道，将水引入田间，借毛细管作用，向土壤中渗水的灌溉方式，投资少、省工、简易，不破坏土壤结构，比漫灌节水 60% ～ 80%。

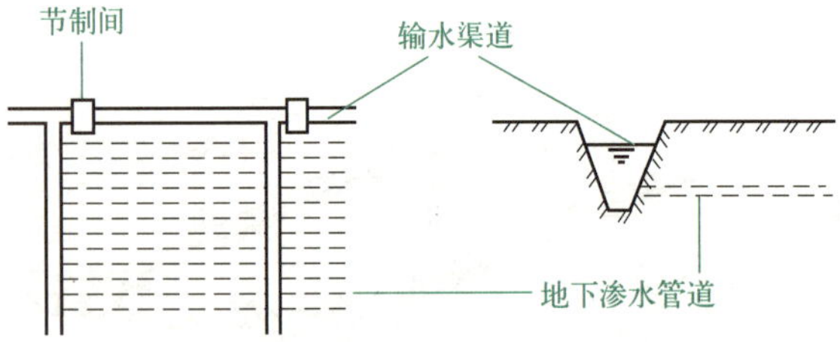

图 2-17 渗灌系统

渗灌设备通常包括渗水池、输水管道、阀门、出水口等部件（图 2-17）。渗水池设置在果园地头，用砖和水泥砌成。一般水池半径 1.5m，高 2m，容水量 13t 左右。总管装在距池底 10cm 处，其上安装阀门，每个输水管上须安装过滤网，以防管道堵塞。渗水管选用直径 2cm 的塑料管，每间隔 40 ～ 70cm 在两侧和上方打 3 个针头大小的小孔作为渗水孔，将渗水管铺设在果树两侧各 1 ～ 1.5m 处，铺设深度 20 ～ 40cm，管道长度 20 ～ 50m，一般每亩每次灌水量 1 ～ 1.5t。

三、果园灌溉量的确定

当果树根系分布层内的土壤含水量达到田间持水量的 70% ～ 80% 时，即为最适宜的果园灌水量。苹果、梨等深根性树种，要求一次灌水浸润 0.6m 深的土层，桃等浅根树种一次灌水浸润 0.4m 深的土层即可。综上所述，灌溉量可用下式计算：

灌溉量（m^3/hm^2）=（田间持水量 − 土壤含水量）× 灌水深度 ×10000m^2× 土壤容重

以桃园为例，在中壤土条件下，假设其主要根系的分布深度为 60cm，灌溉深度约 40cm，土壤含水量为 15%，田间持水量为 26%，土壤容重为 1.3，则每公顷灌溉量 =（26%−15%）× 0.4×10000×1.3=572（m^3/hm^2）。

四、果园排水

排水可以增加土壤的空气含量，改善土壤理化性质，促进好气性微生物活动，改善果树根系的生长环境。排水对地势低洼、降雨强度较大、土壤渗水不良的地区尤为重要。

北方地区 7 ～ 8 月多雨，是排水的主要季节。此外，在果园中发生下列情况时，也应立即排水：在河滩地或低洼地建果园，雨季时地下水位高于果树根系分布层；土壤黏重、渗水性差或根系分布区下有不透水层时；一次降雨过大造成果园积水成涝时；盐碱地雨季积水时。此外不同果树对积水的忍耐程度不同，也可作为排水时间的参考，如落叶果树中的枣、葡萄、梨耐涝，特别是梨，淹水（流水）20d 不致死亡；苹果较耐涝（依靠抗涝砧木），最怕涝的是桃和杏，积水 2d 即凋萎死亡。即使耐涝性强的果树，在积水条件下也会影响正常的生长、结果，因此遇涝应及时排水。特别是平原地区及土壤黏重的果园，更要重视排水或进行起垄栽培。

果园排水有明沟排水和暗沟排水两种。明沟是在地面挖成的沟渠，广泛应用于地面和地下排水，它由总排水沟、干沟和支沟组成（图 2-18）。暗沟排水多用于汇集地排出地下水，是将可以渗水的瓦陶、塑料或混凝土制成的管道铺设于地面以下，逐级汇集水分，排出园外，把地下水降低至要求的高度。此法不占用土地，不影响田间作业，排盐效果好，但成本高，易堵塞。

图 2-18 明沟排水

第五节　花果管理

花果管理是果树现代化栽培中的重要技术措施，采取适宜的花果管理措施，可以保证果树连年丰产、稳产。果树栽培中常用的花果管理措施有保花保果、疏花疏果、果实套袋、果实增色、果实采收和采后处理。

一、保花保果

1. 授粉技术

（1）人工辅助授粉　人工辅助授粉是保证坐果的一项重要措施。因树种不同而有差别，苹果和梨的人工授粉方法基本相同。以苹果为例，方法如下：

① 花朵与花粉采集。在预计授粉前的 2 ～ 3d，采集铃铛期或初开的花朵（图 2-19），此期花粉含量高，花粉发芽率也高。冯社章曾对雪花梨不同时期的花进行了出粉率及花粉发芽率试验，结果表明，铃铛花期的鲜花出粉率（纯花粉）和花粉发芽率最高，分别为 0.28% 和 85.2%，初开花的花粉发芽率也较高，但花已开放，采花时部分花粉已有散失，而小蕾期的鲜花出粉率和花粉发芽率均最低（表 2-15）。采花量根据授粉面积来定。通常每 10kg 苹果鲜花能出 1kg 鲜花药，每 5kg 鲜花药在阴干后能出 1kg 干花粉。人工点授的花粉用量一般每亩需干花粉 20 ～ 25g。采花可结合疏花进行。

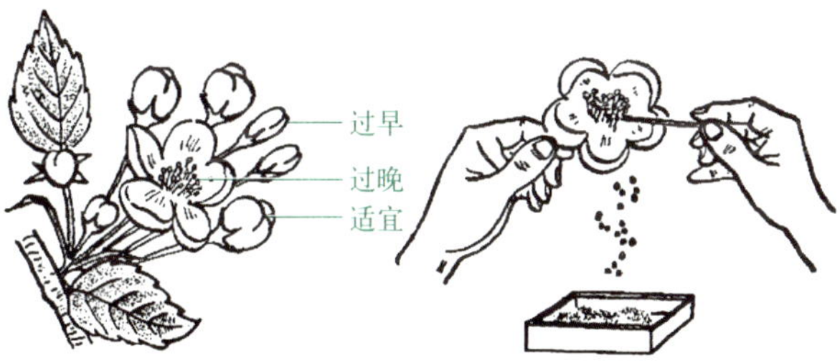

图 2-19　花朵与花粉采集示意图

表 2-15　雪花梨不同开花物候期出粉率和花粉发芽率试验结果

开花物候期	出粉率 /%	花粉发芽率 /%
小蕾期	0.03	32.8
大蕾期	0.13	38.2
铃铛期	0.28	85.2
初开放期	0.21	85.1

② 花粉制备。采回的鲜花立即用人工或机械采取花药。花朵较少时可人工取花药，即两手各拿一花，花心相对互相摩擦，使花药全部落到纸上。当花朵量较大时可利用脱药机剥取花药。然后将采集的花药去掉花丝、花瓣等杂物后摊放在清洁的纸上，在室内阴干取粉。室温保持在 20 ～ 25℃之间，不得超过 30℃。经过 1 ～ 2d 花药即可开裂散出花粉，筛去杂物，贮于瓶内，放在阴凉干燥处备用。此外还可利用火炕增温、烘干取粉或温箱烘干取粉。

花粉采集技术

③ 授粉时间与方法。人工辅助授粉以多品种的混合花粉较好。授粉时间宜在盛花初期至盛花期进行，以花朵开花当天授粉坐果率最高。一天中在上午 9 时至下午 4 时之间进行。注意分期分批授粉。

人工辅助授粉常用的方法有人工点授、花粉袋授粉、鸡毛掸子辅助授粉、液体授粉和机器喷粉等。

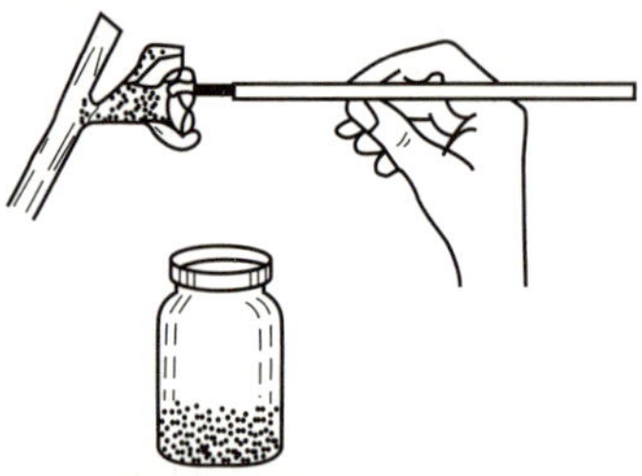

图 2-20 人工点授示意图

a. 人工点授。常用的授粉工具有毛笔、带橡皮头的铅笔、香烟的过滤嘴或自行车气门芯反叠插在铁丝上等。授粉时，用蘸有花粉的授粉器在初开花的柱头上轻轻一点，使花粉均匀沾在柱头上即可（图 2-20）。每蘸一次，可授苹果花 7 ～ 10 朵。每个花序可授花 2 ～ 3 朵。每株树要根据树龄、树势和管理水平来确定授粉花朵，开花多且肥水条件差的树可少授一些，反之则多授一些；内膛、下部强枝和直立枝上的花多授一些；外围、上部的弱枝和下垂先端枝的花少授一些。

b. 花粉袋授粉。将花粉加入 3 ～ 5 倍滑石粉或食用淀粉，装入双层纱布袋内。开花时，将花粉袋绑于竹竿上，在树冠上方顺风轻轻摇动花粉袋，使花粉均匀地散落在花朵柱头上。此法适合树冠高的苹果、梨、核桃、板栗等。

c. 鸡毛掸子辅助授粉。在授粉树较多但分布不均匀、主栽品种花量少时应用。具体做法是，当主栽品种花朵开放时，用一竹竿绑上鸡毛掸子（软毛的），先用鸡毛掸子在授粉树上滚动蘸取花粉，然后再移至主栽品种花朵上滚动，这样反复进行而相互授粉。此法在阴雨、大风天不宜使用。在用鸡毛掸子授粉时，主栽品种与授粉品种距离不能过远。鸡毛掸沾粉后，不要猛烈振动或急速摆动，以防花粉掉落损失。授粉时，要在全树上下、内外均匀进行，以确保坐果均匀。

d. 液体授粉。适用于面积较大的果园。取筛好的细花粉 20 ～ 25g，加入 10L 净水、500g 白糖、30g 尿素、10g 硼砂，配成悬浮液，在全树花朵开放 60% 以上时，用喷雾器向柱头上喷布。注意花粉水悬浮液要随配随用。也可在细花粉中加入 10 ～ 15 倍滑石粉，用喷粉器向柱头上喷撒。在规模化果园种植时，为了提高授粉效率，可以采用无人机授粉。如河北泊头市果农在梨花开放时，采用无人机授粉，30 分钟完成了 20 亩梨园的授粉任务，极大地节省了人力，提高了管护效率，降低了生产成本，并做到了精确授粉，为梨果的丰收奠定了基础，无人机授粉值得在规模化生产果园中推广。

e. 机器喷粉。将细花粉中加入 10 ～ 15 倍滑石粉，混合均匀后放入花粉机内，在盛花初期向柱头上喷撒（图 2-21）。

图 2-21 机器喷粉

（2）果园放蜂　果园放蜂就是以蜂类为携带花粉的媒介，在蜂类采蜜过程中完成果树不同品种间互相授粉的技术措施。常用于苹果、梨、桃等虫媒花树种。花期放蜂是一种有效的授粉方法，可以大大提高授粉工效，同时可避免人工授粉时间掌握不准、对树梢及内膛操作不便等弊端。果园放蜂多采用人工饲养的商业蜜蜂或专用的壁蜂。

① 蜜蜂授粉。一般每 0.3 ～ 0.5hm^2 放一箱蜂，蜜蜂有效授粉范围以 40 ～ 80m 为好，一箱蜂大约可

控制 5000m^2 面积的果园。蜂箱要在开花前 3 ～ 5d 放到果园，以保证蜜蜂顺利适应新环境，在盛花期到来时能够正常出箱活动；果园放蜂期间，切忌喷施农药，以防蜜蜂受毒害。一般当果园白天温度在 18 ～ 28℃、风力三级以下时蜜蜂的活动频率最高，因而传粉效果好。当花期遇阴雨、大风或低温天气时，蜜蜂不出箱活动，影响授粉效果，可配合人工辅助授粉。在花期高温干燥的年份，果树的花朵柱头失水快，授粉期较短，宜增加 30% ～ 50% 的放蜂量。蜂种宜选用耐低温、抗逆性强的中华小蜜蜂。

② 壁蜂授粉。壁蜂是果树的优良授粉昆虫，与蜜蜂相比具有出巢早，耐低温，访花速度快，工作效率高（授粉能力是普通蜜蜂的 70 ～ 80 倍），繁育、释放方便等特点。生产中常用的壁蜂有角额壁蜂、凹唇壁蜂、紫壁蜂等。壁蜂有效授粉范围为 40 ～ 60m，日访花 4000 朵，是蜜蜂的 80 倍。开始飞行的气温为 12 ～ 14℃，比蜜蜂低 4 ～ 5℃，一天采粉 10h，一次性访花授粉的坐果率在 90% 以上。它的生命活动以繁殖后代为目的，以采集的花粉为繁殖后代的营养（由卵孵化为成蜂），每只蜂可产卵 20 粒左右。壁蜂授粉在当前日本、美国及欧洲各国应用比较普遍。

壁蜂授粉好处多

壁蜂授粉的具体步骤如下。

a. 选择巢管。生产中壁蜂授粉常用的巢管有芦苇管、塑料管，也可用纸卷制而成（图 2-22）。一般管长 15 ～ 17cm，管口内径 0.6 ～ 0.8cm，要求一头带节（如果用纸管，纸管一端用黏土封口）、一头开口。纸管还要涂上不同的颜色，以利于壁蜂回巢时定位。每 50 支或 100 支一捆扎好备用。

图 2-22 巢管种类

b. 架设巢箱。用纸箱或木箱做蜂箱，上下左右及后面封闭，留前方为放蜂口（图 2-23）。开花前 5 ～ 10d，在果园内按 40 ～ 50m 间距设置巢箱，巢箱放于 45cm 高处的支架上，巢箱上覆盖塑料防雨，巢箱口朝南或朝南偏西（果园一天当中光照时间较长的方向）。也可用砖砌成固定蜂巢。巢箱放好后，在支架近地面处涂上一圈约 5cm 宽的机油，用来防止蚂蚁等昆虫影响壁蜂的繁殖。架设巢箱时注意应放在背风向阳处，受光时间越长越好，巢箱前空地要宽广。

c. 设置营巢土坑。在巢箱前 1.5 ～ 2m 处挖一个长宽各 1m，深 40 ～ 50cm 的土坑，内铺塑料膜，放入黏土，加入适量水，以备壁蜂取土封巢使用（图 2-24）。壁蜂活动期间，每

图 2-23 架设巢箱

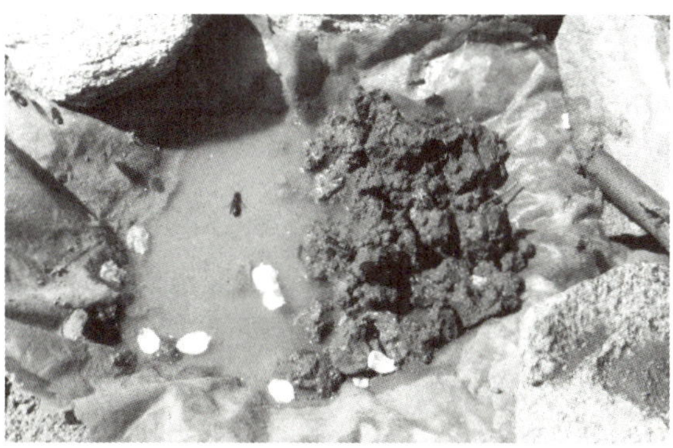

图 2-24 设置营巢土坑

天早晚向坑中加入适量清水，并在泥面上用直径 1cm 的树枝，随意扎一些小孔，以吸引壁蜂进入其中取土筑巢。同时做好防虫防雨工作，并消灭壁蜂巢箱附近的土蜂。

d. 释放壁蜂。开花前将巢管放入巢箱中（每个巢箱内放 6 ～ 8 捆巢管），分为两层，管口朝外，两层间和顶层各放一个硬纸板，以固定巢管。放蜂期间，一般不要移动蜂箱及巢管，以免影响壁蜂授粉繁蜂。

放蜂时间：放蜂时间不能过早或过晚。过早，成蜂提前脱茧，花还未开放，导致壁蜂觅食飞散；过晚，待蜂出来时，果树盛花期已过，影响授粉。具体时间因不同树种而不同。苹果树一般在中心花开放到 3% ～ 5% 时即可放蜂，桃树应在桃花开放 20% 时释放。

放蜂数量：一般根据果园面积、树种和历年结果状况决定放蜂的数量。盛果期苹果树每亩放蜂 200 ～ 300 只；梨、桃每亩放 260 ～ 300 头蜂茧；樱桃、杏和李等开花早的树种放蜂量要大些，每亩放 300 ～ 500 头蜂茧。

放蜂方法：一般采用多茧释放法，将蜂茧放在 1 个宽扁的小纸盒内，盒四周戳有多个直径 0.7cm 的孔洞，供蜂爬出（图 2-25）。盒内平摊 1 层蜂茧，然后将纸盒放在蜂巢内。也可将蜂茧放在 5 ～ 6cm 长、两头开口的专用巢管内，每管放 1 头蜂茧，与蜂管一起放在蜂巢内。后一种方法壁蜂归巢率高。如果壁蜂在释放前已破茧，则应在晚上 8 ～ 10 点时，送到蜂巢中，第二天壁蜂可正常出巢、授粉，以减少壁蜂的遗失。

e. 回收和保存蜂管。授粉结束后要及时回收巢管。把封口的巢管按每 60 支 1 捆，装入清洁透气的布袋或编织袋，挂在通风、干燥、避光、干净的房屋中贮藏。注意不能与农药、化肥以及粮食放在一起，同时注意防鼠。常温下贮存到翌年 2 月份（即春节期间）利用农闲时间剥巢取茧（图 2-26），同时将蜂茧中的寄生蜂茧挑出并烧掉。将蜂茧放入冰箱冷藏中，翌年开花前再将壁蜂释放，一次投资，多年受益。要求在运输巢箱及巢管的过程中，不许使用机动车辆，采取人工搬运的方式进行，防止剧烈震动对壁蜂的生长发育造成影响。

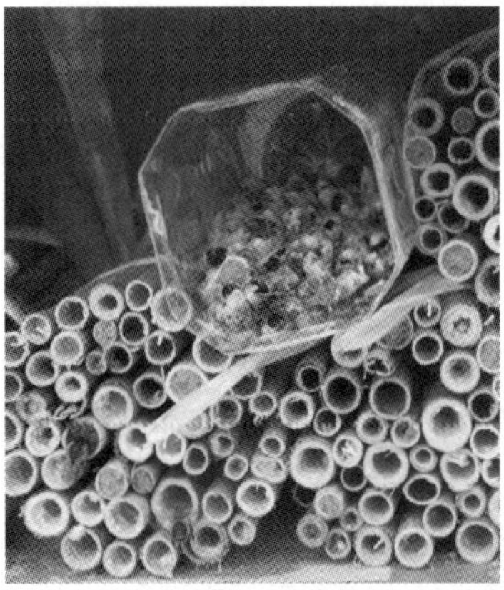

图 2-25 **释放壁蜂**

图 2-26 **蜂茧**

壁蜂授粉技术四步法

③ 熊蜂授粉。熊蜂授粉技术是利用熊蜂访花采粉过程中通过声震促进花粉散发来实现授粉的。与蜜蜂和壁蜂相比，熊蜂授粉具有授粉量大、飞行能力强（飞行距离可达 5 ～ 20km，每天可访花 4500 ～ 5000 朵），跳跃式访花利于异花授粉，耐低温，8℃以上就能出巢，作业时间长、授粉后坐果率高和果实品质好的特点，在现代化果园中正在被大力推广应用。尤其是在果树授粉期时有低温或“倒春寒”发生的地区，用熊蜂授

粉效果更好。

④ 蜂机协同、液体授粉技术。此种技术是中国农业科学院西部农业研究中心熊蜂繁育基地研制出来的，它是利用熊蜂采集的高活性花粉将花粉通过无人机进行喷施。这种技术不仅大大提高了授粉效率，而且成本低、坐果均匀，显著提高了果树的产量和果品品质。在新疆香梨产业中，利用这种技术，1 架无人机可在 1h 内为 40 亩香梨授粉，效率是人工授粉的 50 倍以上，可使香梨亩均增产 500kg 以上。

（3）挂罐与振花枝授粉　挂罐是对缺乏授粉品种或授粉品种与主栽品种花期不遇果园的一种补救办法。适合在小面积果园和庭院果树上采用。具体做法是于授粉品种铃铛花期采集花枝，插在水罐（或广口瓶）中，挂在需要授粉的树上。注意经常调换挂罐位置，以使全树坐果均匀。为了经济利用花粉，挂罐可与振花枝结合进行。将剪来的花枝绑在长约 3m 的长竿顶端，高举花枝，伸到树膛内或树冠上，轻轻敲打长竿，花粉振落飞散，振后再插入水罐内。

2. 喷施微肥

在果树生长健壮、主要矿质营养供给良好的情况下，增施微量元素肥料，对促进坐果有明显的作用，特别是对某些微量元素缺乏的果园。

（1）喷施微肥种类　喷硼能够促进花粉粒萌发和花粉管伸长，因此是多种果树提高坐果率的有效措施。苹果、梨、甜樱桃、桃、山楂等果树，盛花期前后喷 2 ～ 3 次 0.3% 左右的硼砂溶液加 0.3% 的尿素液，对提高坐果率效果明显。此外钼对坐果也有重要作用。据报道，富士苹果、巨峰葡萄盛花期和幼果期喷洒 0.2% ～ 0.8% 的钼酸钠，也有提高坐果率、促进果实膨大的作用。喷施稀土微肥，也可提高果树坐果率。据济南市林业局吴春舫试验，枣初花期、盛花期施用 300mg/kg 的稀土“农乐益植素”，可提高枣坐果率 26.7%。

（2）注意事项　在花期进行叶面喷肥时注意以下几个问题：

① 肥料质量与浓度适宜。不论花期喷施哪种肥料，均注意选择优质精品肥，否则起不到应有作用或容易产生药害。肥料的浓度要合适，单种肥料适宜的浓度多为 0.3% 左右。

② 喷施时间要适宜。为了避免药害、利于叶片吸收，喷施时气温高于 25℃时，宜在上午 10 时前、下午 4 时后喷；如气温低于 22℃，在中午前后喷更利于果树吸收，效果会更好。

③ 喷雾器械与距离适当。忌选用高压喷雾和喷枪，避免冲击压力过大，导致花器受损，尤其杏树因花梗脆弱易折，更应注意。同时注意选择直径 0.3mm 细孔眼的喷头，以使雾点变细，此外喷头距花果的距离宜大于 20cm。

④ 叶面喷肥和液体授粉相结合。在花期如遇风大、气候干燥的天气时，喷适宜的粉肥混合液，更有利于提高坐果率，喷时选用小喷雾器点喷花的柱头即可。

3. 喷施植物生长调节剂

花期正确应用植物生长调节剂，可以起到明显提高坐果率的作用。如枣盛花初期喷 10 ～ 15mg/kg 的赤霉素，山楂盛花期喷 50mg/kg 的赤霉素，可促进坐果；在盛花期对金冠苹果喷布 25mg/kg 的赤霉素，其坐果率比对照提高 8.9%；如在落果后 3d 对金冠苹果喷布 500mg/kg 的细胞分裂素，可使其坐果率提高 16%。

4. 花期修剪

（1）摘心　当苹果、梨等果树的果台副梢长到 10 ～ 15cm 时，对其进行摘心，能控制其旺长，减少其对幼果争夺营养的能力，有利于坐果。据报道，四年生密植金冠苹果早期摘心比对照提高坐果率 1.3 倍。巨峰葡萄在花前 3 ～ 5d 对结果枝进行摘心，也可显著提高坐果率。

（2）环剥或环割　花期环剥或环割可阻碍剥口以上的光合产物向下运输，增加幼果的营养水平，显著提高坐果率。在枣树、苹果、柿等果树中应用较多。环剥或环割主要用在幼旺树上，树势衰弱、枝干病害严重的树不宜环剥或环割。幼树环剥主要在辅养枝和强旺的骨干枝上，成年果树也可在主干上进行，环剥的宽度多为枝干粗度的1/10左右。如苹果的多数品种伤口愈合能力较强，可于盛花期至落花后5d进行环剥或双道环割，来提高坐果率。但对于元帅系等愈合能力较差的苹果品种则以单道多次环割为宜，即每次环割一道，愈合后再进行下次环割。在核果类果树上枝干环剥或环割后易患流胶病，因此应慎用环剥或环割技术。

除以上技术措施外，采取相应措施预防花期自然灾害，也是保证果树坐果率的重要方面。

二、疏花疏果

1．合理负载量的确定

确定合理负载量的方法，因树种不同而不同。如苹果、梨等常用树冠大小、树干粗度、叶芽与花芽比例等确定负载量；桃、杏、李、樱桃等按树体及结果枝的粗壮程度等确定负载量；葡萄等根据植株密度、架面大小、品种结实特性等确定芽眼量；板栗、核桃、柿等按树冠大小和结果母枝确定负载量等。总的原则是因树定产，分枝负担，整体控制，局部调整。负载量不仅要考虑树体本身，还应依托于栽培条件。以目前栽培水平，富士优质丰产园每亩产量一般控制在2000～3000kg，单果重250～350g，按单果重300g计，0.7万～1万个果；鸭梨一般控制在3000～4000kg，单果重200g，1.5万～2万个果。此为产量目标，然后按不同方法落实到各个单株。

各单株适宜留果标准的参考指标主要有：干周留果法、叶果比和枝果比法、果实间距法、以枝定果法等。

（1）干周留果法　干周留果法是根据果树的干周来确定果树留果量的方法。此法主要应用于苹果。具体方法是在疏果前，用软尺测量树干距地面20～30cm处的周长，通过公式计算单株留果量。山东省烟台市果树研究所提出苹果树干周法留果的公式：$Y=0.25AC^2$，其中A为每平方厘米干截面积应负载产量；C为干周长（cm）。汪景彦于1986年提出了不同树势苹果树的干周留果量计算公式：

$$Y=0.25C^2 \pm 0.125C$$

其中，Y为单株留果量（kg）；C为主干周长（cm）；$0.125C$为调整系数，壮树增加，弱树减少，中庸树不加亦不减。

干周留果量法简便易行，在良好的综合管理条件下，按此法控制产量，可保证大小年幅度不超过5%。

（2）叶果比和枝果比法　是苹果、梨等果树确定留果量的重要参考指标之一。

叶果比即果树上叶片总数与果实个数的比值。枝果比是果树上枝梢数与果实数的比值。用叶果比法表示时注意一般乔砧、大果型品种叶果比较大，中小果型品种可适当减少，矮化砧或短枝型品种叶片光合能力强，叶果比也应适当减少。枝果比通常有两种表示方法：一种是修剪后留枝量与留果量的比值；另一种是结果当年新梢量与留果量的比值，又叫梢果比。枝果比一般比梢果比小1/4～1/3。枝果比因树种、品种、砧木、树势以及立地条件和管理水平不同而异，在确定留果量时应综合考虑，灵活运用。苹果、梨不同品种的叶果比和枝果比标准可参考表2-16。

表 2-16 苹果、梨不同品种的叶果比和枝果比参考标准

树种	果实类型	代表品种	叶果比	枝果比	备注
苹果	大型果	红星、富士	（40～45）：1	（5～6）：1	幼树、旺树比例可适当减小
	中型果	新乔纳金、红津轻	（30～40）：1	（4～5）：1	
	小型果	小国光	（20～30）：1	（3～4）：1	
梨	大型果	黄金、圆黄、新高	（35～45）：1	（5～6）：1	
	中型果	鸭梨、蜜梨	（30～35）：1	（4～5）：1	
	小型果	南果梨、京白梨	（20～30）：1	（3～4）：1	

根据叶果比来确定果树负载量，是相对准确的方法，但由于疏果时叶幕还未完全形成，导致叶果比在实际生产中的应用有一定困难。

（3）果实间距法 是在按单位面积确定留果数及分株负担的前提下，每隔一定距离留果的方法，多在苹果、梨、桃、李等果树上应用。此法的最大优点是直观、便于掌握。根据树种、品种、树势和栽培条件，确定留果距离，如苹果、梨壮树壮枝间距小些，一般 20cm 左右（图 2-27）；弱树弱枝间距大些，一般 25cm 左右，每花序应以留单果为主，坐果分布不均匀的，在果少处可留双果；小型果品种以留双果为主。桃树留果间距为 10～15cm，李树大型果（黑宝石）留果间距为 10～15cm，中型果品种（美丽李）为 6～9cm，小型果为 4～5cm。

（4）以枝定果法 即按照结果枝的长短和果型的大小来确定适宜的留果数量。此法主要应用在桃、李、杏等核果类果树上。不同树种、品种各种枝类的具体留果量可参考表 2-17。

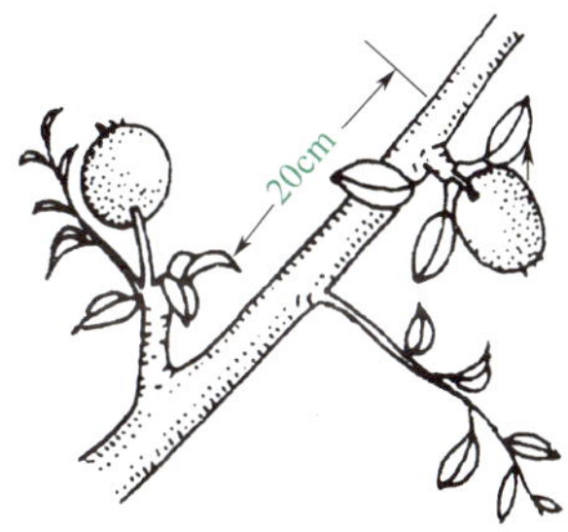

图 2-27 果实间距法示意图

表 2-17 不同树种、品种各种结果枝的留果标准

树种	果实类型	代表品种	留果数量 /（个 / 枝）			
			长果枝	中果枝	短果枝	花束状果枝
桃	大型果	早凤王	1～2/1	1/1～2	1/2～3	1/3～5
	中型果	大久保	2～3/1	1～2/1	1/1～2	1/2～3
	小型果	春雷	3～4/1	2～3/1	1～2	1/1～3
李	大型果	皇家宝石	1～3/1	1～2/1	1/1～2	1/2～3
	中型果	黑宝石	2～3/1	1～2/1	1/1～2	1/2～3
	小型果	玉皇李	2～4/1	1～2/1	1/1	1～2/2
杏	大型果	凯特	1～3/1	1～2/1	1/1～2	1/2～3
	中型果	串枝红	2～3/1	1～2/1	1/1～2	1/2～3
	小型果	骆驼黄	2～4/1	1～2/1	1/1	1～2/2

2. 疏花

疏花一般在坐果率较高、花期气候条件较稳定的果园应用。疏花比疏果更能节省养分，更有利于坐果及形成花芽和提高产量。在冬季气温较低的北方地区，由于果树的花器容易受冻，因此疏花前，首先要调查花器是否受冻，以防完全花留得不够而导致减产。然后根据调

查的花序受冻率和花朵受冻率情况决定是否采取疏花措施以及疏花的程度。

（1）疏花时期　苹果、梨等仁果类果树疏花的时期是在花序分离期至盛花期，最好是在花序分离前期。山楂一般在花序出现后进行，越早越好。葡萄疏花的时间一般在开花前进行。对于板栗、核桃等，当雄花序伸长后，应及时疏去过多的雄花序。

（2）疏花方法　不同树种由于花的特性不同，疏花方法略有不同。如苹果、梨疏花时可用疏果剪只剪去花序上的全部花蕾，保留果台上的叶片（图 2-28）。桃、杏等核果类的果树在管理水平较高的园地，可采用花前疏花蕾，即先结合冬剪疏除一部分多余的花束状果枝，再在花蕾开始膨大期至开花前对长、中、短果枝进行疏花蕾，留花的原则一般是要求留果的 1.5 ～ 2.0 倍。葡萄疏花主要是用稀果剪或用手把过密的花序整序疏除，对于留下的花序，要用手掐去花尖和小穗尖，以保证果穗大小、形状均匀一致。核桃疏花时（主要是疏雄花序），用带钩的木杆钩或人工用手掰除，疏除花量以 90% ～ 95% 为宜。

疏花时，应先疏除生长弱、花小或果台叶片少而小的劣质花；先疏串花枝、花序密集枝。花仍然多时，再疏除其余的花。一株树上，按照先上后下、先内后外的顺序进行。一个主枝上，基部和梢头适当重疏，中部适当多留。在枝组上，留前面、疏后面，以备回缩。一个花序内，苹果疏边花，留中心花；梨留基部先开的花，疏上部花朵。

3. 疏果

（1）疏果时期　不同树种疏果时间及次数略有不同，如苹果、梨等仁果类果树疏果分两次进行。第一次是在子房膨大时（落花后 1 ～ 2 周）进行，叫“间果”；第二次在生理落果以后（落花后 1 个月左右）进行，叫“定果”。葡萄疏果时间在花后 2 ～ 4 周进行。核果类果树疏果一般在硬核期进行，越早越好。

（2）疏果方法　疏果可分间果和定果两次进行，管理水平较高的果园也可一次完成。间果主要是将疏花时多留在花序上的幼果疏掉。定果时应首先疏除过密、有病虫、机械损伤和畸形瘦小的果，然后再根据留果量，确定留单果或双果。疏果原则是强枝多留、弱枝少留，核果类果树一般都留单果，去小留大、去坏留好，先上后下、由里及外，防止损伤果枝（图 2-29）。

图 2-28　**苹果疏花序示意图**

图 2-29　**疏果示意图**

疏果的方法有人工疏果和化学疏果两种，我国目前生产中仍以人工疏果为主，其最大优点是可以做到因树、因枝定果，留好果。

国外果树生产中多应用化学疏果，欧美各国已将其作为果园常规技术措施之一。它具有疏除速度快、节省劳力、降低成本等优点。常用的疏果药剂有二硝基邻甲苯酚及其盐类、萘乙酸及萘乙酰胺、西维因、石硫合剂和乙烯利等。由于不同树种、品种对药剂及使用浓度敏感程度差异很大，应用效果不太稳定，因此，必须先做试验，然后才可用于生产。

在使用化学药剂疏果时应注意以下几个问题：

① 为提高疏除效果，可以几种疏除剂配合使用。

② 化学疏除效果变化大，在使用时要根据树种、品种、树龄、树势、花量、管理水平和气候条件等综合分析，选用适宜的药剂和浓度，保证安全、有效，严防疏除过度。

③ 化学疏除剂在被树体吸收后才发挥作用。喷药时要细致，且注意不同药剂喷布部位应有侧重，如二硝基化合物、萘乙酸着重喷叶片，西维因着重喷幼果，石硫合剂着重喷花的柱头。

④ 注意气候是影响药效的重要因子。低温高湿的气候有助于二硝基化合物的吸收，在加重或过多疏花的同时，幼芽、嫩梢叶片等也易受伤害。阴雨天气使用萘乙酸也易疏除过量。

三、果实套袋

果实套袋是在果实发育期将果实套上专用果实袋以保护果实、改善色泽、减少农药残留、提高外观品质的一项技术措施。能够减少叶绿素形成，促进花青苷和胡萝卜素形成，提高果实的着色速度和着色程度。绿色苹果、梨套袋可使果面干净、细嫩，果点细小。果实套袋后还可以防止果锈和裂果产生，减轻农药污染、病虫危害和机械伤害，延长果实的贮藏期，从而提高各种果品的优质果率和经济效益，满足国内外市场对优质安全果品日益增高的要求。目前果实套袋已经成为果园常规的生产技术。

1. 果袋的类型及质量标准

目前生产中应用较多的果袋有双层纸袋和单层纸袋两种，此外也有塑膜袋、报纸袋等。套袋前一定要选购有注册商标、优质名牌、有厂家担保，并在本地应用效果较好的果袋。

双层纸袋一般外层袋外面为灰、绿等颜色，里面为黑色；内层袋涂有石蜡，为红色。双层袋多用于难着色的品种或不利果实着色的地区，如红富士苹果等。套双层袋的优点是果实着色好，缺点是袋内温度高，并使幼果膨大期推迟，摘袋后果实易发生日灼，且套袋果可溶性固形物含量稍低。

单层纸袋一般是用纯木浆纸加工而成，表面涂有一层石蜡，淡黄色，韧性强，抗淋洗，不易破碎。单层袋多用于较易着色的红色品种，如苹果中元帅系短枝型品种、新乔纳金、红津轻等。红色品种用单层袋时应选用内黑外灰的纸袋。

果袋质量是套袋成功的前提，一般应从 7 个方面鉴别其质量。一是果袋耐湿强度要大。即果袋外层浸入水中 1 ～ 2h 后，双手均匀用力向外轻拉，柔韧性强；二是外袋疏水性要好。即外袋上倒水后能很快流走，且不沾水或基本上不沾水；三是规格符合要求；四是外观规范，袋面平展，黏合部位涂胶均匀，不易开胶；五是透气性好；即袋底要有透气孔；六是内袋涂蜡要均匀，可在太阳光下观察蜡质层的薄厚及均匀度；七是袋口必须有缺口，袋口一侧有铁丝。

2. 套袋时期

多数果树在定果后进行，也可在主要病虫害发生前进行。但因不同树种、品种、不同目的，套袋时间应有所不同。如苹果套袋时黄绿色品种和早、中熟品种在谢花后 10 ～ 15d 进行；生理落果重的红星、乔纳金等品种，可以在生理落果后进行；晚熟红色品种在花后 35 ～ 40d 完成；对于金冠等容易产生果锈的品种最好进行二次套袋。梨不同品种套袋时间也略有不同，如不宜产生水锈的白梨、秋子梨系统品种（鸭梨、砀山酥梨、京白梨等）和砂梨系统的褐色品种，一般在生理落果后进行；黄金梨等一些黄色的砂梨品种，为确保果点的浅小，一般应用二次套袋的方法，套小袋应在生理落果前完成，大袋可推迟到果实速长期之前；对于一些易产生水锈的梨品种（雪花梨、新世纪等），套袋时间可适当向后推迟。葡萄套袋在落花后应及早进行。桃、李、杏等核果类果树由于生理落果严重，套袋必须在生理落果后进行。

3. 套袋方法

果实套袋前要均匀细致地喷布一次杀虫、杀菌剂，但不能喷洒污染果面的波尔多液等。套袋前，应使袋口处湿润，以便使用。对于果柄较长的梨以及葡萄，果实选定后，先撑开袋口，托起袋底，使两底角的通气放水口张开，袋体膨起。手执袋口下 2 ～ 3cm 处，套上果实后，从中间向两侧依次按“折扇”的方式折叠袋口，然后将捆扎丝反转 90°，沿袋口旋转一周后扎紧袋口。套袋时，果实在袋内要悬空，使袋口接近果台位置，以防止袋体摩擦果面。套袋人员不要用力触摸果面，幼果入袋时，可手执果柄操作，防止人为造成果面出现“虎皮”。

对于果柄较短的苹果，由于果袋袋体上方的中间有一竖切口，果实选定后，将果柄放入切口内，使带捆扎丝的一端在右侧，以果柄为分界线，将右手处带有捆扎丝的一端向左旋转 90°，使捆扎丝与左边的袋口重叠，捆扎丝在内，然后在袋口的 0.5 ～ 1cm 处平行向内折叠，使无丝一端的袋口压住捆扎丝，再将折叠后的袋口连同捆扎丝在无丝端的 2cm 处向外呈 45° 角折叠，压紧纸袋即可。

对于果柄极短的核果类品种，由于果袋袋体上方的中间有一半圆形切口，果实置于袋内后，将半圆形切口套住果实所着生的结果枝，扎紧袋口即可。

4. 除袋时期及方法

适时摘除果袋也是果实套袋的关键技术之一。应根据树种、品种及果袋类型选择适宜的除袋时间。对于需着色的品种，一般早、中熟品种在采收前 10 ～ 20d 除袋，晚熟品种采收前 15 ～ 30d 除袋；不着色品种一般带袋采收。去袋过早，果实暴露时间过长，果皮易变粗糙，色泽较暗；去袋过晚，着色期短，虽果皮细嫩、色泽新鲜，但色调较淡，贮藏期容易褪色。

除袋时，对于双层袋，分两次去除，第一次先去外袋，5 ～ 7d 后再去内袋。对于单层袋，去除时先将袋底部撕成伞状，2 ～ 5d 后再全部去除。解袋时间应避开光线强烈的中午，一般上午解除树冠西部的果袋，下午解除树冠东部的果袋。

四、果实增色

1. 重视秋季修剪

秋季适时适度地对果树进行修剪，不仅能增加光照，而且能够提高果实的品质。主要方法是疏除树冠内的密生枝、徒长枝、直立枝、竞争枝、遮光的强旺枝和剪口下萌发的枝条等，可有效增强树冠内、树冠下光照，促进果实着色，尤其树冠内膛，效果更加明显。如连续两年对红富士苹果进行秋剪，树冠外围、内膛着色指数比对照分别增加了 15% 和 21%（表 2-18）。对树冠下部的裙枝和长结果枝，由于在果实重力作用下容易压弯下垂，可以采取顶枝或吊枝等技术措施来解决其受光不良的问题。

表 2-18　秋剪对红富士苹果色泽的影响

处理	着色指数				底色分数			
	外围		内膛		外围		内膛	
	1996 年	1997 年	1996 年	1997 年	1996 年	1997 年	1996 年	1997 年
秋剪	73	75	51	68	6.7	8.3	5.6	7.5
未秋剪	65	62	36	47	6.6	7.8	5.0	6.8
显著性	S	NS	S	S	NS	NS	NS	NS

注：S 为显著，NS 为不显著。

2. 摘叶

摘叶是在果实着色期摘除对果实遮光较严重的叶片和枝梢的措施。摘叶可以改善通风透光条件，促进果实着色和提高内在品质；叶片过密的植株，适当摘叶还有利于促进树冠内膛和下部的花芽分化。摘叶在苹果、葡萄上应用较普遍，已成为优质红色果品生产技术的重要环节。

图 2-30　贴果叶片

摘叶在果实着色期分两次进行，第一次是在果实开始着色期（套袋果在去袋后），首先摘除贴果叶、果台枝基部叶，适当摘除果实周围 5 ～ 10cm 范围枝梢基部的遮光叶和部分老叶（图 2-30）；第二次间隔 10d，摘除部分中、长枝下部叶片。摘叶量一般控制在总叶量的 10% ～ 30%，摘叶量过少，增色效果不佳；摘叶量过多，虽然全红果率增大，但果色不够浓红和鲜艳，还会降低可溶性固形物含量，影响花芽分化。

3. 转果

转果是促进果实阴阳面转换，实现果实均匀着色的技术措施。在正常的光照条件下，果实的阳面着色较好，阴面着色较差，通过转果，可以改变果实自然着生的阴阳位置，增加阴面受光时间，达到全面着色的目的。转果时间一般是在果实采收前 3 ～ 5 周进行，转果的方法是，用左手捏住果梗基部，右手握住果实轻轻将阴面转到阳面。必要时可夹靠在枝杈处，以防回位，如转动的果实缺乏依托，可以用透明胶布加以固定。转果后如有少部分仍未着色或着色太差，相隔 4 ～ 5d 再次转果。一日中最好选在下午 4 时后转果，切忌在晴天中午高温下转果，以免发生日灼。

4. 铺反光膜

在果实开始着色期于果树行间或株间覆盖反光膜，利用其反射光以改善树冠内膛和下部光照条件，促进果实全面着色。同时反光膜还可以促进果实内淀粉的转化，含糖量明显提高，果实风味变浓，树冠下部花芽数量增加，花芽质量提高。铺膜时间一般在果实着色前期。套袋栽培在除袋后铺膜，一般在树冠下主干两侧顺行方向每边各铺一幅反光膜，边缘用石头或装有土的膜袋压实，果实采收前将反光膜收起，翌年再用。使用寿命一般 3 ～ 5 年。铺反光膜的果园应注意调整树体结构，减少枝量，使生长季树冠下有 30% 的透光量，并配合剪梢、疏梢、摘叶等夏、秋剪工作。

苹果摘袋、摘叶与转果

5. 喷肥增色

对于桃、苹果、葡萄等树种的红色品种，可于果实着色期，每相隔 10 ～ 15d 喷施 0.4% ～ 0.5% 的磷酸二氢钾，或 0.3% ～ 0.5% 的硫酸钾等，连续喷施 2 ～ 3 次，对于促进果实膨大、提高果实的着色度均有很好的作用。

6. 其他措施

目前可以使用一些果实增色剂和增产菌，如 TL 型着色剂、氨基酸复合微肥、光合微肥、稀土微肥、增产菌等，提高果实的着色程度。如龙口市果树站报道，在苹果、梨、葡萄等果园推广应用增产菌，全年共喷 6 次，每次成龄果园 50g/ 亩，每次间隔 25 ～ 30d。富士苹果喷后比对照提早着色 5 ～ 7d，红果率增加 18.9%。

暮喷，即在苹果着色期每天傍晚在树上少量喷水，对促进果实着色有一定作用。喷水洗掉了叶片和果实上的尘土，保证了适宜的水分条件，利于光合作用；及时降低夜间温度，增大昼夜温差，有利于色素形成。暮喷在雨季结束以后（9 月份）的 16:00 ～ 17:00 进行，每次喷水 500 ～ 2000kg/ 亩，阴雨天可不喷。

五、果实采收和采后处理

果实采收是果园生产的最后工作，同时又是果品贮藏的开始，它起到承上启下的作用，是果树生产的重要环节。如果此环节管理不善，不仅会导致产量降低、品质下降，还会影响果实的贮藏，最终降低果园的经济效益。

1. 果实成熟度的判断

果实成熟，指果实所包含的种子具有了完善的繁殖后代的能力，果实的果皮和果肉色、形、香、味都得到了充分发育。成熟度，是指这些性状的发育程度，它可分为生理成熟度和商业成熟度。前者是指植物生命中的一种特定阶段，后者涉及能够转化为市场需要的采收时机，是市场对植物体所要求的一种状态。各种果品采收时的成熟度是以商业成熟度作为依据，也就是以风味品质的优劣为依据，长期贮藏的果品还要以贮藏结束时的风味品质及损耗状况为标准。由于果树的种类很多，各个品种的生理特性各不相同，采收后的用途也各不相同，采收成熟度的要求很难一致，所以没有统一的标准，生产上可以利用离层的形成、果实底色、果皮的色泽、果实的生长期、果肉的硬度、果实的呼吸强度和乙烯浓度、果实的营养成分、种子颜色、果粉、果实形态等判断果实的成熟度。在实践中，对于不同树种、品种，可选择主、次不同方法综合判断，但要结合树种特性、生长情况、气候条件、栽培情况、市场情况和采后用途等综合因素考虑，最终确切地决定适当的采收期。

一般按照果实成熟的情况和用途分为三种成熟度。分别是：

① 可采成熟度。指果实大小已定型，但其应有的风味和香气尚未充分表现出来，肉质硬，适于贮运和加工。一般需要长期贮藏、远地销售的果实在此期采收。

② 食用成熟度。指果实已经成熟，并表现出其应有的色香味，内部化学成分和营养价值已达到该品种指标。适于就地销售、制汁、制酱和制酒。短期贮运和在当地销售的果实宜在此期采收。

③ 生理成熟度。指果实在生理上已达到充分成熟，果实肉质松绵，种子充分成熟，适于采种。采集种子或以种子为食用部位的板栗、核桃等干果，需在此期采收。

2. 采收适期的确定

鲜销果品采收适期，是在正确判断果实成熟的基础上，根据果实采收后去向、果品特性和处理方式等确定。如采收后直接就近上市，可在充分成熟时采收；采收后长期贮藏、远程运输或需要后熟的，应适当早采。短期贮藏或为了减轻虎皮病的发生，应适当晚采；山地的金冠以及早熟的苹果、梨品种，可适当晚采，以提高其贮藏性和食用品质。果品特性不同，在确定采收期时可早可晚，如桃、樱桃凡是软肉、易裂果品种，宜适当早采；凡是果肉较硬、不易裂果的品种可待其充分成熟时采收。加工用果品要根据加工目标确定采收成熟度，如制罐用的苹果可早采，制汁的葡萄、制干的枣应晚采。同株树上果实成熟度不同，应注意分期分批采收。

在全国的苹果、梨、桃、杏、葡萄等主产区，人们为了抢早，获取较高的经济效益，目前普遍存在早采倾向，这是影响果品质量的重要问题。随着交通、贮藏条件的改善，应在果实充分发育成熟时采收并适当晚采。

3. 采收方法

果树种类繁多，性状各异，采收方法多种多样，可概括为人工采收和机械采收两大类。

（1）人工采收　用手摘、采和用刀剪等采收方法都属于人工采收，鲜销的水果和长期贮藏的水果（包括仁果类、核果类、浆果类等）最好人工采收。人工采收便于精确地掌握成熟度，可以减少机械损伤，还便于边采边选，分期分批采收，同时能够符合一些种类的特殊要求，如苹果、梨的带柄采收，葡萄、荔枝的带穗采收，草莓的带萼采收等。人工采收是我国园艺产品采收的主要方法。

具体的采收方法应根据水果的种类决定，如葡萄的果柄与枝条不易脱离，需要用采果剪剪下果穗；柿子用采果器采收；板栗、扁桃、核桃、枣等习惯用长杆击落。但板栗打收影响果实质量，应推行拾栗采收。苹果和梨成熟时，其果梗和短果枝间产生离层，可以直接用手采摘，采收时用手掌将果实向上一托，果实可自然脱落（注意防止折断果梗）。桃、杏等果实成熟后果肉较嫩，为避免造成指痕，人工采摘时，应剪短指甲，小心用手掌托住果实，左右摇动使其脱落。对于果肉很软的草莓等浆果，采收时还要戴手套。为不使水果遭受损伤，采用内衬帆布袋的采果篮。有条件的地方，在田间可直接把采果篮的果子放进容量为 100 ～ 500kg 的大型周转箱内，运往包装场。

采收时间应选择晴朗的天气，要避免雨天和正午采收。采收时，为了减少碰落果实，一棵树要按从下而上、由外而内的顺序采摘。采收还要做到有计划性，成熟度不一致的树种、品种，要注意分期分批采收。根据市场销售及出口的需要决定采收期和采收数量。采收人员应事先进行技术培训，采收时轻拿轻放，确保果实表面保护结构的完整。

（2）机械采收　机械采收与人工采收相比，效率高，成本低，速度快，其最大缺点是机械损伤较严重，而且通常只能进行一次性采收，主要适合于那些果梗与果枝间易形成离层的果实，以及成熟期一致，机械作业方便的果品。主要方法有四种。

① 振动法。目前，在美国使用此类机械采收樱桃、苹果和李子。如利用强力振动机械收获李子，方法是用一个器械夹住树干并振动，使果实落到收集帐上，再通过传递带装入果箱。

② 台式机械。国外应用较为普遍，人站在台式机械上而靠近采收，采收机械可自由移动，并配有果实转移机械。

③ 地面拾果机。用机器将落在地面上的果实拾起来，多用于核桃、山核桃、榛子等有硬果壳的果品。这种机器包括两个滚筒，前面的滚筒离地面 1.7 ～ 2.54cm，顺时针转，后面的滚筒离地面 0.46 ～ 1.77cm，逆时针转，两个滚筒同时转，将落地果子拾起，传送到收集器里。

对于作为加工原料的果品或一些干果，也可以用机械采收，但采收前一般要喷洒果实脱落剂，如柑橘采收前使用维生素 C、萘乙酸、放线菌酮等药剂效果较好，枣树可以用 200 ～ 300mg/L 的乙烯利作催熟剂。

④ 采摘机器人。近些年来，随着智慧农业和数字农业的兴起，国内外应用自动化采摘机器人进行果品采收的现象越来越多。以日本为代表的发达国家，包括美国、法国、荷兰、英国、西班牙等国针对苹果、柑橘、葡萄、草莓等相继试验成功了多种采摘机器人。自动化采摘机器人可以利用传感器感知果实成熟度，智能选择最佳采摘时机，并通过全球定位系统、导航系统自动定位到果树位置进行采摘，这些智能化技术的应用大大提高了果园机械的智能化水平。

4. 果实采后处理技术

果实从采收后到贮藏、销售、加工前还需要经过一系列的处理，如预洗、预冷、打蜡、分级、包装等，以提高其商品价值，获得较好的经济效益。这是农产品流通链中的关键环节，对于确保农产品的质量和保鲜度具有重要意义。

（1）预洗　预洗是采用浸泡、冲洗、喷淋等方式水洗或用干（湿）毛巾、毛刷等清除果品表面污物，减少病菌和农药残留，使之清洁、卫生，符合商品要求和卫生标准，提高商品价值的方法。洗涤水要干净卫生，还可加入适量去污剂、杀菌剂等。常用的去污药剂有 1% 稀盐酸加 1% 石油，浸洗 1 ～ 3min，或 0.2 ～ 0.5g/L 的高锰酸钾溶液，清洗 2 ～ 10min。杀菌防腐多用 0.5g/L 甲基托布津或多菌灵。水洗后要及时进行干燥处理，除去表面水分，以免引起腐烂。干燥可用自然晾干法，也可用脱水器或加热蒸发器进行脱水。应用果实套袋方法生产的果品，由于果面洁净，可以免去洗果环节。

（2）分级　分级是对采后果品进行质量控制的手段，是根据商品规格要求，从果实的大小和外观品质等方面将采后果实分成不同等级的过程。分级的主要目的是使果品达到商品标准化，实现优质优价，满足不同用途的需要，减少浪费，减轻病虫害传播，便于包装运输与贮藏，提高果品市场竞争力，有利于开展进出口贸易。

具体的分级标准因种类、品种而易。我国一般是在果形、新鲜度、颜色、品质、病虫害和机械伤等方面符合要求的基础上，再进行大小分级。果实比较大的种类一般分三至四级。如苹果果实最大处直径为 65mm 为一级，>60mm 为二级，>55mm 为三级。小型而柔软的果实，一般分为两级。日本对巨峰葡萄的质量标准是每个果穗以 400g 左右为宜，各等级果粒必须达到如下基本标准：果实含糖量在 16% 以上，果皮色泽达到蓝黑色；在此基础上，凡 13g 以上的大果粒果穗为特级果，12g 果粒为 1 级果；11g 左右的果粒为统货果品。

果实分级有人工分级和机械分级等方式。果实大小的分级有按果实重量标准的重量分级法和按果径大小的果径分级法。如对梨、猕猴桃等多采用重量分级法分级，而对柑橘等则以果径分级法分级。重量分级是事先用人工对果实的形状、色泽、有无伤残等外观进行分级，然后将不同级别的果实放在不同的传送带上；果实在传送带上运动，根据果实托盘弹簧承受压力不同，使其落入不同接受容器中，而分为若干级别。果实的大小分级是在带有网眼的传送带上进行的，传送带上的网眼大小是可以变化的，随着传送带的运行，网眼由小变大，这样，不同大小的果实可在不同部位落下，进行了大小分级。

（3）打蜡　打蜡（涂膜）即对采后果品在其表面人工涂上一层薄而均匀的透明薄膜，也称涂膜，起到延缓代谢、保护组织、增加果品表面光泽、美化商品的作用。打蜡处理还可作为防腐剂的载体，抑制病原微生物的侵染，还可以减轻果品贮运中的机械损伤，延长贮藏寿命。打蜡多用于柑橘、苹果、梨、油桃、李子等。生产中应用的涂料有天然紫虫胶、棕榈蜡、植物油类、石油类、石蜡、CFW果蜡以及混合涂料（日本用淀粉、蛋白质等高分子溶液，加植物油制成的）。

打蜡一般有人工打蜡和机械打蜡。国外一般使用机械打蜡，新型的喷蜡机大多与洗果、干燥、喷涂、低温干燥、分级、包装、装订成件、贮运等工序联合配套进行。我国一般仍采用手工打蜡。大量处理时，用机械喷涂工效高，效果好。

使用涂料时应注意以下问题：涂料处理是果品采后一定期限内商品化处理的一种辅助措施，只能在短期贮藏、运输或上市前进行处理，以改善产品的外观品质；涂料本身必须安全无毒，无损于人体健康；涂料成本低，使用方法简便，材料易得，便于推广；涂膜时应厚薄均匀、适当。

（4）包装　包装可以保证产品安全运输和贮藏，减少产品间由摩擦、碰撞和挤压造成的机械伤，维持果实的新鲜度，减少病虫害的蔓延和水分蒸发，使果品在流通中保持良好的稳定性，从而提高果品商品性。一般对包装的要求有：便于操作、卫生无毒、不污染环境、实用美观、成本较低、能承受一定的压力、风格明显、具有吸引力，并符合国际包装要求。包装的大小依消费者的具体需求而定。一般大包装适于远距离运输，小包装适于零售。精美的礼品包装也受人们欢迎。

① 选择适宜的包装材料。包装一般分为外包装和内包装。外包装主要是抵抗来自外界的损害。使用材料主要有纸箱、塑料箱、果筐、木箱、泡沫箱等。目前常用的纸箱有两种，一种是以稻、麦草为原料，一种是以木材纤维为原料加工而成。冷藏、远途运输及出口者可用后者。果筐是我国传统的包装容器，成本低，但形状不规则。塑料箱，可以用多种合成材料制成，其中以较硬的高密度聚乙烯为材料的塑料箱，在满足新鲜果品流通要求方面具有较理想的技术特性。木箱美观度差，此种包装只适合于低档果品的包装。泡沫箱具有保温性能好、缓冲性能好等特点，较适合葡萄运输保鲜。

内包装用于防止包装容器内各个商品之间或商品与容器之间可能造成的相互碰撞。用于内包装的材料主要有纸、塑料、柔软的刨花、塑料网套或纤维层等。具体种类及作用见表2-19。

表2-19　果品包装常用各种支撑物或衬垫物

种类	作用
纸	衬垫、包装及化学药剂的载体，缓冲挤压
纸或塑料托盘	分离产品及衬垫，减少碰撞
瓦楞插板	分离产品，增大支撑强度
泡沫塑料	衬垫，减少碰撞，缓冲震荡
塑料薄膜袋	控制失水和呼吸
塑料薄膜	保护产品，控制失水

② 包装步骤。包装应在冷凉的环境条件下进行，避免风吹日晒和雨淋。包装时先在箱底平放一层垫板，加上格套，把用纸或塑料网套包好的果实放入格套内，每格一果，放好一层后再放垫板、格套，继续装果至满。最后加一块垫板，封盖、粘严、捆好。在箱外用不易脱落的颜料写明品种、个数、产地、装箱员、发货单位等。

（5）预冷　果品采收后，采取一系列措施将果品的温度尽快降低到适于贮运低温的过程叫预冷。预冷的目的是在产品采收之后与贮运之前，降低果品的呼吸强度，散发田间热，降低果品温度至适宜运输和贮藏的低温状态，以最大限度地保持其新鲜品质，提高其耐贮运性，减少果实中维生素 C、各种糖分和有机酸的损失，并保持其硬度；同时可减少果品入贮后制冷机械的能源消耗，缩小果品温度与库温的差别，防止结露现象的产生。

预冷的方式包括库房冷却、强制通风冷却、水冷却、冰冷却、真空冷却和运输过程冷却等。

第六节 果树整形修剪技术

整形修剪包括整形和修剪两项密切相关的操作技术，是果园综合管理的一个环节，与花果管理、土肥水管理、病虫害防治等措施密切相关。实际生产中，为保证果树丰产、稳产、优质，必须合理运用以上各项栽培管理措施，才能充分发挥整形修剪应有的作用和增产潜力。

一、果树常用树形

1. 疏散分层形

又名主干疏层形。主枝 5 ～ 7 个，在中心干上分 2 ～ 3 层排列。第一层 3 个，第二层 2 ～ 3 个，第三层 1 ～ 2 个。各层主枝间有较大的层间距，一般第一与第二层间距 80 ～ 100cm，第二与第三层间距 60cm。层内距 20 ～ 30cm。为了改善树体的光照条件和限制树高，进入盛果期后，多落头开心形变成两层五主枝的延迟开心形。此树形在苹果、梨、山楂等树种应用较多（图 2-31）。

2. 自由纺锤形

树高 2.5 ～ 3.0m，干高 50 ～ 70cm，冠径 3m 左右。中心干上按 15 ～ 20cm 间距培养 10 ～ 15 个侧分枝，呈螺旋上升状。同向侧分枝间距不小于 50cm。侧分枝长度 1.5 ～ 2.0m，分枝角度 70° ～ 90°，其上着生枝组随树冠由下而上，侧分枝体积变小，长度变短，分枝角度变大，着生的枝组变小变少。常用于矮砧普通型、半矮砧普通型和生长势强的短枝型品种组合。适宜采用株距 2.5 ～ 3.0m、行距 4m 的栽植密度（图 2-32）。

图 2-31 疏散分层形

图 2-32 自由纺锤形

在更高密度情况下，中心干上分生的侧分枝生长势相近、上下伸展幅度相差不大，分枝角度呈水平状，树形细长，侧分枝 15 ～ 20 个，称为细长纺锤形。

3. 自然开心形

干高 20 ～ 30cm，三大主枝在主干上错落着生，排列较开，开张角度 40°～ 50°，其先端直线延伸。主枝间距 10 ～ 15cm，在主枝上留 2 ～ 3 个背斜侧枝，第一侧枝距主干 40cm 左右；第二侧枝在第一侧枝的对侧，距第一侧枝 30cm 左右。开张角度 70°～ 80°。在主侧枝上配备结果枝组。自然开心形适于桃等核果类果树，山楂、苹果、李等也有采用。

4. 主干形

主干形（圆柱形、高纺锤形）属小冠形（图 2-33）。适宜于株距 1.5 ～ 2m，行距 3 ～ 4m 的高密度果园。其基本结构是树高 2.5 ～ 3m，干高 50 ～ 70cm，冠径 2m 左右。在中心干上均匀着生 23 ～ 27 个侧分枝（大、中型结果枝组），每个侧分枝长度 55 ～ 100cm，多数为 60 ～ 70cm，枝轴基部的最大直径不超过 2.5cm，多数为 1.5cm，侧分枝开张角度为 90°～ 120°。中心干直立，侧分枝不分层或分层不明显。此树形在枣、银杏、核桃等树种粗放栽培，苹果、梨的高密度栽培时应用较多。

图 2-33 主干形（孙建设）

二、修剪方法

1. 休眠期修剪常用手法

落叶果树落叶后至萌芽前进行的修剪叫休眠期修剪，又称冬季修剪。常用的修剪手法有短截、疏枝、回缩和缓放。

（1）短截　是剪去一年生枝条的一部分。生产上根据剪截枝条的长度，将短截分为轻截、中截、重截、极重截四种。其修剪方法、剪后反应及应用范围见表 2-20。

表 2-20 主要短截方法一览表

短截类型	轻截	中截	重截	极重截
修剪方法	在枝条顶芽下至次饱满芽处短截，一般剪去枝条的 1/3 以下	在枝条的饱满芽处短截，剪去枝条的 1/3 ～ 1/2	在枝条中下部的次饱芽处短截，一般剪去枝条的 2/3 ～ 3/4	在枝条基部留 1 ～ 2 个瘪芽短截
剪后反应	形成 1 ～ 2 个长枝，较多的中短枝	形成较多的中长枝，生长势旺，成枝力强	抽生 1 ～ 2 个旺枝和少量短枝	抽生 1 ～ 2 个中短枝，可缓和树势，降低枝位
图示		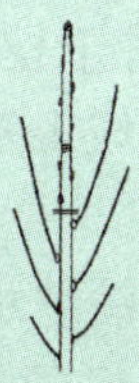	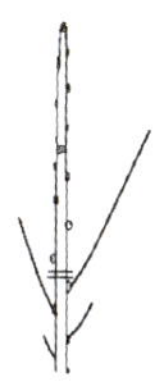	
应用范围	培养结果枝组、各级骨干枝延长枝的修剪	各级骨干枝延长枝的修剪、扩大枝组、复壮枝势	降低高度、培养紧凑枝组，有空间的地方改造徒长枝	降低枝位、改造枝类、培养枝组

短截具有局部刺激的作用，但其刺激作用与剪截强度、剪口芽质量、品种成枝力、枝

条姿势等因素有关。一般剪截强度大、剪口芽饱满、品种成枝力强、枝条直立，则促进作用大。而轻短截由于保留的枝芽量较多，剪口下萌发的中短枝和花束状枝较多，有缓和树势和促进花芽形成的作用，也是培养结果枝组的修剪方法。重短截则仅留剪口下几个芽，所抽出的枝条生长较旺，成枝力强，可萌发3个左右的长枝或徒长枝；中短枝少，单枝生长量大，不利于花芽的形成，多用在老、弱树更新上。

（2）疏枝　又叫疏剪，是将枝条从基部剪除（图2-34）。疏剪具有局部抑前促后的作用。疏剪对树体的影响与被疏去枝的大小、性质、生长势强弱以及数量有关。如被疏枝生长势强、数量多，伤口间越近，而且为多年生大枝或大部分为营养枝，则削弱作用明显。通常可用疏枝来控制旺长。

疏枝主要用于四个方面：一是疏除树冠内过密枝、细弱枝、交叉枝或背上直立枝，以改善通风透光条件；二是疏除竞争枝，构造合理树形；三是疏除果枝，可以调节营养生长与生殖生长的平衡；四是应用疏枝，可以削弱过强骨干枝和枝组的势力，平衡树势，培养和改造结果枝组。

（3）回缩　也叫缩剪（图2-35），即将多年生枝短截到分枝处。回缩的作用是局部刺激和枝条变向。回缩后的反应强弱，取决于剪口枝的强弱。剪口下留强旺枝，则生长势强，有利于恢复树势和更新复壮；剪口下留小枝或弱枝，则营养生长较弱，有利于成花；剪口下留长势中庸的枝条，则既利于生长也利于成花结果。

图2-34　**疏枝**

图2-35　**回缩**

回缩通常用在以下四个方面：一是平衡长势，复壮更新，调节多年生枝前后部分和上下部分之间的关系。如前强后弱时，可适当缩去前旺部分，选一角度开张的相对弱枝当头，以缓前促后，使之复壮。二是转主换头，改变骨干枝延长枝的角度和生长势力。三是培养枝组，对萌芽成枝力强的品种先缓放后回缩，形成多轴枝组。四是改善光照，对果园封行树交叉枝回缩，对辅养枝过大影响主枝生长的回缩。

（4）缓放　不剪一年生枝，叫缓放。幼树缓放可增加短枝数量和加快树体成形，提高早期产量。但连年缓放的树，容易出现后部光秃和大小年结果现象，树体还容易出现早衰，因此，应用缓放要做到“三看”：一看树势。被缓树应该营养生长良好，树势较强或中庸偏旺。幼树和初结果期树应用较多。二看品种。萌芽成枝力强或中等的品种，如金冠系、元帅系苹果缓放效果明显。三看枝条。一般平生、斜生的中庸枝和下垂枝可以缓放，而背上直立枝、强旺枝、徒长枝、延长头竞争枝、衰弱枝不宜缓放。

2. 生长期修剪常用方法

果树从萌芽后至落叶前进行的修剪叫生长期修剪，也称夏季修剪。主要包括刻芽、抹芽、摘心、剪梢、疏梢、扭梢、拿枝、拉枝、环割、环剥等方法。

（1）刻芽　又称刻伤、目伤。是春季萌芽前，在芽的上方（或下方）0.5～1cm 处，用钢锯条或刻芽器横割皮层深达木质部而形成切口，芽上刻伤能促进该芽萌发，旺盛生长，芽下刻伤则抑制其生长。

（2）抹芽　萌芽后用手抹除嫩芽，留优去劣，减少枝量，节约养分。主要抹除主枝背上、骨干枝基部 20cm 以内及剪锯口周围无空间的萌芽。

（3）摘心　摘心是摘除新梢顶端的幼嫩部分，通常只去 3～5cm 嫩梢。摘心的作用是增加分枝，促进成花，控制生长（图 2-36）。

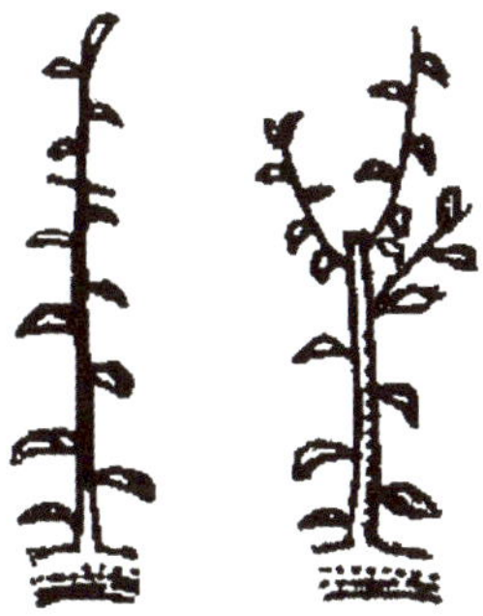
图 2-36　摘心

不同新梢摘心方法与摘心作用不同。对当年新梢在旺长时连续 2～3 次摘心，可促进成花培养枝组，控制旺长；对延长枝摘心，可加速扩大树冠；对秋梢进行基部摘心，可促进形成中、短枝，控制长梢；对竞争枝、直立枝摘心，可改造为枝组，有利于成花（图 2-37）。

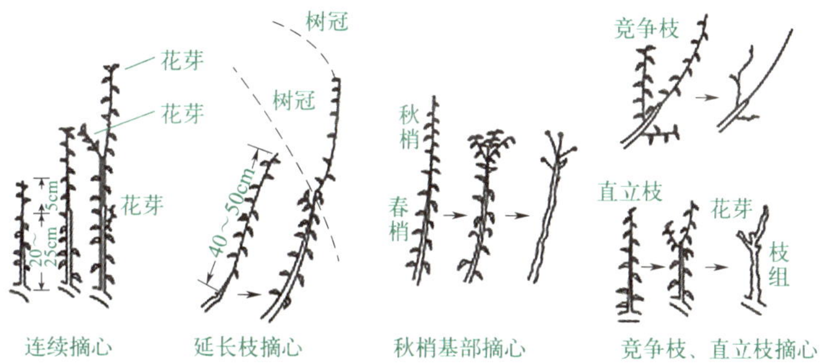

图 2-37　新梢摘心及其反应

（4）剪梢　剪梢是剪去新梢先端的一部分，通常剪掉 10～20cm，剪至半木质化部分。剪梢可以增加分枝，培养枝组，控制生长，促进成花。

剪梢通常在以下三种情况下进行：一是 5 月中下旬，当竞争枝、直立枝、强旺枝长 20～30cm 时，剪去 10～15cm 枝叶，并去除上部 3 个芽的叶片，促发副梢，增加分枝、培养枝组。二是 6 月上中旬，对强旺幼树骨干枝头剪去 10～15cm 枝叶，并去除上部 3 个芽的叶片，利用副梢扩大树冠。三是秋梢停长后剪去所有新梢先端尚未木质化的部分，能改善树体的通风透光条件，提高枝条成熟度和越冬性。

（5）扭梢　扭梢是在新梢旺长期（梨是 5 月中旬，苹果 5 月下旬至 6 月上中旬），当新梢达 30cm 左右且基部半木质化时，将直立旺梢、竞争梢、强旺梢在基部 5cm 处扭转 90°～180°，使其受伤而不折断，并平伸或下垂于母枝旁（图 2-38）。操作时，应先扭转后改向。扭梢可以有效地控制竞争枝，缓和生长势，增加早期封顶枝，有利于花芽的形成。

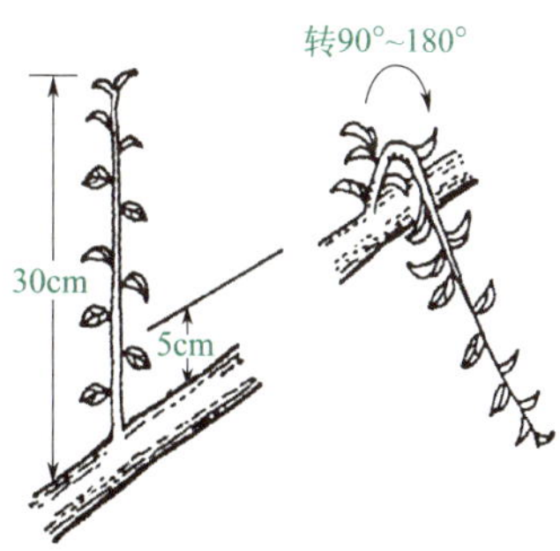

图 2-38　扭梢

（6）拿枝　也叫捋枝。在 7～8 月新梢木质化时，将其从基部拿弯成水平或下垂状态。操作时，先在距枝条基部

7～10cm处，用手向下弯折枝条，以听到折裂声而枝梢不折为度。然后，向上退7～10cm处再拿一次，直到枝条改变方向为止（图2-39）。此外，生产上常在萌芽前对一些过粗、过强的大枝，在枝条基部的下方用锯拉出枝条直径1/3～1/2深的切口，以减缓其生长势，促花结果，调整枝干比，果农称之为“关阀门”。

图2-39 拿枝及其效果

（7）拉枝 即将较为直立枝条改变生长方向，使其角度开张。拉枝缓和枝条的生长势，使营养物质和激素分配均衡，有利于花芽形成；拉枝也可以增大分枝角度，改善光合条件，提高叶片的光合效能。拉枝可在全年进行，但一般以夏秋季采用效果较好。主要对当年生、一年生、多年生竞争的直立、强旺枝进行。常用的拉枝方法有弯枝、别枝、撑枝、坠枝、压枝等（图2-40）。

（8）环割、环剥 环割是在枝干上用刀剪或锯环切1圈，深达木质部（图2-41）。为加强效果，可于7d后在距原环割部5～10cm处再割1圈，或采用多道环割，即在枝条上每隔一定距离环切1圈。

环剥是在果树生长期内将枝干的韧皮部剥去一圈（图2-42）。环剥能使剥口以上部分积累有机营养，有利花芽分化和坐果，同时促进剥口下部发枝。

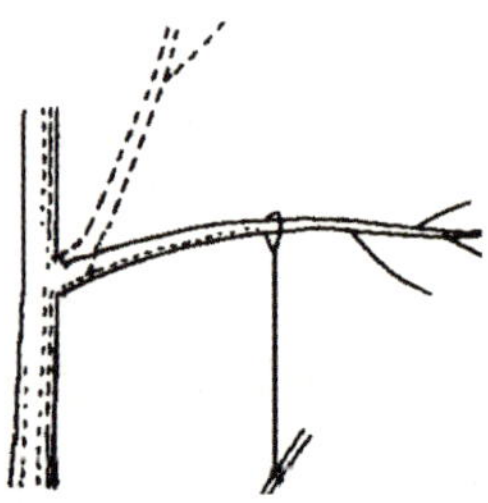

图2-40 拉枝

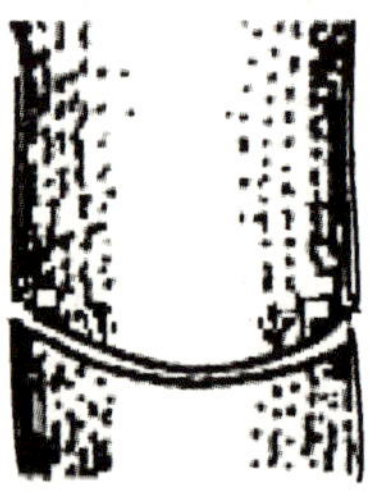

图2-41 环割

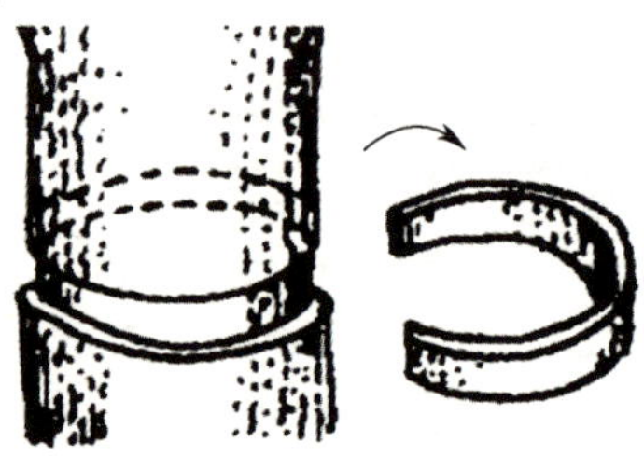

图2-42 环剥

三、常用树形整形过程

1. 疏散分层形整形

（1）定干 栽后，按整形要求，对苗木进行定干。一般定干高度为50～70cm，因树种、品种、地力、苗木质量而定。见图2-43。

（2）栽后第一年修剪 抹除50cm以下萌芽，对延长头竞争枝可在夏剪时扭梢或疏除。冬季修剪时，对于强树，选留方向较好的3个枝作主枝，留50cm短截，中心干延长头80～120cm短截。注意三个主枝的方向，东南、西南、正北。对于弱树，若当年只能选定

2 个主枝，留 20 ～ 25cm 短截，可将中心干延长头留 25 ～ 30cm 短截，剪口芽留在出第三主枝方向。中庸树各主枝的剪口芽留外芽，以便开张角度，同时选好第三、四芽，以背斜侧为好，将来培养侧枝用。主枝留 40 ～ 50cm 短截，中心干延长头留 50 ～ 55cm 短截。若夏季修剪没有进行，可将延长头竞争枝重截、疏除或拉平（图 2-44）。

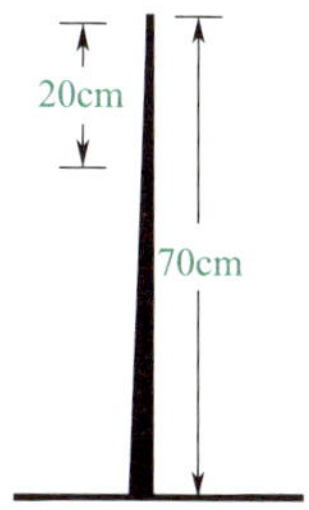

图 2-43 **定干**

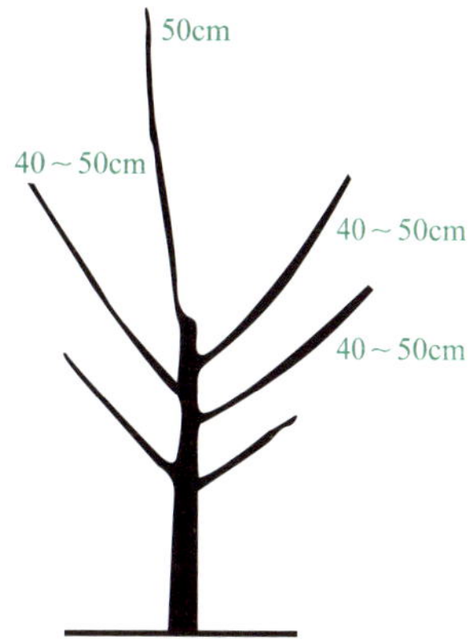

图 2-44 **栽后第一年冬剪**

（3）栽后第二年修剪 重点选培第三主枝或第一、二主枝上的第一侧枝。春季修剪时及时除萌，对主枝选背斜侧芽刻伤，以利于选出适宜的侧枝。夏季修剪时处理主枝延长头竞争枝扭梢。秋季修剪时对辅养枝拉枝。冬季修剪时短截主枝延长头、中心干延长头、侧枝延长头，侧枝要留在主枝的同侧。

（4）栽后第三年修剪 重点选培第四、五主枝及第一、二、三主枝上的第二侧枝。冬季修剪时，中心干延长头剪留 50 ～ 60cm，剪口芽留在上年剪口芽的对侧，以利于直线延伸。基部主枝延长头剪留 50cm 左右，剪口芽留外芽。对第一、二侧枝均在饱满芽处选外侧芽留 40cm 短截。夏季修剪同前，控制延长头竞争枝，多拉枝，使无用枝变为有用枝。辅养枝拉平。第四、五（第二层）主枝延长头剪留 50cm 左右，剪口第三、四芽选在出第一侧枝的方向。扭梢枝结果后从基部疏掉。

（5）栽后第四年修剪 中心干延长头剪留 50cm 左右，剪口芽留在上年的对面，剪口下第三、四芽为出第三层主枝的方位。各主枝延长头剪留 40 ～ 50cm，剪口第三芽选背斜侧方向，以便抽生合适的侧枝。继续加强夏季修剪，控制旺枝、直立枝，对辅养枝可以进行环剥、环割等措施，有利于成花。冬季除骨干枝短截外，其余枝条尽可能拉平、缓放。

（6）栽后第五年修剪 中心干延长头留 40 ～ 50cm 短截。继续选培第二、三层主枝及第一、二层主枝上的第二、三侧枝，留外芽和背斜侧方向饱满芽短截。疏除徒长枝、直立枝、竞争枝。加强夏季修剪促花。

（7）落头 为了改善树冠内的光照条件，在进入盛果期后要进行落头开心。落头要逐步进行，第一、二年缓放；第三年削弱，疏除大的分枝；第四、五年去掉。

2. 自由纺锤形整形

该树形适宜半矮化果树和短枝型品种，株行距 2 ～ 3m。

（1）定干 定干高度 60 ～ 70cm。因树种、品种、地力、苗木质量而定。若苗木质量好，可留至 1m。

（2）栽后第一年修剪

修剪方法一：抹除 30cm 以下萌芽，对延长头竞争枝可在夏剪时扭梢。秋季对长至 80cm 以上的枝条拉枝。冬季修剪时，选留方向较好的枝作侧分枝，留 50cm 左右短截，中心干延长头 50 ～ 60cm 短截。对长势旺的树，侧分枝和中心干延长头可以不动剪。各侧分枝的剪口芽均留外芽，以便开张角度。

修剪方法二：冬剪时对中心干上的所有分枝都采取极重短截或从基部疏除（图 2-45）。

冬剪前　冬剪后

图 2-45　**栽后第一年冬剪前后状态**

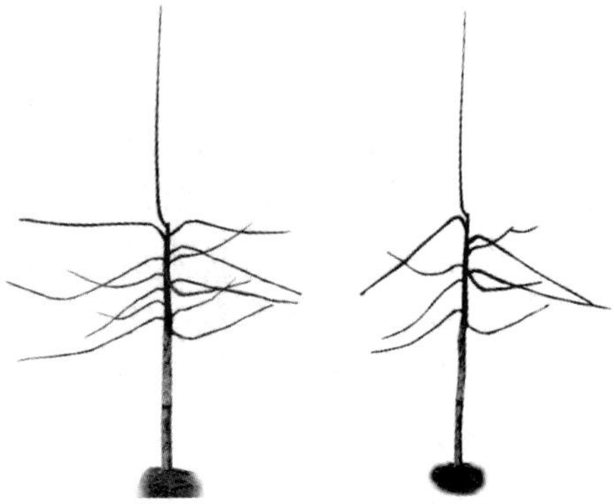

修剪前状态　修剪后状态

图 2-46　**栽后第二年冬剪前后状态**

（3）栽后第二年修剪

修剪方法一：春季修剪时及时刻芽，对中心干延长头中下部缺枝部位进行，促进枝条萌发。夏季修剪时处理主枝延长头竞争枝。秋季修剪时对新增侧分枝、辅养枝拉平。冬季修剪时短截侧分枝延长头、中心干延长头。长度分别为 30 ～ 40cm、40 ～ 50cm。疏除背上直立枝条、旺长枝条（图 2-46）。

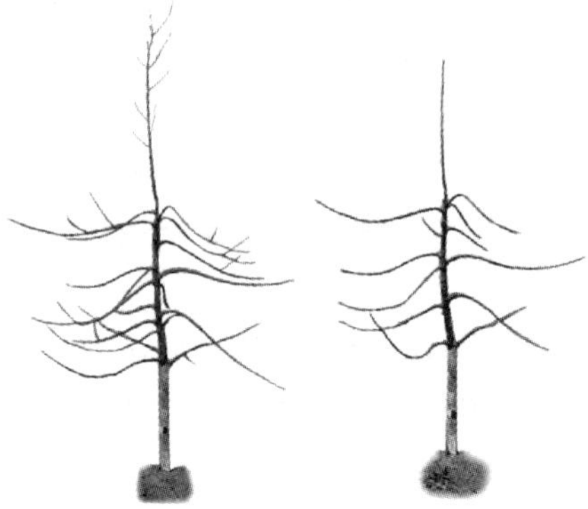

图 2-47　**栽后第三年冬剪**

修剪方法二：秋季拉平所有侧分枝。冬剪时只对中心干延长头进行短截。去除直立枝、旺长枝。

（4）栽后第三年修剪　春季修剪时及时对中心干延长头中下部缺枝部位进行刻伤，促进枝条萌发。夏季修剪时对主枝延长头竞争枝、背部直立新梢进行扭梢。秋季修剪时对辅养枝、新增侧分枝拉平。冬季修剪时短截侧分枝延长头、中心干延长头。疏除树上直立枝条、旺长枝条（图 2-47）。

（5）栽后第四年修剪　生长期修剪同前。冬季修剪时，疏除内膛徒长枝。当株间交接时，侧分枝延长头不再短截。

（6）栽后第五年修剪　生长期修剪同前。冬季修剪时，中心干延长头缓放，疏除树上直立枝、徒长枝、密生枝。疏除 80cm 以下侧分枝。

3. 自然开心形整形

（1）定干　栽后，按整形要求，对苗木进行定干。一般定干高度为 40 ～ 60cm，整形带内有 5 个以上饱满芽。保护地栽培定干高度可以低些。要因树种、品种、地力、苗木质量而定。

（2）栽后第一年修剪　抹除 30cm 以下萌芽。在整形带内选留 4 ～ 5 个新梢。当新梢长至 30 ～ 40cm 时，选 3 个生长健壮、相距 15cm 左右、方位符合要求的新梢作为主枝培养。秋季修剪疏除背上直立旺长枝、延长头竞争枝。冬季修剪时，将 3 个主枝留 60 ～ 70cm 短截。

（3）栽后第二年修剪　春季修剪时将顶端外侧芽萌发的新梢作为主枝延长头进行培养。同时，将延长头下部方位和角度适合的新梢作为侧枝培养。秋季修剪时对主枝角度达不到 60° 的进行拉枝，疏除背上直立旺长枝及延长头竞争枝、过密枝。冬季修剪时主枝延长头剪留 50 ～ 70cm，侧枝延长头剪留 40 ～ 50cm。

（4）栽后第三年修剪　春季修剪时继续选留主枝延长头，同时在延长头的下部、第一侧枝的对侧选择新梢作为第二侧枝培养。秋季修剪疏除背上直立旺长枝及延长头竞争枝、冠内密生枝。冬季修剪时，中心干延长头剪留 50 ～ 60cm，侧枝延长头剪留 40cm 左右。

（5）栽后第四年修剪　树形已基本建成，主枝、侧枝延长头冬剪时剪留 30cm 左右即可，注意主从分明，主枝头要高，要长过侧枝头。株间交接注意换头。培养的枝组在主侧枝上的分布要均衡。中下部要培养大型结果枝组，上部培养中型结果枝组，小型结果枝组分布其间。枝组斜生或背侧。

4. 高纺锤形整形过程

（1）定干　对生长势不强的苗木，定干高度为 90 ～ 100cm。对生长势旺盛的苗木可不定干。

（2）栽后第一年修剪　对距地面 40cm 以上至顶部 3 ～ 4 个芽以下的芽，用刻芽器隔芽处理，以利抽生大量中、长梢。当侧生新梢长到 15cm 以上时，摘心的同时摘除顶部 2 ～ 4 片嫩叶，仅留叶柄，可抑制该枝的加长生长，并对长枝进行拿枝。冬季修剪时，依据树体生长量，对分枝少或没有分枝的幼树，中心干延长枝于 1.5m 处短截；去除直径超过中心干 1/2 的分枝；如果保留的分枝不足 3 个，则全部留马耳斜或全部疏除（图 2-48）。具有 7 ～ 15 个分枝的幼树，去除距地面不足 60cm 的分枝；去除直径超过中心干 1/2 的分枝；保留分枝缓放不截。

（3）栽后第二年修剪　春季萌芽前对中心干上延长头酌情刻芽。对中心干顶部 1/4 区段的侧梢长至 10 ～ 12cm 时进行摘心；长至 10 ～ 12cm 时再摘心。将中心干牢牢地固定在支架上（图 2-49）。当新梢达半木质化时，将 20 ～ 25cm 长新梢用牙签开角。在 8 月上中旬将所有侧分枝拉至水平以下以诱导成花。此时拉枝不易冒条。冬剪时选择一个好的中心干延长头带头，不短截，侧分枝也不短截；疏除竞争枝；疏除角度很小的侧分枝；去除直径超过中心干 1/2 的侧分枝；去除长度超过 60cm 的侧分枝。

冬剪前状态　　冬剪后状态

图 2-48　栽后第一年冬剪状态

图 2-49　立架固定

（4）栽后第三至第五年修剪　生长季修剪方法同前，树体达到 3m 以上时，春季萌芽后，在光秃带刻芽，促其多发中、短枝，成花结果。当树体达到一定高度不再进行转主换头，自然缓放生长，枝条结果，使其弯曲；顶端弯曲后回缩至较弱的结果侧枝，以控制树高。去除直径超过 2cm 或长度超过 90cm 的侧分枝。将过分下垂的侧分枝回缩至弱的结果枝处。

第五年修剪时，中心干延长头压弯后进行及时更新，保证顶端优势。同时也保持各主枝头的生长优势，做到及时更新复壮。

第七节　果园自然灾害的预防

自然灾害通常是指在农业生产过程中，发生或导致农业显著减产的不利天气或气候条件的总称，又称农业气象灾害。果树经常遭受的自然灾害有冻害、霜冻、抽条和日灼等。

一、冻害

1. 冻害的含义和表现

冻害是指果树在越冬期间遇到0℃以下低温或剧烈变温或较长期处在0℃以下低温中，造成的果树冰冻受害现象。多发生于深冬和早春个别年份，晚秋、初冬也会造成严重伤害。冻害一般呈周期性发生，10年左右出现一次较重的冻害。

果树容易受冻的部位是根颈、枝干、皮层、一年生枝、花芽等。果树遭受冻害后的表现有：

（1）树干冻害　由于温度剧变，韧皮部和木质部涨力不同，常使受冻后树干纵裂，树皮与木质部分离，严重时树皮外卷，甚至全株死亡。

（2）枝条冻害　成熟的枝条以形成层最抗寒，皮层次之，木质部和髓部最不抗寒。因此轻微受冻时只表现髓部变色，中等冻害时木质部变色，严重冻害时才冻伤韧皮部。待形成层变松时，枝条失掉恢复能力。幼树生长停止较晚，枝条常不成熟，易加重冻害。轻微冻害时只表现髓部变色；较重时枝条脱水干缩；严重时自外向内各级枝条都可能冻死。多年生枝冻害，常表现树皮局部冻伤。受冻部分，最初微变色下陷，皮内部变褐，并逐渐干枯死亡，皮部裂开和脱落。受冻枝干易感染腐烂病、干腐病等。

（3）花芽冻害　花芽受冻后表现芽鳞松散，后干缩枯萎。腋花芽萌发晚，因此较顶花芽的抗冻力强。

（4）根颈冻害　根颈是地上部进入休眠最晚而解除休眠最早的部位，同时，它所处的位置接近地表，温变剧烈，所以最易受低温或温变的伤害。根颈受冻后常引起树势衰弱或整株死亡。

（5）根系冻害　果树的根系较其地上部耐寒力差，因此冬季应加强保护根系。根系受冻后变褐，皮部易与木质部分离。

2. 预防冻害的措施

（1）选择抗寒树种和品种　应根据当地的自然条件、气象因子和果树区划，选择与当地条件相适应的树种、品种和砧木类型，做到适地适栽。

（2）建园选择　应避免在低洼地、深沟及风口、地下水位过高、丘陵北坡处建园。此外选择抗寒性强的基砧座地苗建园，高接名、优、新、稀、特品种，也可提高其抗寒能力。

（3）壮树锻炼　应加强果树综合管理，培养健壮树体，保证枝条充分成熟。如克服过量结果和大小年结果现象，避免后期氮肥和灌水过量，配合使用多效唑等生长调节剂防止枝条徒长，从而保证正常进入休眠，以增强抗寒力。

（4）采用抗寒栽培方式　生产中应用的抗寒栽培方式有如下几种：

① 匍匐栽培。利用扣压方法，将枝条引成水平生长，冬季埋土防寒，抵御严重冻害。

② 高接换种。利用抗寒性强的野生树种或品种作砧木，距地面100cm左右处高位嫁接栽培品种，改善嫁接品种的温度环境，达到避免冻害。

③ 实行矮密栽培。利用寒地周期冻害的间隙，进行矮化、密植栽培，达到早结果、早丰产、早收益、避免大冻害的严重损失。

④ 营造防护林。防护林既可防风，又可增加防护林内的温度，缓和气温剧变幅度，从而减轻冻害程度。

⑤ 加强树体越冬保护。可采用树干和树干基部培土；树干涂白或绑缚稻草；果园冬前灌封冻水等，均可减轻冻害。

二、霜冻

1. 霜冻的概念及类型

霜冻是指果树在生长期夜晚土壤和植株表面温度短时降至0℃或0℃以下，引起果树幼嫩部分遭伤害的现象。霜冻的实质是短时低温而引起植物组织结冰的危害。

根据霜冻发生时期，分为早霜冻（由温暖季节向寒冷季节过渡时期发生，也叫秋霜冻）和晚霜冻（由寒冷季节向温暖季节过渡时期发生，也叫春霜冻）。按霜冻形成的原因，可分为平流霜冻、辐射霜冻和混合霜冻三种类型。我国常见的大范围霜冻和每年的初、终霜冻多为混合霜冻。

2. 霜冻对果树的危害

霜冻对果树生产影响很大，特别是西北地区，由于温变剧烈，霜冻频繁，严重影响果树生产。例如，内蒙古、宁夏一带，因霜冻而减产的年份竟高达40% ～ 50%；东北和华北地区因霜冻而减产亦属多见。

北方春季随着气温上升，果树解除休眠并进入生长期，抗寒力迅速降低。此时即使短暂的0℃以下温度，也会给幼嫩组织带来致死的伤害。因此，自萌芽至幼果期霜冻来临越晚，则受害越重。

早春萌芽时遭受霜冻，嫩芽或嫩枝变褐色，鳞片松散而干于枝上。花蕾期和花期，由于雌蕊最不耐寒，轻霜冻时只将雌蕊和花托冻死，严重时花瓣受冻变枯脱落。幼果受冻较轻时，果实中幼胚变褐，而果实仍保持绿色，萼端出现霜环，变成畸形果或逐渐脱落，受冻严重时则全果变褐很快脱落。几种果树花期和幼果霜冻害临界温度见表2-21。

表2-21 主要果树花期受冻临界温度（束怀瑞） 单位：℃

树种	花蕾期	开花期	幼果期
苹果	−3.8	−2.2	−1.5
洋梨	−3.8	−2.2	−1.1
桃	−3.8	−2.7	−1.1
杏	−3.9	−2.2	−0.6
李	−4.0	−2.7	−1.1
甜樱桃	−2.2	−2.2	−1.1
葡萄	−1.1	−1.1	−0.5
核桃	−1.1	−2.2	−1.1

注：以上临界温度因品种、树势及分布地区可能略有差异。

3. 预防霜冻的措施

平流霜冻和混合霜冻温度下降常较剧烈，一般防霜方法常难以奏效，应注意建园地点和树种、品种选择。经常出现辐射霜冻的地区，落叶果树可考虑采取下列措施：

（1）延迟发芽，减轻霜冻程度

① 春季灌水或喷水。春季多次灌水或喷水降低土温和树温，延迟发芽。此外，花芽萌动前树体均匀喷施 1% 的生理盐水，可提高树体自身的抗冻能力，预防花期霜冻。

② 利用腋花芽结果。腋花芽较顶花芽萌发和开花都晚，有利避开晚霜。

③ 涂白。春季主干和主枝涂白可以减少对太阳热能的吸收，可延迟发芽与开花。如早春用 7% ～ 10% 石灰液喷布树冠，可使花期延迟 3 ～ 5d。

④ 应用植物生长调节剂。使用植物生长调节剂可延迟萌芽和开花，例如用 250 ～ 500mg/L 的萘乙酸钾盐溶液或 500 ～ 2000mg/L 的青鲜素在花芽膨大期喷洒树冠，可以推迟花期 3 ～ 5d。

（2）改善果园的小气候

① 加热法。加热防霜是现代防霜较先进而有效的方法。在果园内每隔一定距离放置一加热器，在发生霜冻前点火加温，下层空气变暖而上升，而上层原来温度较高的空气下降，在果树周围形成一个暖气层。

② 吹风法。辐射霜冻是在空气静止情况下发生的，利用大型吹风机增强空气流通，将冷气吹散，可以起到防霜效果。

③ 熏烟法。在最低温度高于 −1℃和无风的情况下，可在果园内熏烟。熏烟能减少土壤热量的辐射散发，同时烟粒吸收湿气，使水气凝成液体而放出热量，提高气温。一般以碎柴、杂草、锯末、糠壳等为燃料。根据当地气象预报，有霜冻危险的夜晚温度降至 3℃时即可点燃，并控制浓烟使烟雾覆盖在果园内的空间，一般每亩果树可设 4 ～ 5 个发烟点，每堆用料 15 ～ 20kg，并将其设在上风口。

④ 人工降雨、喷水。降霜前利用人工降雨或喷雾向树体喷水，水遇冷凝结放出潜热，并可增加湿度，减轻冻害。

（3）加强综合栽培管理技术，增强树势，可以提高抗霜冻的能力。

三、抽条

1. 抽条的概念和表现

幼树在冬春之际枝干失水过多造成皱皮和干枯的现象，称为抽条，也叫冻旱。主要发生在我国东北、华北北部、西北、西藏以及山东北部，是当前北方干寒地区果树生产中存在的重要问题。苹果、梨、桃、葡萄、无花果、核桃、板栗、柿都有发生。1 ～ 5 年生幼树尤为严重，受害程度随树龄增大而减轻。

轻度抽条造成枝条外皮皱缩，但可随气温的升高而恢复。严重抽条主要发生在气温回升、干燥多风、地温尚低的 2 ～ 3 月，受害较重者枝干抽干，恢复困难。

2. 预防抽条的途径

① 选栽抗抽条能力强的树种和品种。

② 土壤结冻前灌足冬水，可以使果树充分吸收水分，防止生理干旱，对减少抽条和缩短抽条长度大有好处。在 2 ～ 3 月浇一次早春水，可以防止春旱，同时可以利用水分放出的潜热，促使土壤提前解冻，以利于根系吸收水分，及早补充树体内水分的亏损，防止春季抽条的发生。

③ 控制后期施氮肥、灌水，果园避免间作秋季需肥水多的大白菜、萝卜等，促使新梢

在越冬前及时停止生长，增加树体贮藏营养，增强其越冬性。

④ 营造防护林带，改善果园小气候，减轻抽条影响。

⑤ 对于新栽的幼龄果树，可在冬季将树体轻轻按倒在地面上，使根际上部一段呈弓形弯曲，然后覆盖 15 ～ 20cm 厚的湿土。既可以减少树体水分的蒸发，又能起到保温防寒的作用。对于较大不能弯曲的果树，可采取培埂方法，即在树干北面培起高 60cm 以上的月牙形土埂，以改变树体周围的小气候条件，提高地温，缩短土壤结冻期，使根系及时吸收水分，减轻或防止抽条。

⑥ 用作物秸秆或塑料薄膜等将幼龄果树的枝干包扎起来，也可以减少水分蒸发和寒风侵袭，对防止抽条有良好效果。

⑦ 在早春对树体喷涂高脂膜、石蜡乳剂、聚乙烯醇、羧甲基纤维素等保护剂，减少枝条水分蒸发。

四、日灼

1. 日灼的概念及其表现

日灼主要是指果树在其生长发育期间，由强烈日光辐射增温所引起的果树器官和组织灼伤，又称日烧或灼伤。日灼分夏季日灼和冬季日灼两种类型。夏季日灼常在干旱天气条件下发生，主要危害向阳的果实和枝条皮层。果实日灼处表现淡紫色或浅褐色干陷斑，严重时果皮曝裂，枝条日灼使皮层裂开或被灼伤。夏季日灼是由高温和生理干旱的综合危害所造成。由于温度高，水分不足，蒸腾作用减弱，致使树体温度难以调节，造成枝干的皮层或果实的表面局部温度过高而被灼伤，严重者引起局部组织死亡。

冬季日灼多发生在寒冷地区果树向西南面的主干和大枝上。由于冬春白天太阳照射枝干温度升高到 0℃以上，使处于休眠状态的细胞解冻，而夜间温度骤然下降到 0℃以下，内在冻结。如此反复冻融交替使皮层细胞受破坏。开始受害时树皮变色横裂成块斑状，为害严重时韧皮部与木质部脱离。急剧受害时，树皮凹陷，日灼部位逐渐干枯、裂开或脱落。苹果、梨、桃、葡萄等树种都易发生日灼，但品种间有较大差异。

2. 预防日灼的措施

（1）涂白和保护　树干涂白可以反射阳光，缓和树皮温度的剧变，我国北方普遍采用。此外，树干缚草、涂泥以及培土等也可防止日灼。

烟台果树研究所在预防苹果树枝干日灼上采用涂白效果较好。具体方法是用 100kg 水、54kg 滑石粉、1kg 石硫合剂原液、3.2kg 玉米面配成滑石粉涂白剂，在 10 月末至 11 月上旬和 6 月中下旬用小刷子涂抹树干及其分枝主轴。通过涂白反射日光，降低枝干南面树皮温度，对防止日灼有明显效果。而且，滑石粉涂白剂比石灰涂白剂的黏着力强而持久，不易剥落，且成本低廉，预防日灼效果更好。

（2）注意树冠管理　为防止枝干日灼，应降低干高、多留辅养枝、避免枝干光秃裸露。较大锯口、伤口涂白油漆防止失水。为防止果实日灼，应尽量在树冠内部结果，阳面果实多留在有叶片遮盖处，必要时可以套袋；对于晚红葡萄，除套袋外，在袋外还可用报纸打伞，以防其果实日灼。

（3）加强综合管理　生长季应防止干旱，避免各种原因造成叶片损伤。冬旱地区应在土壤结冻前灌冻水。树盘覆盖地膜时，距根颈周围 10cm 适当培土，以防产生高温灼伤根颈。

五、雹灾

1. 雹灾的概念及表现

雹灾是果树经过冰雹袭击后所造成的损害，主要发生在晚春以及夏季，又以夏季发生居多。果树受灾后，轻者树势被削弱，造成减产，果品质量大幅度降低，严重者叶片和果实被打落，树体被打伤，当年绝收，第二年无果，并大量诱发腐烂病。

2. 预防冰雹的措施

（1）建园规划　经常发生冰雹灾害的地区多在山区、植被覆盖差、夏季迎风的地段，因此在果园选址时要尽量避开这些地区，以降低冰雹灾害发生的频率。

（2）搭建防雹网　防雹网是目前最有效的防雹措施。果园可提早架设防雹网，尤其是屋脊面半自动或全自动智能防雹网，阻挡雹粒冲击，保护树体和果实。防雹网要在 5 月前及早展开，11 月底前收卷，避免下雪损坏。

（3）果实套袋　果实套袋具有一定的防雹作用。其原理是充分利用果袋的缓冲作用，避免或减轻果实受损。据调查，在雹灾严重到好果率为零的情况下，套袋与不套袋相比，残果率低 9.9 个百分点，仍有 5% 好果，明显减轻了损失。

（4）科学夏季修剪　在雹灾易发区，夏季修剪时适当多保留枝叶，适度增加枝叶密度，减轻雹灾危害。

（5）高空防雹　目前有高射炮和火箭炮两种。利用火箭或高射炮把带有催化剂（碘化银）的弹头射入冰雹云的过冷却区，对云层施加影响，阻止云中的水滴形成雹粒，达到防雹效果。

3. 灾后补救措施

（1）清理果园，减少病源　及时清理果园中的残枝、落叶和落果，并疏除或剪截砸折的各类受伤枝条，尽量多地保留树体叶片。

（2）喷施杀菌剂　每隔 10 ～ 15d 喷 1 次杀菌剂（如菌毒清、多菌灵等），连喷 2 次，以减少病源，预防病菌侵入。

（3）疏松土壤，养根壮树　雹灾后土壤通透性变差，地表温度偏低，根系生长受到影响，因此要及时中耕松土，增加土壤的通透性。

（4）追施肥料，恢复树势　一是叶面喷肥，每隔 10d 喷 1 次 0.3% 磷酸二氢钾，连喷 2 ～ 3 次，可及时解决树体营养不足的问题；二是地下追施氮磷钾复合肥，增加树体营养，促进树势恢复。

（5）保护伤口　及时剪除被冰雹砸伤后翘起的烂皮，涂抹 843 康复剂等药剂，提高伤口的愈合能力；对一些雹伤面积较大的疤痕，涂抹药剂的同时，用塑料包扎伤口，以利伤口愈合。

（6）果实管理　灾后及时疏除雹伤严重的残次果，以节省养分，使树势尽快恢复。

复习思考题

1. 建园时平地果园如何进行规划设计？
2. 授粉树应具备哪些条件？
3. 高纺锤形苹果树应如何进行整形修剪？
4. 果园生草有哪些好处？
5. 果树常用的施肥方法有哪些？
6. 果实套袋有哪些优点？
7. 如何预防果树的冻害？

第三章

仁果类果树栽培

目的要求　了解生产中苹果和梨常用品种及其特点；掌握苹果和梨树周年栽培管理技术。

学习要点　苹果常用品种及特点；苹果周年生产技术；梨常用品种及特点；梨周年生产技术。

技能要点　苹果和梨树生长期修剪；苹果和梨疏果；苹果套袋；苹果和梨施肥；苹果和梨树休眠期修剪。

职业素养　自主创新精神；爱国情怀；工匠精神；分析问题和解决问题的能力。

第一节　苹果栽培技术

一、苹果主要品种

目前，我国生产上栽培的主要苹果优良品种可参考表 3-1。

表 3-1　苹果主要品种及其性状表

品种名称	来源	平均单果重 /g	形状与色泽	成熟期	其他特性
藤牧 1 号	美国	200	圆形或长圆形，底色黄绿，果面有红晕、红条纹或全红	7 月下旬 8 月初	萌芽力强，成枝力中等，早果，丰产性好。有采前落果现象，货架期较短
美国 8 号	美国	240	近圆形，底色乳黄，果面浓红色	8 月中下旬	萌芽力中等，成枝力较强，采前落果轻微，较抗病，品质佳。有腋花芽结果习性
珊夏	日本	180	短圆锥形，底色黄绿着鲜红色	8 月上旬	丰产性好，较耐贮藏

续表

品种名称	来源	平均单果重/g	形状与色泽	成熟期	其他特性
津轻	日本	175	近圆形，底色黄绿，果面被红色粗条纹	8月中旬至9月上旬	萌芽率高，成枝力强，结果早。耐贮性差，采前落果重，宜分批采收。有果锈
锦绣海棠	中国	50	长圆锥形，果皮底色淡黄，面色为鲜红色	9月上旬	短枝结果为主，具有较强的连续结果能力。低洼地、坡地、盐碱地不适合栽植
红王将	日本	350	长圆形，全面着鲜红色条纹	9月下旬	品质极上，抗裂果病、炭疽病、早期落叶病、霉心病
新嘎啦	新西兰	150	卵圆或短圆锥形，底色黄绿，全面着鲜红霞	9月中下旬	耐贮藏，优系有烟嘎1号、烟嘎2号、陕嘎1号和早红嘎拉
金冠	美国	200	圆锥形，金黄色，阳面有红晕	9月中下旬	早果丰产，易生果锈，易皱皮
乔纳金	美国	220	圆锥形，底色绿黄至淡黄色，有鲜红霞和不明显的断续条纹	10月上旬	易感染白粉病、轮纹病，易受叶螨及苹果瘤蚜为害，苦痘病较重
华红	中国	200	圆锥形或近圆形，底色绿黄，被鲜红色彩霞或全面鲜红色	10月上旬	优质，晚熟，耐贮，抗性强。采前落果轻
望山红	中国	260	长圆形或近圆柱形，果面着鲜红条纹，颜色艳丽	10月上旬	果实硬度大，耐贮藏，风味好，无锈斑
维纳斯黄金	日本	247	长圆形，部分果实果底五棱凸起，果皮为黄色或黄绿色	10月下旬至11月上旬	萌芽力、成枝力均强，易成花。果实耐运储。抗寒、抗病力强
乐淇	新西兰	88	果实小，果面鲜红色，带有黄绿色亮点	10月上旬	树势旺盛，成花能力强，一年生枝上有大量的腋花芽，抗寒能力较强
长富2号	日本	274	长圆形或近圆柱形，果面着鲜红条纹，颜色艳丽	10月上中旬	果肉硬，耐贮藏，风味好
王林	日本	190	长卵圆形，果面黄绿色，阳面有红晕	10月下旬	萌芽率中等，成枝力强，早果，较丰产。易感染斑点落叶病和黑星病，幼旺树易患苦痘病
瑞香红	中国	197.3	果实长圆柱形，高桩，果面鲜红	10月下旬	果实极耐贮藏，适应性强，抗炭疽病、白粉病、褐斑病等
寒富	中国	250	短圆锥形，底色黄绿，全面着红色	10月中旬	短枝率79.8%。进入结果期早，耐贮性强
粉红女士	澳大利亚	160	果实近长圆形，高桩，果面鲜红、无锈	11月上旬	早果，丰产。果实耐日灼，病害少。极耐贮藏

二、苹果周年生产管理技术

1. 早春萌芽前管理

（1）树下管理

① 清园。春节过后，对未进行翻耕的果园，及时清除园中的落叶、杂草，以减少越冬病虫害的基数。

② 追萌芽肥。为促进萌芽整齐，萌芽前可追施化肥，以氮肥为主。一般 1 ～ 2 年生苹果树，每株追施 50g 左右；3 ～ 4 年生树，每株追施 50 ～ 100g；5 ～ 6 年生树，每株追施 150g 左右；盛果期大树，每株追施 250 ～ 500g。

③ 春季灌水。北方地区春旱现象严重，要根据降水情况及时灌水，能促进春梢生长、叶片肥大，有利于坐果，并能延迟花期 2 ～ 3d，可以减轻倒春寒、晚霜的危害。

④ 穴贮肥水。对丘陵山地、河滩荒地及干旱少雨地区进行地膜覆盖穴贮肥水。

⑤ 果园覆盖。在山地、旱地、沙荒地、薄地及季节性盐碱严重的果园适宜采用有机覆盖。旱作果园和幼龄果园可采用地膜覆盖。辽宁大连部分苹果主产区也有应用砂石覆盖法。

（2）早春树体管理

① 病虫害防治。一是及时刮除大枝、树干上的轮纹病瘤、病斑及腐烂病和干腐病病皮，并涂抹腐植酸铜水剂或腐必清、农抗 120、843 康复剂等杀菌消毒。二是在 4 月上中旬，喷一次 5°Bé 石硫合剂。

② 刻芽和环割。萌芽前对需要发枝的部位进行刻芽或环割，使之发枝（图 3-1）。生产上当年生枝用钢锯条或刻芽器，多年生枝用手锯效果较好。对于红富士旺树环割 1 次，促花效果不明显的，可于 1 周后在距原环割部 10 ～ 20cm 处再割 1 圈，或采用多道环割，即在枝条上每隔一定距离环切 1 圈，促进效果会比较明显。

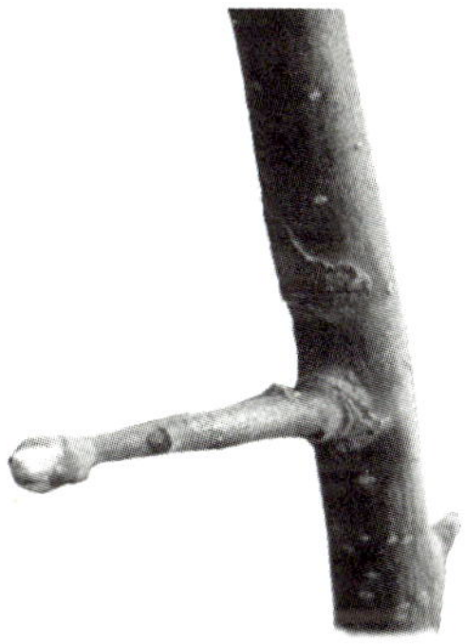

图 3-1 刻芽效果

2. 萌芽开花期管理

（1）花前复剪　在能够辨认出花芽、叶芽，即萌动期到现蕾期，甚至到初花期时进行。疏剪密生和瘦弱花芽。复剪时一般是先剪老树和成龄树，后剪幼树和初结果树；先剪花量大的树，后剪花量小的树。对于生长势偏弱、花量过大的大年树，要做到因树定产、因枝定花，适当调整树体负担量。

刻芽与抹芽

（2）抹芽与除萌　在嫩芽刚吐出不久，用手抹除新定植幼树整形带以下的芽和拉平枝背上萌发的芽，可减少无用养分的消耗，有利于骨干枝的培养。除萌是用手掰除或剪除剪锯口或主干上发出的萌蘖，它可以减少营养消耗，有利于上部枝条的生长发育（图 3-2）。

苹果疏花技术

（3）疏花　在花蕾分离至开花前进行，按 20 ～ 25cm 留下 1 个位置适宜的花序，在花蕾分离期，每个花序留中心花和 1 ～ 2 朵边花。应用疏花技术时要求园内合理授粉树配置，并有足够的蜜蜂、壁蜂进行授粉或能人工辅助授粉；树势健壮，花芽饱满，花器正常，无低温伤害和病虫害；冬季细致修剪，花、叶芽比例合理，枝组中庸健壮。

（4）授粉　在开花期，人工辅助授粉或果园释放蜜蜂、壁蜂授粉，以提高坐果率。规模化果园可采用无人机授粉。

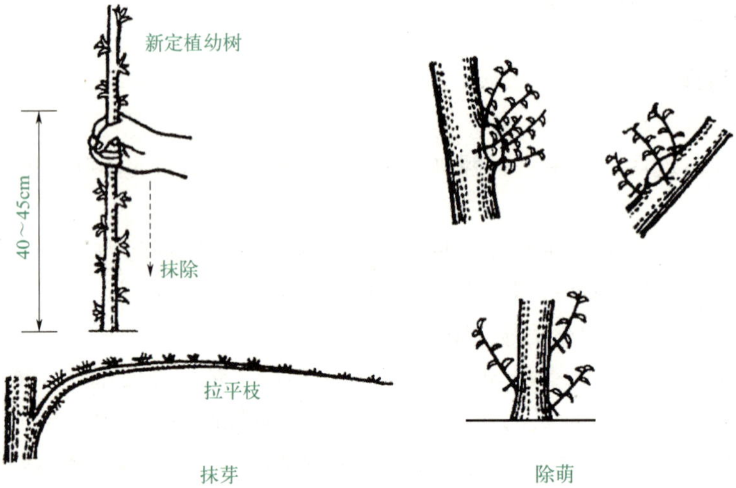

图 3-2　抹芽与除萌

（5）应用生长调节剂和矿质元素　花期喷 0.1% ～ 0.3% 的硼砂溶液、喷高桩素或普洛马林 500 ～ 800 倍液，中庸树、弱树花后喷 0.3% 尿素均可提高坐果率。果树促控剂 PBO 亦有类似的作用。

图 3-3　环剥

（6）盛花期环剥　盛花期环剥可提高坐果率，但环剥宽度要窄些（图 3-3）。对元帅系等品种，树皮愈合能力差而导致出现死枝、死树的，剥后要用纸条缠上，以利愈合。

（7）追肥　对幼树、初果期树、小年树以及衰弱树应于花芽萌动前后和花期前后追肥，如 1 ～ 2 年生苹果树，每次每株追肥 50g 左右，3 ～ 4 年生树 50 ～ 100g，5 ～ 6 年生树 150g 左右，大树 250 ～ 500g 之间。花后每 7 ～ 10d 喷一次 300 倍氨基酸钙或速效钙，连喷 2 ～ 3 次。

3. 果实膨大期管理

（1）疏果　疏果要确定果园目标产量，一般每亩以 2000 ～ 3000kg 为宜，最多不超过 4000kg。在谢花后 10d（5 月中旬）进行第一次疏果，只留单果；谢花后 4 ～ 5 周（6 月上中旬）进行第二次疏果。苹果一般留果标准见表 3-2。

表 3-2　苹果花果间距及留果方法

项目	乔化砧树		矮化中间砧树及短枝型树	
果实类型	中型果品种	大型果品种	中型果品种	大型果品种
花果间距 /cm	15 ～ 25	20 ～ 30	15 ～ 20	20 ～ 25
留果方法	留单果为主，结合留双果为辅	留单果	留单果	留单果

疏果时应根据品种开花早晚、坐果率高低，先疏开花早、坐果率低的品种，通常可按元帅系、乔纳金系、王林、津轻、金冠系、富士系等品种依次进行；同一品种内，先疏大树、弱树和花果量多的树。选留下垂状态果和侧生果枝弯曲下垂果。在一株树上疏果的顺序是先上部后下部，先内膛后外围。

苹果树疏果

（2）果实套袋　套袋前严格进行疏花定果，并浇一次水。富士系品种为较难着色的红色品种，要求着色面大，着色均匀，色调鲜艳，果面光洁，一般选择双层纸袋；元帅系品种可选遮光单层袋或低档双层袋。套袋苹果在病虫害防治上，除果园常规病虫害防治外，谢花后 7 ～ 10d 喷一次保护性杀菌剂，套袋前 2 ～ 3d 全园细致喷一次杀虫杀菌剂。

（3）新梢管理

① 叶面喷肥。进入 5 月份以后，结合树上喷药适时进行叶面喷肥。具体可参考表 3-3。

表 3-3 苹果树叶面喷肥表

种类	浓度 /%	时期	主要作用
尿素	0.3 ～ 0.5	开花到采果前	提高产量，促进生长发育
硫酸铵	0.1 ～ 0.2	同上	同上
过磷酸钙	1.0 ～ 3.0（浸出液）	春梢停止生长后	有利于花芽分化，提高果实质量
草木灰	2.0 ～ 3.0（浸出液）	生理落果后、采果前	同上
氯化钾	0.3 ～ 0.5	同上	同上
硫酸钾	0.3 ～ 0.5	同上	同上
磷酸二氢钾	0.3 ～ 0.5	同上	同上
硫酸锌	3.0 ～ 5.0	发芽前	防治小叶病
	0.2 ～ 0.3	发芽后	同上
硼砂	0.2 ～ 0.5	4 ～ 6 月	防缩果病
硫酸亚铁	0.1 ～ 0.4	4 ～ 9 月	防治缺铁病，提高光合能力

② 应用生长调节剂。5 月下旬或 8 月中旬，对生长旺盛的果树，喷布 250 倍 PBO，可抑制新梢生长，促进花芽分化。

③ 夏季修剪。及时疏除过密新梢、背上徒长枝。对当年新梢在旺长时连续 2 ～ 3 次摘心，可促进成花，培养枝组，控制旺长；对延长枝摘心，可加速扩大树冠；对秋梢进行基部摘心，可促进形成中、短枝，控制大条；对竞争枝、直立枝摘心，可改造为枝组，有利于成花。对于初果期的树和营养生长旺盛花芽较少的树，在新梢旺长期环剥可以促进花芽分化，环剥宽度和深度，以环剥后 20 ～ 30d 内能愈合最好。

④ 土肥水管理。对未覆盖的果园，要搞好果园中耕、除草，也可用化学除草剂喷杀。进入 7 月份以后如果长期未降水，要结合天气状况进行浇水、松土。在旱地、坡地、瘠薄地，利用铡碎的麦秸、杂草等覆盖树冠下或全园覆盖。覆草前对土壤进行深翻、中耕，时间宜在雨季之前进行。地下水位较高的果园，地下水位上升到 1m 时，即为暗涝，应注意挖沟排水。

苹果疏梢

在果实膨大期和花芽分化期追肥，可促进果实增大、提高产量，有利于花芽分化和枝条成熟。根据近几年实践经验，早中熟品种在 6 月中下旬，晚熟品种在 7 月底进行为宜。此次施入全年 20% 的追肥，要氮、磷、钾肥配合施用，并以钾肥为主。

⑤ 病虫害防治。苹果园可通过悬挂杀虫灯、黄板、性诱剂等来诱杀害虫。此外，要进行化学防治。5 月上中旬落花后 7 ～ 10d，全树喷 70% 甲基硫菌灵可湿性粉剂 1000 倍液，或 3% 多抗霉素水剂 500 倍液、48% 毒死蜱乳油 1500 倍液、20% 四螨嗪净悬浮剂 2000 倍液防治轮纹病、金纹细蛾、叶螨等；6 ～ 7 月喷 25% 的灭幼脲悬浮剂 2000 倍液防治金纹细蛾，喷施 2.5% 溴氰菊酯乳油 1500 ～ 2500 倍液防治卷叶虫，喷施 20% 甲氰菊酯乳油 1500 ～ 2000 倍液，

防治桃小食心虫。6 月中旬以后每隔 10 ～ 20d 喷一次甲基硫菌灵、多菌灵、福美甲胂等杀菌剂，防治轮纹病、炭疽病、黑红点病等。上述药剂应交替使用。

4. 果实成熟期管理

（1）果实增色技术　一般红色中熟及中晚熟品种如新红星、新乔纳金采前 10 ～ 20d 除袋，红色晚熟品种采前 20d 左右除袋较为合适。黄绿色品种及塑膜袋可连袋采收，装箱时解袋。除袋后立即铺反光膜（图 3-4）。除袋后 1 ～ 2d 开始适量摘叶（图 3-5）。除袋后 15d 左右进行转果（即阳面上足色以后）（图 3-6），为了防止果面摘袋后出现枝叶磨伤，可将泡沫胶带裁成大小不等的小方块，粘在与果实接触的枝条上，将果实垫起来，以防止果实磨伤（图 3-7）。

图 3-4　**铺反光膜**

图 3-5　**摘叶**

图 3-6　**转果**

图 3-7　**垫果**

此外还可使用增色剂来增色，如氨基酸复合微肥、光合微肥、稀土微肥等。据汪景彦报道，采前 20 ～ 40d 内喷 2 ～ 3 次增红剂 1 号 1500 ～ 2000 倍液，对苹果增红效果十分显著，不但着色提前 7 ～ 10d，而且果面光洁、鲜红艳丽。PBO 也是生产上常用的增色剂。

（2）土肥水管理　继续坚持雨后除草、松土工作；雨季注意防洪排涝，山地防止暴雨冲刷，毁坏梯田埝埂，平地防止积水浸泡果树。继续做好果园覆草工作，或积草沤制、高温堆肥等工作。对高秆（茎）绿肥进行刈割掩青，培肥土壤。

为了促进果实着色，提高果实品质，果实生长期要适当控制氮肥施用量；果实成熟期间要控制水分，避免果实含糖量降低，影响着色；8 月份喷洒 0.2% ～ 0.3% 的磷酸二氢钾，可减少元帅系的红星、红冠、新红星等品种采前落果约 50% ～ 60%。适当增加钙肥施用量，可有效提高果实含糖量，增强果实贮藏期间的抗性。

（3）果实采收与采后处理　果实采收前，去掉反光膜面上的树枝、落果、落叶等，小心揭起反光膜，卷叠起来，用清水漂洗晾干后，放入无腐蚀性室内，以备下年使用。

对苹果实行分期分批采收。采收选择晴天进行，如被迫在雨雾天采收，采收后应将果实在通风处晾干。操作时要轻摘、轻装、轻卸，以减少碰、压伤等损失。注意保护果梗。对于红富士等果梗较长的果，要用采果剪将果梗剪到梗洼深处，以免果梗磨伤果肩和刺伤周围的果。分批采收时，第一批先采树冠上部和外围着色好、果个大的果实。5～7d 后同样采着色好的果实，再过 5～7d 采收其余部分。同一株树上，也要按先外后内、由近及远的顺序进行采收。

果实采后要严格进行商品化处理。将收获的苹果，根据其形状、大小、色泽、质地、成熟度、机械损伤、病虫害及其他特性等进行分级。具体分级标准可参考苹果外观等级标准（NY/T 439—2001）（表 3-4）进行人工或机械分级。

表 3-4　苹果外观等级规格指标

项目		特等	一等	二等
基本要求		充分发育，成熟，果实完整良好，新鲜洁净，无异味、不正常外来水分、刺伤、虫果及病害，果梗完整		
色泽		具有本品种成熟时应有的色泽，苹果主要品种的具体规定参照表 3-5		
单果重 /g		苹果主要品种的单果重等级要求见表 3-6		
果形		端正	比较端正	可有缺陷，但不得有畸形果
果梗		完整	允许轻微操作	允许损伤，但仍有果梗
果锈①	褐色片锈	不得超出梗洼和萼洼，不粗糙	可轻微超出梗洼和萼洼，表面不粗糙	不得超过果肩，表面轻度粗糙
	网状薄层	不得超过果面的 2%	不得超过果面的 10%	不得超过果面的 20%
	重锈斑	无	不得超过果面的 2%	不得超过果面的 10%
果面缺欠②	刺伤	无	无	允许干枯刺伤，面积不超过 0.03cm^2
	碰压伤	无	无	允许轻微碰压伤，面积不超过 0.5cm^2
	磨伤	允许轻微磨伤，面积不超过 0.5cm^2	允许不变黑磨伤，面积不超过 1.0cm^2	允许不影响外观的磨伤，面积不超过 2.0cm^2
	水锈	允许轻微薄层，面积不超过 0.5cm^2	轻微薄层，面积不超过 1.0cm^2	面积不得超过 2.0cm^2
	日灼	无	无	允许轻微日灼，面积不超过 1.0cm^2
	药害	无	允许轻微药害，面积不超过 0.5cm^2	允许轻微药害，面积不超过 1.0cm^2
	雹伤	无	无	允许轻微雹伤，面积不超过 0.8cm^2
	裂果	无	无	可有 1 处短于 0.5cm 的风干裂口
	虫伤	无	允许干枯虫伤，面积不超过 0.3cm^2	允许干枯虫伤，面积不超过 0.6cm^2
	痂	无	面积不得超过 0.3cm^2	面积不得超过 0.6cm^2
	小疵点	无	不得超过 5 个	不得超过 10 个

① 只有果锈为其固有特征的品种才能有果锈缺陷。

② 果面缺欠，特等不超过 1 项，一等不超过 2 项，二等不超过 3 项。

表 3-5 苹果主要品种的色泽等级要求

品种	特有色泽	最低着色比例 /%			品种	特有色泽	最低着色比例 /%		
		特等	一等	二等			特等	一等	二等
元帅系	浓红或紫红	95	85	70	嘎拉系	红色	80	70	55
富士系	片红或条红	90/80	80/70	65/55	乔纳金系	浓红或鲜红	80	70	55
寒富	浓红或鲜红	90	80	65	津轻系	红色	80	70	55
华冠	鲜红	90	80	65	国光	暗红或浓红	70	60	50
秦冠	暗红	90	80	65	金冠系	绿黄	表现出其固有色泽		
秋锦	暗红	90	80	65	王林	黄绿或绿黄			

注：1. 本表中未涉及的品种，可比照表中同类品种参照执行。

2. 提早采摘出口和用于长期贮藏的金冠系品种允许淡绿色，但不允许深绿色。

表 3-6 苹果主要品种的单果重等级要求　　单位：g

品种	特等	一等	二等	品种	特等	一等	二等
元帅系	≥ 240	≥ 220	≥ 200	金冠系	≥ 200	≥ 180	≥ 160
乔纳金系	≥ 240	≥ 220	≥ 200	华冠	≥ 200	≥ 180	≥ 160
富士系	≥ 240	≥ 220	≥ 200	津轻系	≥ 200	≥ 180	≥ 160
王林	≥ 200	≥ 180	≥ 160	秋锦	≥ 200	≥ 180	≥ 160
秦冠	≥ 200	≥ 180	≥ 160	嘎拉系	≥ 180	≥ 150	≥ 120
寒富	≥ 200	≥ 180	≥ 160	国光	≥ 180	≥ 150	≥ 120

分级后，对未套袋果实用清水采用浸泡、冲洗、喷淋等方式水洗或用毛刷等清除果实表面污物、病菌，使果面卫生、光洁。清水未能洗净的果实可用 0.1% 的盐酸溶液洗果 1min 左右，再用 0.1% 的磷酸钠溶液中和果面的酸，后用清水漂洗。

清洗晾干后用石蜡类、天然涂被膜剂或合成涂料在果面上涂一层半透性薄膜的果蜡。数量较少时，可采用人工涂蜡法，即将果实浸蘸到配好的涂料中，取出即可，或用软刷蘸取涂料均匀抹于果面上，苹果数量较大时，采用涂蜡分级机进行，可同时完成清洗、分级、打蜡三项工作。

经过分级、清洗、打蜡等处理以后就要进行苹果包装。销售包装包括普通包装和装潢包装两种，目前以前者为主。随着苹果商品化程度的提高，果园经营者应一方面注重生产技术中的品牌和诚信意识，另一方面应在外观品牌上形成鲜明的特色，精心设计包装，注重产品形象，强化市场意识，提高竞争能力。

5. 秋季果园管理

（1）修剪及叶片保护　对生长旺而枝条密的幼树或大树，在新梢停长后 20d 左右到落叶前 30 ～ 40d 可进行秋季修剪。主要疏除无用徒长枝、过密枝，并进行拉枝、吊枝，以改善通风透光条件。

苹果采果后要连续喷 1 ～ 2 次杀菌剂、叶面肥，可显著延长叶片的功能期，提高光合效率，以利果树越冬和第二年生长结果。秋后及时喷布 0.5% 尿素、0.3% 磷酸二氢钾，尤其幼树喷磷酸二氢钾可防抽条。

（2）秋施基肥　中熟品种采收之后和晚熟品种采收之前施入基肥，即一般在8月下旬到9月上旬为好。施肥量以产量而定，一般按每生产100kg苹果施150～200kg优质腐熟的农家肥计算，同时可混加少量的速效肥和过磷酸钙等。可采用沟施或撒施两类方法。撒施时将肥料撒在距树干50cm以外的树冠下，然后翻耕20cm深，此种方法对恢复树势具有较好效果。

（3）彻底清园，翻耕树盘　落叶后或11月下旬，认真清园、刮老树皮、剪枯枝、病虫枝、除杂草，然后集中烧掉或挖坑深埋。对枝干有虫蛀口的，要用药泥堵塞。翻耕树盘可结合施基肥进行，果园土壤条件好的沙壤土、壤土，可在树冠下深刨20～25cm，翻后及时浇水保墒，保持土壤肥沃。

（4）预防自然灾害　对冬前大多不能自然落叶的幼树，可在9月底10月初人工去除新梢上的叶片；加强大青叶蝉的防治；在果树落叶后到土壤结冻前，灌封冻水。在落叶后或入冬前，采取树干涂白、绑草、根颈处培土，树上喷布萘乙酸甲盐（250～500mg/kg）溶液或顺丁烯二酸，冬剪伤口涂封剪油等保护措施，防止霜冻、抽条、冻害、日灼等自然灾害。

6. 休眠期修剪

苹果的树形很多，生产上主要根据砧穗组合、栽植密度、立地条件和栽培技术四方面综合来选择适宜的树形。常用的有小冠疏层形，自由纺锤形，细长纺锤形以及高纺锤形。

苹果自由纺锤形和细长纺锤形树体结构

（1）幼龄果园的整形修剪　苹果幼龄树的修剪任务是通过对枝条的调整、促进和控制，尽快完成整形任务，并在此基础上增枝、扩冠、转化枝条类型和促花，达到幼树提早结果目的。为此，幼龄期果园的整形修剪要坚持以轻剪为主、轻重结合，夏剪为主、冬夏结合的原则。做到冬剪整形、夏剪促花、春秋剪控旺。冬剪整形，以骨干枝的选用、培养为重点，通过其剪留长度、开张角度平衡树势。在不影响骨干枝的选留和生长，不影响光照和从属关系的前提下，通过缓放、疏枝、回缩等剪法，充分利用各级枝组结果。

（2）成龄果园的整形修剪　进入盛果期的苹果树，修剪的任务是适时控制树冠，改善光照条件；稳定树势，精细修剪枝组。一是当树冠超过该树形规定的高度时，对生长势已缓和的中心领导干落头开心，剪口下留中庸的单轴细长枝作新头，以改善树冠光照和避免树势返旺。二是当行间个别大枝出现搭接时，有计划疏除、回缩行间主侧枝、大侧生分枝及大枝组，使行间保持1.0～1.5m的通道。三是控制树冠上强下弱，注意保持中干优势，当树冠中上部旺枝多、角度小，出现多头领导、上大下小时，及时疏除中上部强大分枝，拉平有用的直立枝、大枝组。另外可通过对小主枝开张角度、增大结果量、疏除主干上近地面分枝等方法保持中干优势。

（3）骨干枝的调整　大枝本着去长留短、去大留小、去粗留细、去密留稀的原则，分期、分批疏除。一般从大年开始疏除。大枝较少时，可一次性去除；大枝较多时，可分三年去除。同时要根据树冠内小主枝的着生位置、发展阶段及长势，及时调整其分枝角度。

（4）枝组的配置　小型枝组有2～5个枝条，轴长30cm以下。中型枝组有5～15个枝条，轴长30～60cm。大型枝组有15个以上的枝条，轴长60cm以上。适宜数量是每株每米骨干枝上平均有8～15个枝组。其中红富士8～10个，新红星12个左右，金冠、青香蕉15个左右，国光12～15个。中冠形树大型枝组不超过全树的10%，枝组姿势以斜生和两侧枝组为好。大型枝组只配备于基层主枝的背下，中小枝组可配备于其他位置。各类枝

盛果期苹果树休眠期修剪

组间应当高低错落、大小相间，保持必要距离，一般大枝组间距约为60cm，中枝组约为40cm，小枝组间距约为20cm。

（5）枝组的培养　结果枝组的培养可采用先放后缩法，即先对枝条轻剪或缓放，形成花芽后回缩。也可采用先截后放法，即先对营养枝短截，翌年去上部强枝，缓放其余枝条。

第二节　梨栽培技术

一、梨主要品种

梨主要优良品种见表3-7。

表3-7　梨主要品种及其性状表

品种名称	来源	平均单果重/g	形状与色泽	成熟期	其他特性
华酥梨	中国	200～250	圆形，黄绿色	8月上中旬	抗风力、抗寒力强，高抗黑星病
早金酥	中国	240	纺锤形，绿黄色	8月上旬	成熟早，结果早，丰产，抗梨苦痘病
早酥梨	中国	250	卵圆形或长卵形，黄绿或绿黄色	8月中旬	除极寒地区外，在华东、西南、西北及华北大多数地区均适宜栽培
京白梨	中国	110	扁圆形，黄绿色，贮藏后变为黄白色	8月中下旬	不耐贮藏
南果梨	中国	75	圆形或扁圆形，果皮黄色，阳面有红晕	9月上旬	抗寒、抗风、抗旱、抗病、抗虫力强
红巴梨	美国	208	粗颈葫芦形，褐红色	9月上旬	树势强旺，萌芽力、成枝力均强。品质佳，但不耐贮藏
鸭梨	中国	125～260	倒卵圆形，果皮绿黄色，贮藏后为黄色	9月中下旬	萌芽力强、成枝力弱。丰产性强。抗旱、抗寒力中等，抗病虫力弱
黄金梨	韩国	250	近圆形，淡黄色	9月中下旬	较耐贮藏。萌芽率低，成枝力弱。适应性强
新高梨	日本	450～500	扁圆形，底色深褐色，套袋之后变为浅褐黄色	9月下旬	丰产，抗病，适应性强
新苹梨	中国	357	卵圆形，黄绿色	9月末	鲜食与加工兼用。早果性、高产性和稳产性突出。较抗黑星病、黑斑病
苹果梨	中国	250	不规整扁圆形，绿黄色，阳面有红晕	9月下旬至10月上旬	适应性及抗寒力强，抗病虫能力弱
尖把梨	中国	126	葫芦形，黄绿色	10月上旬	需后熟。抗寒，较抗病虫。适于鲜食、冻制和加工梨汁
锦丰梨	中国	280	近圆形，黄绿色	9月下旬至10月上旬	品质佳。抗寒力强，抗黑星病，丰产

二、梨周年生产管理技术

1. 休眠期管理

（1）整形修剪　梨整形修剪的基本原则和主要技术可参照苹果，但与苹果相比具有三方面特点。一是根据梨树冠大、极性明显、干性强的特点，以及枝条硬脆、开张角度小的特性，必须重视控制顶端优势，限制树高，重视生长季开张枝条角度，平衡骨干枝长势；二是根据梨萌芽力强而成枝力弱的特点和枝条基部有盲节的现象，为保证早期结果面积，并防止中、后期树势衰弱，应在修剪中适当增加短截量，减少疏枝量，少用重短截，尽量利用各类枝；三是根据多数梨以中、短果枝及短果枝群结果为主的习性，必须注意培养中、大型枝组，精细修剪短果枝群。

① 幼树和初结果期树修剪。幼树和初结果期树枝条直立生长，开张角度小，往往抱合生长，易产生“夹皮角”。因此修剪时注意及时开张枝条角度、缓和极性和生长势，形成较多的短枝。冬季选好骨干枝、延长枝头，进行中度剪截，促发长枝，培养树形骨架。夏季拉枝开角，调节枝干角度和枝间主从关系，促进花芽形成，平衡树势。幼树至初结果期应多培养主枝两侧的中小型结果枝组，增加斜生结果枝组，培养方法以先放后缩法为主。第一年长放不剪，第二年根据情况回缩到有分枝处，或第一、二年均长放不剪，等到第三年结果后再回缩到有分枝处。对于前期轻剪缓放较多，结果部位外移较重的，可采用逐年疏枝、回缩，处理辅养枝，清理乱枝等，保持树冠通风透光，达到小枝健壮的目的。

② 盛果期树修剪。梨枝条一般尖削度较小，形成花芽容易，大量结果后其开张角度往往过大，树势易衰弱，易出现“大小年”结果、果实品质下降、抗性下降、病虫害增加等问题。因此盛果期梨树修剪的主要任务是调节生长和结果之间的平衡关系，保持中庸健壮树势。具体要求是：树冠外围新梢长度以30cm为好，中短枝健壮；花芽饱满，约占总芽量的30%；枝组年轻化，中小枝组约占90%。枝组每年保持大小新旧交替。随着树冠的开张，减少背下、侧背下枝组数量，增加侧背上、背上枝组，但要以中小枝组为主。位置空间不适宜的枝组或更新或疏除，使枝组分布合理、错落有序。盛果期树要及时落头开心，疏除上部过多枝，解决上光。间疏外围密生枝，疏缩辅养枝，疏除影响光照的旺枝，改善内膛光照。疏缩裙枝下垂枝，使下部通风透光。回缩行间碰头枝，解决群体光照。

③ 衰老期树修剪。梨树潜伏芽寿命长，当发现树势开始衰弱时，要及时在主、侧枝前端二、三年生枝段部位，选择开张角度较小、长势比较健壮的背上枝作为主、侧枝的延长枝头，把原延长枝头去除。如果树势已经严重衰弱，选择着生部位适宜的徒长枝，通过短截促进生长，用于代替部分骨干枝。如果树势衰老到已无更新价值，要及时进行全园更新。对衰老树的更新修剪，必须与增加肥水相结合，加强病虫害防治，减少花芽量，以恢复树势，稳定树冠和维持一定的产量。

（2）冬刮树皮，细致清园　冬剪后刮除骨干枝的粗老翘皮，并集中烧毁，消灭在树皮裂缝中越冬的害虫；彻底刮治腐烂病病斑。结合冬剪，疏除病虫枝，摘除病僵果，清扫落叶落果，并全树喷布一次铲除剂。

（3）巧疏花芽　冬剪时可按树龄、树势和立地条件，因地制宜，对大年树疏除过多的花芽。

（4）灌封冻水　土壤封冻前灌水可提高梨抗寒、抗旱能力，有利于树体安全越冬。果园灌水，可消灭大量越冬害虫。

2. 萌芽期管理

（1）清园喷药 萌芽前，全园细致喷布一次 5°Bé 的石硫合剂，黑星病、黑斑病和轮纹病严重的梨园可改喷 40% 腈菌唑乳油 8000 倍液。梨木虱、梨二叉蚜、梨黄粉蚜危害严重的果园，可加喷 90% 灭多威可溶性粉剂 2000 倍液，注意连喷两次。

（2）追肥灌水 上年秋季未施肥的果园，应在早春追肥。在萌芽前 10d 左右施入，以氮肥为主。初果期梨树株施尿素 0.15 ～ 0.2kg，成龄梨树株施尿素 0.5 ～ 0.8kg。若第一年秋施基肥量大，此期可不追肥。

（3）早疏花蕾 在能辨清花芽和叶芽时，开始疏蕾，以集中营养供给所留花芽。方法是，在显蕾期，疏除腋花、次花和病虫花。

（4）捕杀害虫、摘除病芽 梨花芽萌动期是梨大食心虫、梨木虱、梨星毛虫、梨茎蜂、梨实蜂等害虫出蛰盛期，可摘除虫芽、虫梢，或人工捕杀。黑星病初发期，病芽鳞片松散不落，很容易辨别，可及时摘除病芽梢。

（5）灌水防冻 梨花期易发生霜冻的果园，可在临近开花期浇一次透水，减轻霜冻危害。

（6）花前复剪 大年时，对衰弱树上的超长花枝、细弱花枝、过量花枝进行花前复剪，疏掉过多的花芽，更新复壮，有利于优质丰产。

3. 开花至展叶期管理

梨开花与坐果

（1）疏花 疏花从花序分离时开始，直到落瓣时结束。如果采取按距离留果法，每花序留 2 ～ 3 朵边花。

（2）人工授粉 梨园除配置好授粉树外，在初花期应采用蜜蜂或壁蜂传粉、人工辅助授粉确保产量，提高单果重和果实的整齐度。规模化果园可采用无人机授粉技术。

（3）严格疏果 疏果时间以幼果脱去花萼时为宜，疏果可通过叶果比、枝果比、干截面积等来确定。采用叶果比时，一般中小果为（15 ～ 20）：1，大果为（25 ～ 30）：1，西洋梨因叶片较小，为 50：1。枝果比一般为 2.0 ～ 6.0。生产上较为实用的方法是利用干截面积留果数（如库尔勒香梨为 2 ～ 4 个 /cm^2）计算全树留果数，再用间距法具体留果。大中型果 20 ～ 25cm 留 1 个果；中小型果 20cm 留 1 ～ 2 个果。如金花梨、雪花梨每 25cm 留 1 个果，酥梨、早酥梨每 20cm 留 1 个果，鸭梨、栖霞梨等每 15cm 留 1 个果。按照去劣留优的疏果原则，在留果时，尽可能保留边花结的、果柄粗长、果形细长、萼端紧闭而突出的果。同时应留大果、端正果、健康果、光洁果和分布均匀的果。酥梨在定果时，应注意选留萼片脱落的幼果。树冠中不同部位留果，一般后部多留，枝梢先端少留，侧生背下果多留，背上果少留。

（4）巧防病虫 此期是梨大食心虫、梨茎蜂、金龟子等害虫危害期，可通过摘除梨大食心虫危害的虫果和梨茎蜂危害的虫梢，并在花期震树，捕杀假死的金龟子等。结合花期管理，发现黑星病病梢后及时摘除烧毁。梨谢花后喷 3000 倍溴螨酯加 2000 倍溴氰菊酯，防止梨木虱、梨蚜等害虫。结合打药喷 0.3% 尿素，促进生长。

4. 新梢生长及生理落果期管理

（1）果实套袋 于落花后 15 ～ 35d 进行套袋，在疏果后越早越好。若个别品种实施二次套袋，应在落花坐果后先套小袋，30d 后再套大袋。套袋前喷 1 ～ 2 次 80% 的代森锰锌可湿性粉剂 800 倍液加 1.8% 阿维菌素乳油 3000 ～ 5000 倍液。药液干后立即实施套袋。

（2）追肥灌水 此期是梨树多器官养分竞争期，对肥水的要求较高。以氮磷肥为主，氮磷钾混合使用。初果期梨树株施尿素 0.15 ～ 0.2kg，成龄梨树株施尿素 0.5 ～ 1.0kg，氮磷钾按重量比为 1 ∶ 1 ∶ 0.5 施入。施肥后灌水。

（3）夏季修剪　适当疏除影响树体生长发育的徒长枝、竞争枝，并通过拉枝变向等方法缓和树势，促进花芽形成。

（4）防治病虫　此期是梨木虱第 1 代若虫大量孵化期，也是梨星毛虫开始卷叶为害、梨实蜂蛀食幼果、茶翅蝽大量出蛰和梨象甲啃果产卵的高峰期。可于清晨进行人工震树，捕杀害虫，或摘除虫叶虫果，或收集落地虫果，集中烧毁，并配合树上喷药将害虫消灭在暴发之前。可选喷 90% 灭多威可溶性粉剂 3000 倍液加 1.8% 阿维菌素乳油 5000 ～ 6000 倍液。及时摘除病梢病果，并在花后连喷 2 ～ 3 次 68.75% 氰霜唑 · 代森锰锌水分散粒剂 1500 倍液。

5. 新梢停长及花芽分化期

（1）追肥控水　衰弱树应及时追肥灌水，恢复树势；肥水条件较好的果园，应注意适当控制水分，以利花芽的形成。

（2）夏季修剪　此期进行夏季修剪有利于梨树花芽分化。主要方法有拉枝缓放、捋枝变向、环割或环剥，以及喷布多效唑等。

（3）中耕除草　进入夏季，雨水开始增多，配合中耕清除果园杂草。

（4）病虫防治　此期是梨木虱、梨二叉蚜和梨大食心虫、梨小食心虫、梨象甲危害的高峰期，也是梨黑星病大发生初期，除摘除梨大食心虫、梨象甲危害的幼果和梨黑星病病梢病果，集中烧毁外，还可利用糖醋液诱杀梨小食心虫成虫，结合树上喷药防止梨木虱、梨二叉蚜和梨黑星病、黑斑病等。

6. 果实膨大期管理

（1）追肥灌水　果实膨大期以钾肥为主，氮、磷、钾重量比为 0.3 ∶ 1 ∶ 1.5。初果期梨树追肥总量 0.3 ～ 0.4kg，成龄梨树追肥总量 1.0 ～ 1.5kg。

（2）除草压肥　秋季降雨比较频繁，刺激杂草旺长，及时除草压肥，不但可减轻病害的传播蔓延，而且有利于提高果园的有机质含量。

（3）夏季修剪　是对树膛内生长直立的徒长枝、直立强枝继续进行疏除。

（4）防治病虫　果实膨大期是梨黑星病暴发期，也是轮纹病、黑斑病、炭疽病和褐斑病等病害的大发生期，故应密切注意病情预测预报，以防为主，防治结合。此期，梨木虱、梨大食心虫、梨小食心虫、梨网蝽等害虫也进入为害盛期。喷药同时加入磷钾肥进行叶面喷施，可显著增大果个。

7. 果实成熟期管理

（1）根外追肥　果实进入成熟期，对钾和磷的需求量开始增大，及时进行叶面喷布磷酸二氢钾和稀土，可显著改善果实外观品质和内在品质。

（2）预防落果　注意后期控水，避免偏施氮肥，必要时喷布防落素，以及防治蝽象、梨象甲等，或分期分批采收，减轻落果。

（3）秋剪增糖　为促进果实着色（普通梨或红色梨）和提高果实含糖量，除增钾补磷外，还可通过秋剪疏枝清膛，拉枝开角，改善树体光照条件，对提高果品质量大有好处。

（4）防治病虫　同果实膨大期。

8. 采收到落叶前管理

（1）适时采收　果实过早采收，果品质量差；过晚采收，不利于树体贮藏营养，影响来年开花结果。故视树势、产量和市场适时采收十分重要。

（2）秋施基肥　秋季采收后，结合深翻改土进行及时施肥。可以农家肥为主，适量施入无机肥。施用量应达到全年用量的 50%，幼树每株施有机肥 25 ～ 50kg，初结果树按每生产 1kg 梨果施有机肥 1.5 ～ 2.0kg 的比例施用，盛果期梨园每亩施 3000kg 以上，并施入少量的速效氮肥和全年所需磷肥。

（3）叶面补氮　采果后到落叶前，每隔 7 ～ 10d，叶面喷布 100 ～ 150 倍的尿素，对提高树体贮藏营养大有好处。

（4）束草诱虫　采收前于树干上束草，可引诱梨小食心虫、梨木虱、梨星毛虫、叶螨类潜伏越冬和梨黄粉蚜产卵，可在休眠期取草烧毁，消灭害虫。利用蝽象喜欢潜入背风向阳的墙缝、砖缝和房檐等处越冬的习性，可在秋季于果园背风向阳房舍、高墙悬挂麻袋或牛皮纸袋等诱杀蝽象。

（5）晚秋清园　落叶后，清除地表落叶、落果和杂草，集中深埋。如配合冬灌，可大大降低梨园害虫的越冬量。

复习思考题

1. 简要说明适合当地栽培的苹果优良品种有哪些？
2. 苹果园土壤管理制度有哪几种？各有什么优点？
3. 提高苹果果实品质的技术措施有哪些？
4. 高纺锤形苹果树休眠期如何进行修剪？
5. 促进苹果果实着色的技术措施有哪些？
6. 梨树如何进行疏果？
7. 简述梨树秋施基肥的时期及方法。

第四章

核果类果树栽培

- 目的要求　了解生产中桃、李、杏和樱桃常用品种及其特点；掌握桃、李、杏和樱桃树周年栽培管理技术。
- 学习要点　桃常用品种及特点；桃周年生产技术；李、杏常用品种及特点；李、杏周年生产技术；樱桃常用品种及特点；樱桃周年生产技术。
- 技能要点　桃树生长期修剪；桃疏果；桃施肥；李和杏休眠期修剪；提高樱桃坐果率；预防樱桃裂果。
- 职业素养　品牌意识；质量意识；创新思维；知行合一、触类旁通。

第一节　桃栽培技术

一、桃主要品种

桃主要品种及特性参考表 4-1。

表 4-1　桃主要品种及性状表

类型	品种名称	来源	平均单果重 /g	果实形状与色泽	果实生育期 /d	其他特性
普通桃	京春	北京市林果研究所	126	近圆形，果面近全红	62 ～ 65	硬溶质，味甜，成熟后柔软多汁，品质好。丰产，稳产
	春艳	青岛市农业科学研究所	132	近圆形，鲜红色	65	味甜，有香气。采前落果轻，无裂果，耐贮运。自花结实率高，丰产性能好
	美硕	河北省石家庄果树研究所	237	近圆形，鲜红色	75	果实硬度较大，汁液中等，品质好，丰产性强
	早凤王	北京市大兴区大辛庄	250	近圆形稍扁，粉红色条状红晕	75	风味甜而硬脆，汁液多，耐贮运，品质好，鲜食兼加工

续表

类型	品种名称	来源	平均单果重 /g	果实形状与色泽	果实生育期 /d	其他特性
普通桃	大久保	日本	135 ～ 272	近圆形，果面黄绿，阳面有红晕	100	肉质细密，完熟后柔软多汁，味甜，离核，品质好
	丰白	大连市农业科学研究所	350	实圆形，50% 以上果面着红色晕	118 ～ 122	硬溶质，汁液少，风味甜，品质好。丰产性强。花粉量少
油桃	曙光	中国农科院郑州果树研究所	125	长圆形，全面浓红	65	果实风味甜香，果肉硬溶质，裂果少
	艳光	中国农科院郑州果树研究所	105	椭圆形，80% 果面着玫瑰红色	70	软溶质，风味浓甜，有芳香，汁液丰富，纤维中等，粘核
	中油5号	中国农科院郑州果树研究所	166	短椭圆形或近圆形，果皮底色绿白，大部分着玫瑰红色	72	硬溶质，风味甜，可溶性固形物 11%，粘核。花粉多，丰产
	中油4号	中国农科院郑州果树研究所	148	椭圆至卵圆形，果皮底色黄，全面着鲜红色	80	硬溶质，肉质较细。风味甜，可溶性固形物 12%，粘核
	中农金辉	中国农科院郑州果树研究所	140	实椭圆形，果皮底色橙黄，果面全面着明亮鲜红色	85	早熟黄肉甜油桃。硬溶质，粘核，耐贮运。极丰产
	早红2号	美国	160	圆形，果皮底色黄色，果面着红色霞晕	90 ～ 95	自花结实率高、丰产。果肉橙黄色，硬溶质，耐贮运
	红珊瑚	北京市农林科学院植保环保所	152	近圆形，果面全面着鲜红至玫瑰红色，有不明显条斑纹	94 ～ 96	树势旺，幼树结果早，花芽抗寒力强。耐贮运
	中油20号	中国农科院郑州果树研究所	185 ～ 278	圆形，红色	110	果肉硬脆，货架期长，果实极耐贮运。极丰产
蟠桃	早露蟠	北京市农林科学院林业果树研究所	103	扁平形，果实底色乳黄，果面覆盖红晕	68	早熟蟠桃，风味甜美，丰产，易栽培管理
	瑞蟠18号	北京市农林科学院林业果树研究所	155	扁平形，果实底色黄白色，果面近全面着玫瑰红色晕	108	中熟白肉蟠桃，硬溶质。自然坐果率高，丰产
	瑞蟠4号	北京市农林科学院林业果树研究所	220	扁平形，果实黄白带暗红色	134	晚熟蟠桃。树势中庸，花芽形成好，复花芽多，丰产性强
加工桃	黄露	大连市农科所	170	椭圆形，艳黄	92	早熟黄肉大果型品种。树势强健，以中长果枝结果为主。丰产
	丰黄	大连市农科所	130	长卵圆形，阳面着暗紫红色点状红晕	105	中熟罐藏黄桃品种，果肉金黄，硬溶至不溶，加工性能好，品质优良、丰产

二、桃树周年生产管理技术

1. 萌芽前

（1）解除幼树防寒物，清园　对于冬季防寒的果园，当春季土壤解冻后，及时撤去幼树防寒物。结合去除防寒物，彻底清理园地。然后在芽萌动前喷布 3 ～ 5°Bé 的石硫合剂以消灭越冬病虫，防治红蜘蛛、蚜虫、褐腐病、白粉病、炭疽病等。介壳虫发生较重的个别植株和枝干，可以人工用洗衣粉水刷除。

（2）修剪　对于未完成冬季修剪或修剪不到位的果园，继续剪除病枯枝、伤残枝、病果、衰老枝组和潜藏病源的细弱枝等。对于幼树、初果期树和长势较旺树，修剪时注意少剪或不剪花芽，尽量让花芽结果；对于盛果期和衰老期的树可进行花前复剪，在修剪时对树势弱且花芽多的树，剪掉病弱枝芽，疏除密挤枝，更新衰弱枝，适当疏除一些花芽。

（3）拉枝　对于枝条比较脆和比较粗硬的大枝，由于在树液流动后、萌芽前枝条相对比较柔软，所以应及时对骨干枝进行拉枝。

（4）追肥、灌水、中耕　春天土壤化冻后萌芽前 1 ～ 2 周施入萌芽肥，主要以速效氮肥为主，适当配合施一些磷肥和钾肥，氮肥施用量占全年的 1/3。初果期树可以施尿素 0.1 ～ 0.2kg/ 株，硫酸钾复合肥 0.1 ～ 0.2kg/ 株；盛果期树，按产量计算每 100kg 果需氮 0.4 ～ 0.5kg、磷 0.2 ～ 0.3kg、钾 0.5 ～ 0.7kg，即氮、磷、钾之间的比例大致为 2 ：1 ：2。施肥后及时浇足萌芽水，灌水量以能渗入土中 60 ～ 80cm 深为宜。灌水后及时中耕树盘 8 ～ 10cm，以提高地温和保持土壤水分。

对沟渠不畅、排水不良的果园应及早做好清沟筑畦工作。

（5）果园覆草、覆膜保墒　对山地果园或缺水果园，可采用覆草（稻草、麦秸等）或覆膜，保持土壤水分，特别是新栽植的幼树更应该注意保墒，以提高成活率。

2. 萌芽开花期

萌芽开花期期树体营养丰富，树液活动（流动）增快，萌芽、抽枝能力强。此期的生产目标是进行合理的花果管理，实现合理负载，主要技术措施有：

（1）抹芽除萌　萌芽后，尽早进行抹芽，做到抹早、抹小、抹了。主要抹去主干上整形带以下的芽、各级骨干枝延长头附近的竞争芽、剪锯口附近的丛生芽和部分背上有徒长趋势的芽，以及主侧枝上的并生芽、双生芽、过密芽、生长势旺盛的背上芽、生长势弱的背下芽、畸形生长的芽和病虫危害芽，在叶簇期，一般双芽可去一留一（图 4-1）。抹芽时还要注意芽的朝向，考虑树冠内空间的选择和利用。除萌是将主干基部抽生的萌蘖去除。

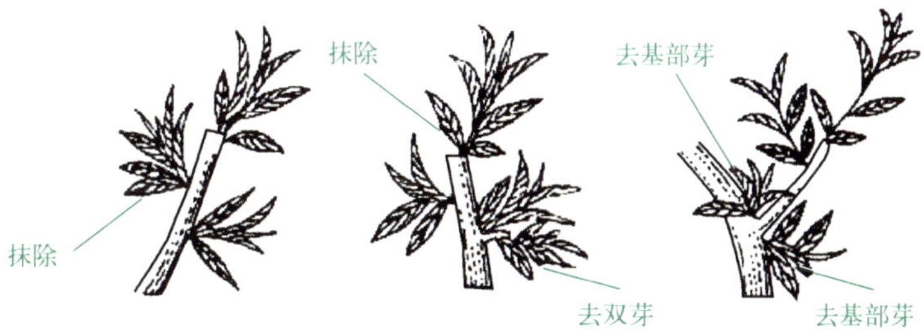

图 4-1　抹芽

（2）疏花　人工疏花时间在大花蕾期至初花期进行。花前疏蕾，疏掉丛蕾留双蕾，疏掉小蕾留大蕾；疏花时先疏基部花、留中上部花，中、上部则疏双花，留单花，预备枝上的花全部疏掉，疏掉瘦小花、朝天花、畸形花、无叶花以及过早和过晚开的花。按照结果枝长短及强弱疏花，强壮长果枝留 6 ～ 8 个花蕾，中果枝留 4 ～ 5 个花蕾，短果枝或花束状果枝留 2 ～ 3 个花蕾。疏花量一般为总花量的 1/3。

注意，疏花要根据天气情况进行，天气好、授粉充分可早疏，低温或多雨，可不疏花或晚疏；花开不整齐可晚疏，成年树可早疏，幼树晚疏。

（3）授粉　一般在花期每 0.3 ～ 0.45 亩桃园放养 1 箱蜂，有较好的授粉效果。亦可在花期每亩放 80 ～ 100 头壁蜂进行授粉。对于没有配置授粉品种或只配置极少量授粉品种的桃园，高接同期开花的授粉品种或挂花枝。高接的比例最少要达到总量的 25% ～ 30%。也可采集授粉品种的花粉，在主栽品种初花期至盛花期进行人工点授、喷粉或装入纱布袋内在树上抖动，一般进行两次即可。

（4）土肥水管理　花蕾期或花期喷 0.3% ～ 0.4% 的尿素溶液加 0.1% ～ 0.2% 硼砂或硼酸溶液，可使花期一致、花朵肥大、坐果率提高、果实整齐。谢花后，每隔 15d 喷一次叶面肥，以 0.2% ～ 0.3% 的优质尿素、磷酸二氢钾、氨基酸微肥的溶液为宜。在雨后或灌水后及时进行中耕除草，一般深度 5 ～ 10cm。花期禁止浇水。

（5）防治病虫害　花前或花后喷 10% 吡虫啉可湿性粉剂 4000 ～ 5000 倍液防治蚜虫。一般掌握喷药及时、细致、周到，不漏树、不漏枝，1 次即可控制。

3. 幼果发育及新梢迅速生长期

幼果发育从受精坐果后子房迅速膨大开始到硬核期结束。果实发育的同时，叶芽萌发、展叶，经过 1 周的缓慢生长（叶簇期），随着温度上升，新梢即进入迅速生长期。这期间幼果发育与新梢生长在营养竞争上矛盾较大。生产目标是调节树体营养分配，控制桃园产量，采取综合措施，保证幼果发育。具体措施有：

（1）修剪　新梢迅速生长期是选留主枝、侧枝、控制竞争枝、徒长枝和利用副梢整形的有利时期。对处于有空间位置的强壮新梢都可摘心，使营养集中于果实的生长发育。

对竞争枝及早进行疏除，需留用时，可在竞争枝长 25cm 时摘心，或留 1 ～ 2 个副梢进行剪截，以后当副梢转旺时可再次摘心或剪截控制。无用的直立旺枝宜及早疏除，当有空间需要保留时，徒长性结果枝可以摘心或留 1 ～ 2 个弱副梢剪截；徒长枝下部有副梢者，留 2 ～ 3 个副梢重短截，下部无副梢者可留 15 ～ 18cm 重短截，以促发副梢，以强转弱，利用副梢成花结果。

在主侧枝的延长枝长到 50cm 时，对延长枝进行摘心，第一芽留外芽。摘心后对抽生过密的副梢适当疏除，对背上的强壮副梢在长度达到 15 ～ 20cm 时进行摘心，其余副梢在长度到 30 ～ 40cm 时进行拿枝软化。对内膛的徒长枝，应在适当疏密的前提下，尽早进行摘心，促进枝组的形成。

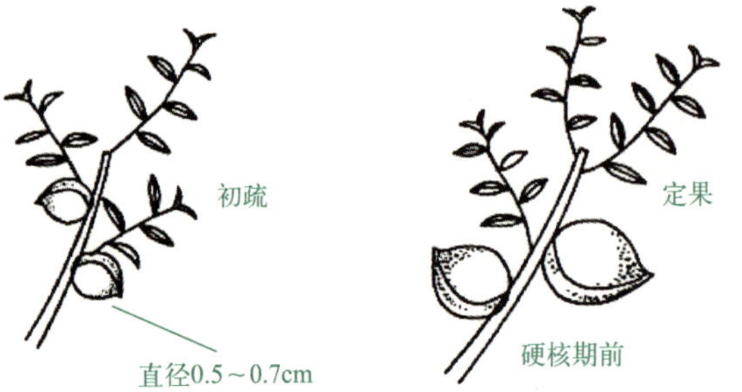

图 4-2　疏果时期

（2）疏果　生产上疏果应分两次进行。第一次在桃谢花后，幼果直径长到 0.5 ～ 0.7cm 时进行。第二次在落花后 4 ～ 6 周（硬核期前）结束（图 4-2）。各种类型结果枝的留果量可参考表 4-2。留果量也可根据叶果比和果间距来确定，叶果比一般是每 30 ～ 50 片叶保留 1 个果，按果间距进行留果时，小型果 5 ～ 7cm 留 1 个果，大型果 8 ～ 12cm 留 1 个果。

表 4-2　不同类型结果枝留果量参考标准

果枝类型	大型果	中型果	小型果
长果枝	1 ～ 3	2 ～ 4	3 ～ 4
中果枝	1 ～ 2	1 ～ 3	2 ～ 3
短果枝	1	1	1 ～ 2
花束状果枝	不留果	2 ～ 3 个枝留 1 果	1 ～ 2 个枝留 1 果

疏果早晚依品种、树势、肥水条件等确定，坐果率高、产量稳定的品种要早疏，树势强、生长旺的宜晚疏。疏果时按先上后下、从里到外、由大枝到小枝的顺序进行。首先要疏除萎黄果、病虫果、畸形果、无叶果、朝天果，其次是疏去三果、双果留单果，疏掉小果留大果，疏去圆形果留长形果，选留部位以果枝两侧、向下生长的果为好。长枝留中、上部果，中、短枝以先端坐果较为可靠（图 4-3、图 4-4）。

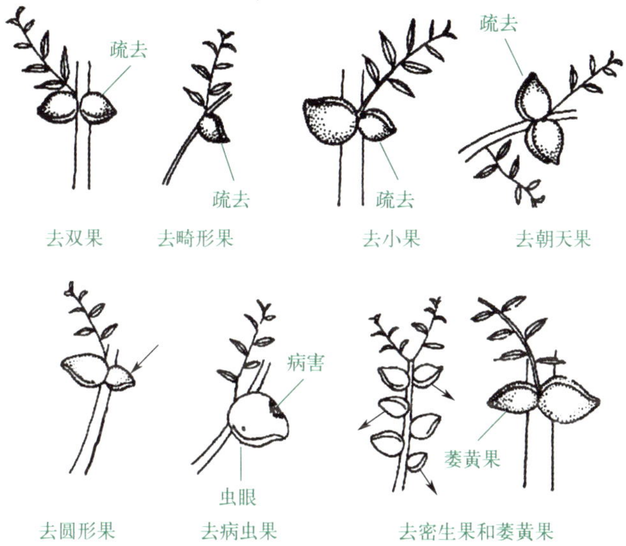

图 4-3　疏除果类型

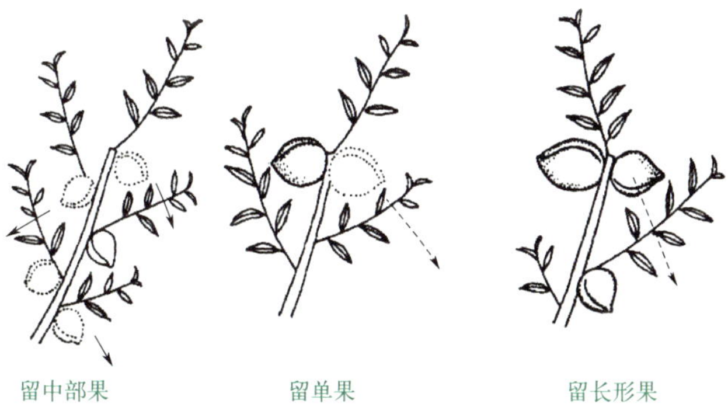

图 4-4　留果类型

（3）套袋　一般在定果后及时进行。套袋时间以晴天上午 9 ～ 11 时和下午 2 ～ 6 时为宜。有桃蛀螟为害的果园要在桃蛀螟产卵前进行。套袋主要针对中晚熟品种和易裂果的品种，一般极早熟、早熟品种不套袋。

桃果实套袋

（4）土肥水管理　结果树追肥，可提高坐果率，保证幼果发育、新梢生长和根系生长对营养的需要。早熟品种追施氮、磷、钾三元复合肥 20kg/亩，中晚熟品种可施用尿素 15kg/亩，硫酸钾或氯化钾 20kg/亩。未结果大树可不施，初结果树少施。追肥后立即灌水，待土壤不黏后进行松土。结合浅耕进行除草或化学除草。

（5）病虫害防治　展叶后每 10 ～ 15d 喷 1 次 70% 代森锰锌可湿性粉剂 500 ～ 600 倍液，或 70% 甲基硫菌灵可湿性粉剂 1500 倍液，防治细菌性穿孔病、疮痂病、炭疽病等。在果实硬核期喷布 20% 氟啶脲乳油 8000 ～ 10000 倍液（2.5% 溴氰菊酯乳油），25% 灭幼脲悬浮剂 2000 倍液，防治食心虫、蟀象、桑白蚧和潜叶蛾等。

4. 花芽分化、果实膨大期

桃树的花芽属夏秋分化型，主要集中在6～9月，持续时间比较长。这一时期花芽分化、新梢缓慢生长、果实膨大同时进行，对养分的需求最多，易发生缺素症。主要的生产任务有以下几项：

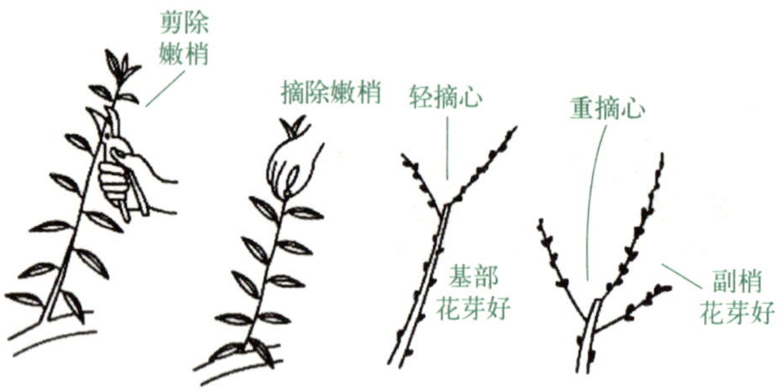

图 4-5　桃树摘心

（1）修剪　可以分两次进行，主要内容有摘心、疏梢、剪梢、疏枝、拉枝及选留、调整骨干枝延长梢等。

第一次在新梢迅速生长期进行，对主侧枝进行摘心或剪梢，留副梢，缓和生长势，开张或抬高枝头角度。对营养枝进行不同程度的摘心，可产生不同的成花效果（图 4-5）。为使结果枝组紧凑，对未坐果的空果枝进行回缩，对有果枝可疏去上部空枝、密枝、不定芽枝、顶部直立旺梢强梢、副梢基部双梢等（图 4-6）。对有空间的强壮新梢可摘心处理，促发分枝，培养结果枝组。其他枝条凡长到 30 ～ 40cm 的都要摘心，使营养集中到果实生长发育，防止六月落果。对冬剪时长留的结果枝，前部未结果的回缩到有果部位；未坐果的果枝疏除或回缩成预备枝。

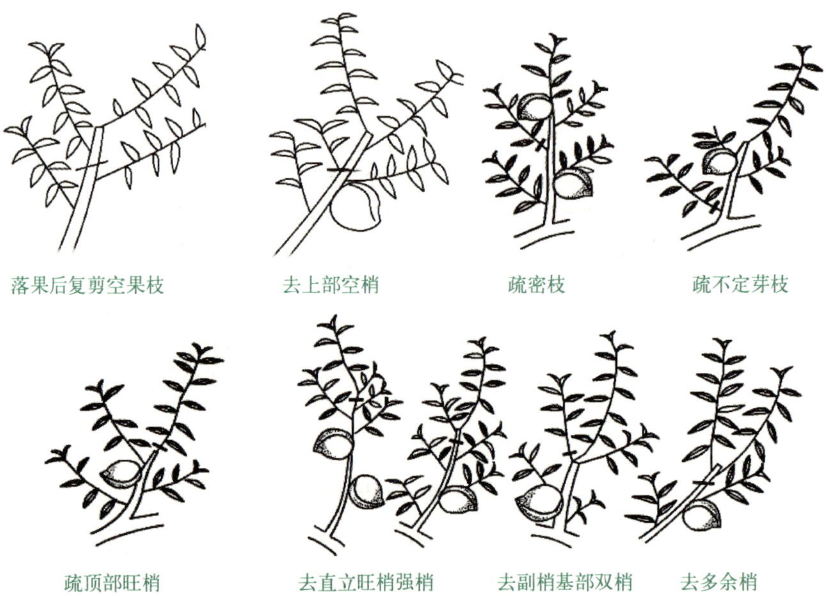

图 4-6　缩剪空果枝、紧凑枝组

第二次夏季修剪是在上次修剪的基础上，继续改造竞争枝、徒长枝以培养枝组。如枝条过密则疏除竞争枝、徒长枝，改善光照条件。对树姿直立或角度较小的主枝进行拉枝开角，主枝拉枝的角度以 80° 为好。同时对负载量大的主枝和枝组进行吊枝或撑枝，防止果枝压折。注意此期修剪不宜过重。

（2）土肥水管理　在花芽分化临界期之前适度控制水分，可抑制新梢生长，有利于光合产物的积累，诱导脱落酸水平的提高，从而促进花芽分化。增施氮、磷肥能有效促进花芽分化。

在果实迅速膨大前施入膨大肥，以速效磷、钾肥为主，结合施用氮肥，可促进果实膨大，提高品质，并可促进花芽分化。注意补充微量元素，每 10 ～ 15d 用 0.4% 尿素液、0.3% 磷酸二氢钾或氨基酸液喷树冠，补充桃树营养不足。追肥后灌水，并及时中耕除草，提高土壤通气性，保持树盘干净。生草的果园适时刈割翻埋入土壤或覆盖于树盘。

（3）防治病虫害　每 10 ～ 15d 喷一次杀菌剂，防治褐腐病、炭疽病等。可选用 70% 代森锰锌可湿性粉剂 500 ～ 600 倍液，或 70% 甲基硫菌灵可湿性粉剂 1500 倍液。对山楂叶螨和二斑叶螨可喷施 1.8% 阿维菌素乳油 5000 倍液防治。

5. 果实成熟期

果实进入成熟期后大部分新梢停止生长，花芽分化进入高峰期。生产任务是控制新梢旺长，加强肥水管理，促进花芽分化和果实着色，提高果实品质。

（1）修剪　果实成熟前，疏除过密枝、病虫枝、徒长枝，促进果实着色，提高果实品质。对摘心后形成的顶生丛状副梢，把上部副梢“抠心”剪掉，留下部 1 ～ 2 个副梢，改善光照条件，促进花芽分化和营养的积累。疏除双副梢、强梢，对有分枝的徒长枝可改造剪除至分枝处。利用疏枝调整骨干枝的角度、方位和长势（图 4-7）。

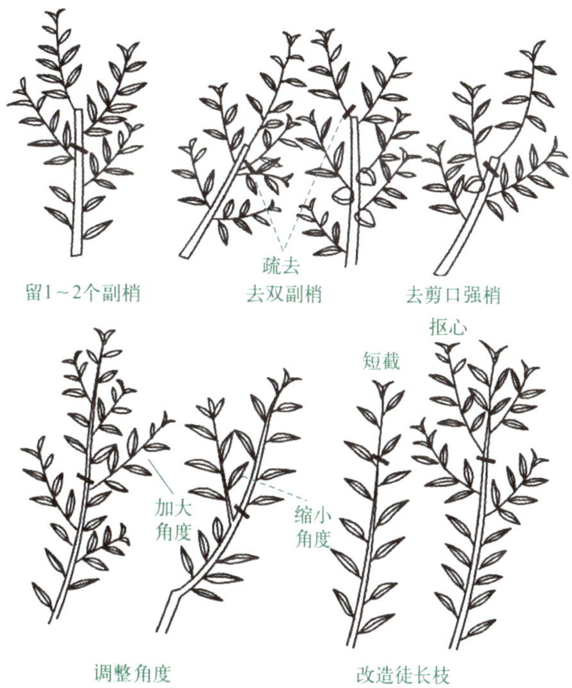

图 4-7　副梢处理

在果实近成熟前 7 ～ 10d，将挡光的叶片或紧贴果实的叶片少量摘去，可以使果实全面均匀着色。果实开始着色后，将结果枝或结果枝组吊起，使果实背阴面也能见到直射光，促进着色。

（2）摘袋、贴字　套袋果在采收前进行摘袋，以促进上色。双层袋采前 15 ～ 20d 除外层袋，待 5 ～ 7d 后再摘除内袋；单层袋先撕开袋体，采前 3 ～ 5d 将袋体摘掉。适宜摘袋时间为上午 9 ～ 11 时、下午 3 ～ 5 时，避开中午日光最强的时间。摘袋时间过早，果面颜色暗，光洁度差；过晚，果面颜色淡，贮藏易褪色。不易着色的品种和光照不良的地区可适当提前解袋；果实成熟期雨水集中的地区、裂果严重的品种也可不解袋。降雨少的地区，摘袋前可适当浇水，摘袋后尽量不打药。在着色前将事先准备好的“福、禄、吉、祥、恭喜发财、寿、宝”等字样贴在果实上，可提高果实的商品价值。

（3）铺反光膜　在果树行间地面上铺反光膜可促进果实着色，每亩需反光膜 300 ～ 400m^2。

（4）果实采收　桃皮薄肉软，不耐贮运，采收期要根据品种特性、成熟度、采收后的用途、市场的远近、加工和贮藏条件及销售要求而定。一般来说，就地鲜销桃应在八九成熟时采收；远销鲜食桃，可适当早采，一般在七八成熟采收；加工用的桃，可在七成熟或硬熟期采收；十成熟的桃，不能远销，只能就近销售。

采收时要分期分批采收。采摘时要剪手指甲，准备好盛果容器，不要碰伤或碰掉留在树上的果实。采摘的顺序是先上后下，由外而内。采收过程中要轻拿轻放，防止机械损伤。采收时先用手心托住桃子，将桃子满把握住，再将桃子向一侧轻轻一扳，将果实带果柄一起采下，果实不易受损伤。不准用手压果面，不能强拉果实，一般每一容器（箱、筐）盛装量以不超过5kg为宜。采收后的桃果立即装入周转箱，运往分级包装场地。

（5）采后处理　果实采收后要及时进行分级，鲜桃果实质量标准主要以果实大小、着色度为主要指标进行分级，基本要求是不允许有碰伤、压伤、磨伤、日灼、果锈和裂果。根据果实大小分级，可参考表4-3。分级后进行预冷，即果实采收后在2～3h内，最迟在24h内冷却到果实生理活性显著减弱的程度，以利延缓果实的后熟过程。最后进行包装和运输。

表4-3　鲜桃果实质量标准中依据果实大小分级标准（河北省）

品种类型	果实类型	特等/g	一级/g	二级/g
普通桃	大果型	≥300	≥250	≥200
	中果型	≥250	≥200	≥150
	小果型	≥150	≥120	≥120
油桃和蟠桃	大果型	≥200	≥150	≥120
	中果型	≥150	≥120	≥100
	小果型	≥120	≥100	≥90

（6）土肥水管理　进入结果期的桃树，在采前15～20d追施催果肥，以磷、钾肥为主，以利果实膨大。可追施磷酸二氢钾或草木灰，也可叶面喷施。但距果实采收期20d停止叶面追肥。也不宜灌大水，否则容易出现裂果。

（7）病虫害防治　进入果实成熟期，防治桃蛀螟、卷叶蛾、桃小食心虫、桃潜叶蛾等害虫时，一般采用黑光灯诱杀、糖醋液诱杀和性外激素诱杀等方法，而不用化学防治方法，以免造成果实中农药残留超标。

6. 采收后及落叶期

果实采收后，新梢加长生长基本停止，枝条自下而上开始成熟，叶片的同化作用仍在继续进行，营养物质开始在树体中积累，到后期叶片自下而上开始衰老，功能逐渐减退，直到落叶。此期，树体营养积累的多少、花芽分化的好坏，直接影响桃树的越冬防寒能力及第二年产量和品质。生产目标是，提高树体贮藏营养水平，保证花芽分化，加强树体保护，增强越冬能力。

（1）修剪　时间约在8月下旬，主要对未停止生长的新梢进行摘心或剪梢，促进下部枝梢成熟，使枝条充实，提高抗寒力。疏除树冠过密处的徒长枝、纤细的副梢、直立旺枝、病虫枝，对长枝可短截，以改善树体通风透光条件，提高叶片的光合能力，减少养分的消耗。对角度小的骨干枝、侧枝或大的结果枝组等进行拉枝，以减缓生长势，促进形成花芽。对于树冠上部的强旺枝或枝组，可疏去强枝后自基部扭伤、下压，使基部生长势得到控制，营养集中供给花芽分化；对于竞争枝，可采取疏除或扭伤的方法控制生长，向结果枝转化；对于重叠枝、交叉枝及老弱枝组，要及时回缩。

（2）病虫害防治　重点保护叶片，延长叶片功能期。可喷施25%灭幼脲悬浮剂2000倍液防治桃潜叶蛾。在主干和主枝上绑草绳或草把诱集害虫，晚秋或早春取下烧毁。

（3）秋施基肥　在果实采收后，提倡早秋施基肥，一般不宜晚于9月份，早熟品种可在8月下旬进行。基肥以腐熟的农家肥为主，注意氮、磷、钾的配合，磷肥最好在施用前与有机肥混匀后堆沤半个月以上。各地成年桃树经验施肥量可参考表4-4。施肥方法以沟施为主，可采用放射状沟、环状沟或条沟。施肥后进行灌水。

表4-4　各地成年桃树经验施肥量

地点	单位	施肥种类和数量
北京平谷	每亩施肥量	农家肥5000kg，过磷酸钙150kg。桃树专用肥84～140kg（氮、磷、钾含量分别为10%、10%和15%）。喷施0.4%尿素和0.3%磷酸二氢钾各1次
辽宁营口	每亩施肥量	有机肥3000～5000kg，尿素22～24kg，磷酸二铵23～25kg，硫酸钾23～27kg。全年叶面喷施4～5次，各浓度为尿素0.3%～0.5%、磷酸二氢钾0.2%～0.3%、硼砂0.1%～0.3%
山东肥城	每株施肥量	有机肥100～200kg，豆饼2.5～7kg（或人粪尿50kg）
江苏	每株施肥量	饼肥5kg或猪粪60kg，磷矿粉5kg，尿素1.5kg

（4）叶面喷肥　对坐果量大的桃园，采果后结合喷药进行叶面喷肥2～3次，以增加叶片光合能力，增强树体营养的积累，提高花芽质量和越冬抗寒能力。可选择300～500倍氨基酸液或者尿素0.3%、磷酸二氢钾0.2%～0.3%、硫酸钾0.3%、过磷酸钙浸出液0.5%等。

7. 休眠期管理

休眠期从树体落叶休眠到翌年萌动为止。此期桃园的生产目标是保证安全越冬，完成冬季修剪，准备下一轮的生产。具体技术措施有：

（1）树体保护　在落叶后要采取树干涂白、捆草或埋土，以保护树体。在春季温度回升后要及时撤除。

（2）土肥水管理　落叶后，土壤结冻前浇封冻水。但封冻水不能浇得太晚，以免因根颈部积水或水分过多，昼夜冻融交替而导致颈腐病的发生。秋雨过多、土壤黏重者，也可以不浇水。

（3）休眠期修剪　北方地区桃树的休眠期修剪宜在严寒过后的2月、3月开始。桃树生产上多采用三主枝自然开心形、两主枝自然开心形等。桃树的树冠构成，一般为主干、主枝、侧枝及各类枝组。主、侧枝是构成树冠的骨架，其上着生结果枝组。根据结果枝组体积大小的不同，可分为大、中、小型结果枝组。大型枝组由12个以上分枝组成，中型枝组由5～11个分枝组成，小型枝组由2～4个分枝组成。大型枝组在每个主枝上有1～2个，距离在60cm以上；中型枝组之间的距离保持在30～60cm，小型枝组在大、中型枝组之间插空安排，间距20～30cm（图4-8）。大、中、小型结果枝组之间可以互相转化。修剪时可根据品种特性

图4-8　结果枝组的排列

和空间大小，进行配置，以充分发挥品种的生产潜力，并充分利用空间。

① 幼树期的修剪。幼树修剪量宜轻不宜重。除骨干枝延长枝按整形要求适当轻剪长留外，树冠外围适当疏枝。其余枝条一律轻剪或缓放（特别是以短果枝结果为主的品种），利用辅养枝和副梢结果。

② 初果期的修剪。注意对主、侧枝开张角度，对结果枝适当轻剪密留，严格控制徒长枝、竞争枝等旺枝。继续培养主、侧枝，特别注意对强壮新梢进行夏季摘心，促生分枝，培养和配置好枝组，尽快完成由辅养枝到骨干枝的结果部位转移。

③ 盛果期的修剪。主要是维持树势，调节主侧枝生长势的均衡，调整生长与结果的关系，控制树冠延伸，防止结果部位外移和内膛空虚，改善光照，更新枝组，防止早衰。

a. 主枝的修剪。盛果初期延长枝应以壮枝带头，剪留长度为30cm左右。并利用副梢开张角度，减缓树势。盛果后期，生长势减弱，延长枝角度增大，应选用角度小、生长势强的枝条以抬高角度，增强其生长势，或回缩枝头刺激萌发壮枝。

b. 结果枝组的修剪。对结果枝组的修剪以培养和更新为主。

枝组的培养方法主要是，短截一年生健壮枝，促进分枝，培养成中小型枝组。也可将强壮枝通过先放后截方法，培养成大中型枝组（图4-9）。

图4-9 **桃结果枝组培养过程示意图**

枝组更新的方法是，弱时缩，壮时放，放缩结合，维持结果空间。枝组生长势弱时，回缩细长弱枝组，疏除基部过弱的小枝组。枝组生长势中庸时，只疏强枝。枝组生长势强时，轻度缩剪侧面和外围的枝组，控制膛内过高或上强下弱的大枝组，降低高度，以结果枝当头。调整枝组之间的密度可以通过疏枝、回缩，使之由密变稀、由弱变强，更新轮换。保持各个方位的枝条有良好的光照。具体更新方法有单枝更新和双枝更新两种基本形式。单枝更新即在同一枝条上“长出去，剪回来”，每年利用比较靠近母枝基部的枝条更新（图4-10）。双枝更新即在一个部位留两个结果枝，修剪时上位枝长留，以结果为主；下位枝适当短留，以培养预备枝为主（图4-11）。在生产中，单枝更新和双枝更新要交替使用。一般情况下，幼树和结果初期的树，生长势较强，可以应用单枝更新；进入盛果期后，生长势开始变弱，应用双枝更新。此外，目前一些地区在北方品种群上采用三枝更新的方法，即在一个基枝上选相近的3个枝条，一个中短截结果、一个长放促发果枝、一个枝留2～3个芽重短截促生发育枝。亦称为三套枝修剪法。在大、中型枝组更新修剪上可以综合采用单、双枝和三枝更新修剪的方法，有效地控制结果部位外移速度，延长结果枝组的寿命。

图 4-10 单枝更新示意图

图 4-11 双枝更新示意图

长期应用双枝更新，由于预备枝处于下部位置，光照不良，生长上不占优势，经过 2 ～ 3 年后，预备枝只能长出细弱的中短枝，导致产量下降。因此生产上常采用长留结果枝方法，培养预备枝，即上部结果枝尽量长留，开花时疏掉基部的花，让中上部结果，这样结果枝在结果后压弯而下垂，使预备枝处于顶端位置，可以发育成健壮结果枝（图 4-12）。

图 4-12 长留结果枝，培养预备枝

c. 结果枝的修剪。盛果期结果枝的修剪要依据品种的结果习性进行。北方品种群以轻短截为主，长果枝或花芽节位高的枝，剪留 7 ～ 10 组发育充实的花芽，中果枝留 5 ～ 7 组发育充实的花芽，短果枝留 3 ～ 5 组或不剪。南方品种群结果枝一般以中短截为主，徒长性果枝一般可留 9 组或更多花芽剪截，长果枝留 6 ～ 8 组花芽剪截，中果枝留 4 ～ 5 组，短果枝留 2 ～ 3 组或不剪，花束状果枝疏密不短截。保留结果枝的数量与品种的主要结果枝类型有关，以长、中果枝结果为主的品种，其结果枝数量要适当少些，以中、短果枝结果为主的品种其结果枝的数量要多些。一般在修剪后结果枝的枝头距离应保持在 10 ～ 20cm（图 4-13）。修剪时注意剪口留叶芽，果枝伸展方向互相错开。也可采用长放修剪（亦称长梢修剪技术），即在骨干枝和大型枝组上每 15 ～ 20cm 留一个结果枝，结果枝剪留长度为 45 ～ 70cm，总枝量为短截修剪的 50% ～ 60%。更新方式为单枝更新，果实与叶片使枝条下垂，极性部位转移至枝条基部，使枝条基部发生 1 ～ 2 个较长的新梢，作预备枝培养，冬剪时把已结果的母枝回缩至基部的预备枝处。

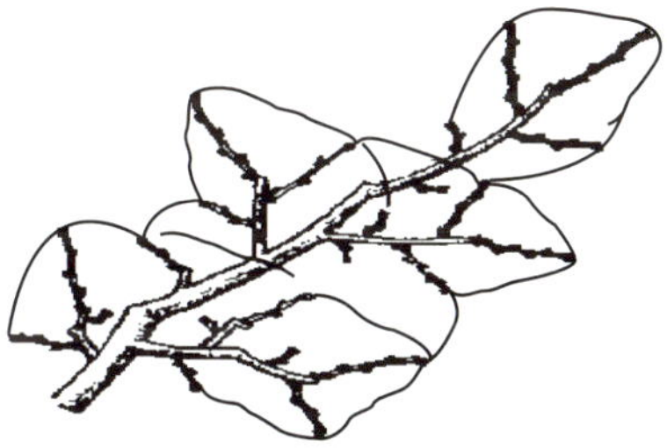

图 4-13 结果枝修剪后枝头的距离

④ 衰老期的修剪。桃树进入衰老期后，应注意更新修剪，回缩主、侧枝，利用抬头枝带头，压下促上，刺激生长。尽可能利用徒长枝和叶丛枝更新，维持现有枝组的结果能力。

第二节 李、杏栽培技术

一、李、杏主要品种

李、杏主要鲜食品种及性状可参考表 4-5。

表 4-5 李、杏主要鲜食品种及性状表

树种	品种名称	来源	平均单果重 /g	形状与色泽	果实发育期 /d	其他特性
李树	大石早生	日本	42	卵圆形，鲜红	60	果汁多，味酸甜，微香。适应性很强，自花不结实
	长李 15	长春市农业科学院	35	扁圆形，鲜红	70	早期丰产性强，自花不结实
	早生月光	日本	72	卵圆形，粉红色	85	自花结实率低。抗旱、抗寒、抗细菌性穿孔病。适应性广，丰产
	黑琥珀李	美国	65	扁圆形，紫黑	95	异花结实率高，丰产、抗旱、抗寒，但抗病性差
	龙园秋李	黑龙江农业科学院园艺研究所	76.2	扁圆形，鲜红	115	早果性强，极丰产。自花不结实
	国峰 7	辽宁省果树科学研究所	83.8	扁圆形，果皮紫黑色	115	丰产性好，抗寒性强，适应性强，果实耐贮
	大红袍李	美国	160	椭圆形，鲜红色	125	树势强，结果早，自花结实能力强。适应性强，抗病性较好
	女神西梅	美国	120 ～ 200	长卵形，蓝黑色	145 ～ 150	较抗寒、抗旱，自花结实率高，丰产性较强
	安哥诺李	美国	102	扁圆形，紫黑	160 ～ 170	品质极上。丰产性好
杏树	骆驼黄杏	北京	49.5	圆形，阳面红色	55	品质上等。较抗寒、耐旱，适应性强，较丰产，自花不实
	金太阳	美国	66.9	圆形，金黄色带红晕	65	早果性强，花期耐低温，极丰产
	沙金红杏	山西清徐	60	侧扁圆形，金黄色	67	适应性强，丰产性好。果实既能鲜食，又宜加工
	凯特杏	美国	105.5	近圆形，橙黄色，阳面有红晕	70	结果早、丰产性强，抗性强，耐瘠薄、抗盐碱
	华县大接杏	陕西华县	84	圆形，黄色	79	品质极上。丰产稳产
	国丰	辽宁省果树科学研究所	47	近圆形，底色黄色，成熟时红晕	80	极丰产。抗寒、抗旱、抗病力较强
	串枝红杏	河北巨鹿	52.5	卵圆形，紫红色	90	极丰产，稳产，是鲜食和加工兼优品种
	国之鲜	辽宁省果树科学研究所	95	卵圆形，橙黄色	95	抗旱、抗寒能力较强。丰产、易管理

二、李、杏周年生产管理技术

1. 休眠期管理

李、杏树休眠期管理主要有修剪、清洁果园、喷施石硫合剂和施肥灌水等任务。

（1）冬季修剪

① 幼树的修剪。冬剪时对主、侧枝的延长枝进行短截，剪留长度为 40 ～ 50cm，促进分枝，以便培养侧枝和枝组。其他枝条，过密的可以适当疏除，一般进行轻剪。凡是位置合适能弥补空当的枝条，应缓放或轻短截，培养成结果枝组和结果枝。

② 结果初期树的修剪。冬剪时对各级主侧枝的延长枝，留饱满芽短截，继续向外延伸，扩大树冠。主侧枝上的强旺枝和直立枝，如果有生长空间，可采用拉枝、别枝或极重短截的方法；斜生枝、水平枝、中庸枝和小枝多缓放，使之成为串花枝组。疏除骨干枝上的竞争枝、密生枝和交叉枝。主侧枝上的中短果枝缓放，长果枝留 2 ～ 3 组花芽剪截。

③ 盛果期树的修剪。具体内容包括以下两个方面：

第一，稳定树势。对主枝头下垂或枝头交接、造成树冠郁闭的，要适当回缩主侧枝，或转换枝头，用中部的中型枝组代替原头，以控制树体的大小，维持其生长势。对树冠上的枝条，要疏密留稀，去掉延长枝，保留壮枝。要疏除或回缩外围枝，加大外围枝间距，使之保持在 40 ～ 50cm 为宜，培养大量健壮的花束状果枝，同时复壮内膛，以利于结果和提高果品质量。

第二，枝组的更新。对于过大的枝组，可将其压缩成中型枝组。着生花束状果枝的单轴枝组，要适时予以回缩，进行更新复壮。3 ～ 5 年生的花束状果枝的结果能力最强，故需经常更新，以保持果枝壮而不衰，连续结果。对极度衰弱的水平、下垂单轴枝组，要逐步疏除。对多年生枝组进行回缩时，回缩的部位应根据需要而定。如需增强顶端优势，可用叶丛枝或花束状果枝作剪口枝；如需缓和顶端优势、增强中下部生长势，可在中、短果枝处下剪。对于空间较大，需培养大、中型枝组时，可先将发育枝短截，促发分枝后再行缓放；对徒长枝，可将其向比较空旷的地方拿平，改造为枝组；对长、中果枝，可予缓放或短截，利用其结果或培养为中小型枝组；其余的过密枝、病虫枝及细弱枝，一律予以疏除，以节约养分，通风透光。

④ 衰老期树的修剪。这个时期的主要修剪任务有：第一，回缩骨干枝和较大枝组，刺激潜伏芽萌发，复壮后部。对于有中心干的树形，视情况逐年去掉中心干，使树体开张，打开光路，促使各主枝基部的潜伏芽萌发，避免结果部位外移。第二，应充分利用内膛和骨干枝上的徒长枝，进行剪截或按倒压平，以培养成结果枝组，复补后部光秃及枝组衰退脱空现象，延长结果年限。第三，在更新修剪的同时，必须加强肥水管理和病虫害防治，并结合秋施基肥，断去部分根系，使之更新复壮。

（2）清洁果园　结合休眠期修剪彻底剪除病梢，早春结合果园翻耕，清除地面病叶、病果，集中烧毁或深埋，可有效防治杏疔病、杏仁蜂等病虫害。喷布 3 ～ 5°Bé 石硫合剂预防李红点病等病虫害。成龄大树每隔 1 ～ 2 年在萌芽前刮 1 次树皮，既可防治病虫害，也能促进树体生长。

（3）土肥水管理　浅耕一次树盘，有利于提高地温和保持土壤水分。在萌芽前（开花前 10d）对树体贮存营养不足的杏树每株追施 0.25 ～ 0.5kg 的尿素，提高坐果率，促进新梢生长。追肥后有条件的灌 1 次水，没有灌溉条件的可采用穴贮肥水法解决肥水问题，保证开花和坐果对水分的要求。

2. 萌芽及开花期管理

（1）花前复剪　4月初到开花前进行复剪，主要任务是调整花芽留量。初果期树按叶芽：花芽 =（4 ～ 5）：1留花芽，盛果期花芽比例达到25%即可。复剪时，应先去掉梢头上的花芽、瘪小花芽及过多的花芽。

（2）刻芽　在李、杏幼树整形时，对缺少骨干枝的部位要进行刻芽。刻芽时应注意时间宜早（3月上旬），割口离芽距离要小于1mm且深达木质部。为保证刻芽处发出长枝，可在刻芽后的萌芽期，于芽端涂以抽枝宝、发枝素等。

（3）抹芽、疏梢　从4月中旬开始，对萌发过多的嫩梢进行抹除。幼树主干上第一主枝以下萌发的芽要全部抹掉，主枝上的竞争枝和直立向上的枝以及剪、锯口下发出的过密枝和向内膛延伸的徒长枝要及时抹除，以节省营养、改善光照，同时使内膛的小枝生长健壮，形成良好的花芽。

（4）提高坐果率　花期放蜂、人工辅助授粉、喷施生长调节剂、花期环剥可提高坐果率。大面积授粉时可采用液体喷雾法授粉。最好采用花期放蜜蜂和角额壁蜂的方法，在杏树盛花期喷布50mg/kg的赤霉酸、1200倍稀土、0.3%硼砂、0.3%磷酸二氢钾，也可明显提高坐果率。大石早生李以花期喷0.3%硼砂和50mg/L赤霉酸提高坐果率效果显著；骆驼黄杏以花期喷50mg/L赤霉酸和1200倍稀土提高坐果率效果显著；串枝红杏以花期喷50mg/L赤霉酸、1200倍稀土、0.3%磷酸二氢钾和0.3%硼砂提高坐果率效果显著。

（5）预防花期霜冻　在临近花期密切关注天气预报，常用防霜措施有熏烟法、喷水法、芽膨大期喷布青鲜素、花芽露白期喷石灰浆等。熏烟可在清晨2点气温将达到0℃时在园内放烟，通过烟粒吸收湿气，使水汽凝成液体而放出热量，对提高气温有一定作用。在芽膨大期喷布青鲜素（又叫抑芽丹）500 ～ 2000mg/L溶液，可推迟开花4 ～ 6d。在花芽露白期喷石灰浆（生石灰与水比例为1：5），减少对太阳辐射热的吸收，也可推迟花期。另外，采用早春灌水降低地温的措施也可以延迟花期。灾后要及时追施肥料，增强树体营养，并喷施0.3%硼肥 +0.3%磷酸二氢钾 +0.3%尿素 +0.5%糖水溶液，间隔7 ～ 10d后再喷施一次。

（6）防治病虫害　在萌芽开花期注意防治杏星毛虫、杏象鼻虫等害虫，在做好刮树皮、早春翻树盘和树干涂白的基础上，尽可能人工捕杀。有杏疔病发生的杏园可在杏树展叶后喷布1 ～ 2次1：1.5：200波尔多液预防。开花期在树冠下面喷施25%辛硫磷微胶囊水悬浮剂200 ～ 300倍液防治李实蜂、李小食心虫等及地下越冬害虫。

3. 新梢生长及果实发育期管理

（1）生长季修剪　抽生新梢后，及时抹除竞争枝、剪锯口处萌发的嫩芽或新梢。对需扩大树冠的骨干枝延长梢，可在新梢长到40 ～ 50cm时进行摘心，增加分枝，一年内可摘心两次，但不要晚于7月下旬，以免发出的新梢不充实。对徒长枝、强旺枝及背上直立枝可在新梢长至10 ～ 15cm时连续摘心，促发分枝，培养结果枝组。对于生长过旺的大枝可在新梢进入旺长期前，采取环剥和绞缢方法进行控制。对角度小的枝条可拉枝，改善树体光照条件，缓和枝条长势，培养结果枝组。

（2）疏果　在花后15 ～ 20d进行，但早期生理落果严重的品种，应在花后25 ～ 30d完成。小型果品种，一般花束状果枝和短果枝留1 ～ 2个果，果实间距4 ～ 5cm；中型果品种，每个短果枝留1个果，果实间距6 ～ 8cm；大型果品种，每个短果枝留1个果，果实间距10 ～ 15cm。除短枝外，中果枝留3 ～ 4个果，长果枝留5 ～ 6个果。要根据树冠大小、树势强弱和品种特性，确定单位合理产量，如大石早生李盛果期树产量应控制在1500～2000kg/亩，黑宝石李盛果期树产量应控制在3000～4000kg/亩，鲜食杏的产量控制在1000～1500kg/亩为宜。疏果时要注意疏去小果、病虫果、发育不正常果、双果中直立向上果、过大过小果、果形不正及有伤的果。

（3）追肥　在花后、果实硬核期和果实开始着色时进行。前期以氮、钾肥为主，后期以磷、钾肥为主。氮、磷、钾比例为1：0.5：1，土壤、品种不同，比例有所差异。追肥量可按每亩施尿素25～30kg、钾肥20～30kg、磷肥40～60kg的量，分2～3次进行。

（4）病虫害防治　4月底坐果后，喷50%氯溴异氰尿酸粉剂1000倍液或75%百菌清可湿性粉剂600倍液，同时混合3%啶虫脒乳油2000倍液或5%吡虫啉乳油3000倍液，主要防治疮痂病、细菌性穿孔病以及梨小食心虫等。也可以在园内悬挂食心虫等诱芯、迷向丝及诱捕器，对诱捕食心虫第1代成虫效果非常好。此外，还可以设黑光灯、粘虫板和糖醋液等诱杀多种害虫的成虫。有条件的园可以使用频振式杀虫灯诱杀天幕毛虫、梨小食心虫、金纹细蛾等多种果树害虫，而且对天敌影响不大。

5月上旬花后20d，喷4.5%高效氯氰菊酯乳油1500倍液或50%辛硫磷乳油2000倍液，同时混合72%农用链霉素可溶性粉剂2000倍液或50%甲基硫菌灵可湿性粉剂600倍液，防治梨小食心虫、细菌性穿孔病及其他病虫害。对流胶病、干腐病等树干病害严重的果园，可在树干上刷1遍10%有机铜涂抹剂，或刷1000倍硫酸锌液或腐植酸钠。

6月初，可选择喷施10%吡虫啉3000～5000倍液、50%辛硫磷乳油1500倍液、40%杀扑磷乳油3000倍液、1.8%阿维菌素乳油4000～6000倍液等杀虫剂，以及80%代森锰锌可湿性粉剂800倍液、50%氯溴异氰尿酸粉剂1500倍液、72%农用链霉素可湿性粉剂3000倍液等杀虫杀菌剂，主要防治梨小食心虫、介壳虫、桃蚜、桃蛀螟、红蜘蛛和细菌性穿孔病、杏疮痂病等。

进入夏秋高温高湿季节，褐斑落叶病易大发生时，可用50%多菌灵可湿性粉剂500～800倍液、75%百菌清可湿性粉剂600～800倍液、70%甲基硫菌灵可湿性粉剂600～800倍液等防治。最后一次施药距采收期相隔应在20d以上。

4. 果实采收及落叶期

（1）果实采收　果实成熟期正值天热季节，果实又柔软多汁，因此采收技术非常重要。采收成熟度要控制好，鲜食外运以7～8分熟为宜。制作糖水罐头和果脯的，应在绿色褪尽、果肉尚硬，即8分熟时采收。

（2）施肥　果实采收后及时追一次肥，以含氮量高的复合肥为主，每株0.25kg，以利恢复树势。同时，秋季叶面喷一遍高浓度的叶面肥，如1%尿素加1%磷酸二氢钾等，可增加树体储藏营养。

对立地条件不好的杏园，果实采收后及时追施有机肥，配合适量的氮、磷、钾无机肥，可结合秋施基肥进行扩穴深翻。基肥用量应占全年施肥量的70%～80%。一般每亩施有机肥3000～5000kg、磷酸二铵30kg、硫酸钾25kg左右为宜。施肥量一般应随树龄的增长而逐渐增加。同时修好树盘以积蓄冬季雪水。

（3）加强对叶片的保护　防止由病虫为害造成落叶，影响花芽分化和树体营养积累。

（4）病虫害防治　落叶后，将病枝、病叶和病果及果核残体集中销毁或深埋，对树体主干和主枝进行涂白防护。土壤结冻前灌一次封冻水，提高树体越冬性。继续防治褐腐病、穿孔病和李红点病，防止早期落叶。

第三节　樱桃栽培技术

一、樱桃主要品种

樱桃主要品种及性状可参考表 4-6。

表 4-6　樱桃主要品种及其性状

品种名称	来源	平均单果重 /g	形状与色泽	果实发育期 /d	其他特性
状元红	大连市农业科学研究院	11.3	肾形，紫红色	42	早果性、丰产性好。抗裂果，抗病性强
红灯	大连市农业科学研究院	9.2	肾形，果皮深红色，充分成熟后为紫红色	44	枝条直立，萌芽率高，成枝力较强。开始结果期较晚，进入结果期后连续丰产能力强，产量高。抗病毒能力较弱
宾库	美国	7.2	宽心脏形，果皮浓红色至紫红色	43	丰产，适应性强。品质上等。采前遇雨有裂果现象
大紫	俄罗斯	6.0	心脏形至宽心脏形，果皮紫红色	45	萌芽率高，成枝力强，枝条较细长，不紧凑，树冠大，结果早。不易裂果，果实不耐贮运
雷尼	美国	8.0	心脏形，鲜红色红晕	47	早期丰产。质地较硬，抗裂果，耐贮运，风味好，品质佳，生食、加工皆宜
那翁	起源不详	6.5	心脏形或长心形，果实黄色	48	萌芽率高，成枝力中等，枝条节间短，花束状结果枝多。耐贮运。适应性强，果实成熟期遇雨较易裂果
红蜜	大连市农业科学研究院	6.0	宽心脏形，果皮底色黄色，有鲜红的红晕	40 ～ 50	萌芽力和成枝力较强，花芽容易形成，花量多，坐果率高，丰产。适宜作为授粉品种
红艳	大连市农业科学研究院	8.0	宽心脏形近肾形，果皮浅黄色，阳面有鲜艳红霞	40 ～ 50	萌芽率和成枝力强，花芽易形成，丰产。采收时遇雨易裂果
芝罘红	山东烟台芝罘区农业局	6.0	宽心脏形，果皮鲜红色	50	萌芽率高，成枝力强。丰产性强。风味佳，品质上等
美早	美国	9.4	宽心脏形，紫红色	50	果实较硬，耐贮运，抗裂果、抗病性强
福星	烟台市农业科学研究院果树研究所	11.8	肾形，红色至暗红色	50	抗裂果品种。树势中庸偏旺，早果性强，丰产期早
佐藤锦	日本	6.0 ～ 7.0	短心脏形，果面底色黄色，上有鲜红色的红晕	50 ～ 55	树势强健，树姿直立。适应性强，丰产。品质好，果实耐贮运

续表

品种名称	来源	平均单果重 /g	形状与色泽	果实发育期 /d	其他特性
俄八	俄罗斯	12.9	宽心脏形，初熟时鲜红色，充分为紫红、紫黑	50 ～ 55	早果性、丰产性强，极耐贮运，抗寒性强
沙蜜脱	加拿大	12.0 ～ 13.0	长心脏形，紫红色	55	早果丰产性强。花期晚，果皮韧性强，无裂果
佳红	大连市农业科学研究院	10.0	宽心脏形，底色浅黄，阳面着鲜红色	55	树势强健，生长旺盛。连续结果能力强，丰产性好。果实较耐贮运

二、樱桃周年生产管理技术

1. 萌芽前管理

（1）修剪　萌芽前要进行花前复剪，调整花叶芽比例，同时剪除病虫枝，刮除老翘皮并集中烧毁。做好萌芽前的拉枝、刻芽工作。刻芽主要是针对一年生强旺枝中后部 1/3 段的芽和缺枝部位有叶丛枝时进行。对一年生强旺枝中后部的芽进行刻芽后，能形成健壮短枝。对于缺枝部位采取刻芽促使发枝补空时，要选叶丛枝上方刻二道，可促其萌发为强旺枝。刻芽时间以芽尖露绿时为宜，刻的深度要较苹果重，否则发枝不旺。刻芽后能增加主枝数量，促进花束状果枝的形成，使树体早产早丰，成枝率、花芽形成率在 70% 左右，效果很好。

（2）追肥　此期可以追肥尿素、果树专用肥或氮、磷、钾三元复合肥，开沟或用施肥叉追施，施肥量为幼树 0.1 ～ 0.2kg/ 株，盛果期大树可追施 0.25 ～ 0.3kg/ 株，施肥后及时灌水。

（3）灌水　在发芽和开花前进行，也可以结合施肥进行灌水。此时灌水还可以降低地温，延迟开花期，有利于避免晚霜的危害。灌水之后及时进行中耕，松土厚度以 5 ～ 10cm 为宜。

（4）病虫害防治　萌芽前喷 5°Bé 石硫合剂，介壳虫发生严重的果园应喷施 40% 杀扑磷乳油 1500 倍。对腐烂病、干腐病病斑进行刮治涂药（5°Bé 石硫合剂或甲基硫菌灵）。如发现天牛等危害，找到蛀干孔，用毒签等堵塞枝干害虫的孔，杀死害虫。

2. 萌芽和开花期管理

（1）提高坐果率　大樱桃自花结实率低，为了提高坐果率，可以进行人工辅助授粉或花期放蜂。每亩放一箱蜜蜂，或在花前 1 周左右每亩投放 300 ～ 500 头角额壁蜂。

花期叶面喷施 0.3% 尿素 + 0.2% 硼砂 + 600 倍磷酸二氢钾，以满足开花期间的营养需要和促进花粉管的伸长，提高坐果率。此外，大樱桃初花期喷施 30mg/L GA3+20mg/L 6BA+10mg/L PCPA（对苯氧乙酸钠盐），坐果率比自然坐果率高出 28.1%。

（2）疏花　盛果期树由于花枝密集，需要进行疏花芽、花蕾。疏除花芽时可选生长势弱、过多、过挤的短果枝，将其花芽全部疏掉，仅保留顶芽，让其继续抽生健壮短果枝，次年结果。疏除时间以花芽膨大时为宜。疏花芽枝量以控制在短果枝数量的 20% 为宜。

花期易遇低温为害的地区不宜疏花芽，可改为疏花蕾，以保证坐果。疏花蕾适宜时期以在大蕾期进行为宜，将弱枝、过密枝、畸形、较小的晚开花疏除。若结合采花粉进行疏蕾，则应在花开放 50% 左右时进行，此时疏除大蕾期的花，可用于采粉，已开的 50% 可保证坐果，达到丰产。疏花在开花前及花期进行，主要疏去树冠内膛细弱枝上的畸形花、弱质花。每个花束状短果枝留 2 ～ 3 个花序，疏花后可改善保留花的养分供应，提高坐果率和促进幼果的生长发育。

（3）防霜　晚霜发生频繁的地方，要及时收听、收看气象预报，及时防霜。当气温降至3℃时，应及时点燃杂草等材料，也可以在霜冻前1～2h喷水，以减轻霜冻害给大樱桃生产带来的损失。

（4）追肥　盛花期喷施0.3%尿素+0.2%硼砂+0.3%磷酸二氢钾，以提高坐果率。

（5）病虫害防治　发芽后加强防治苹毛金龟子、东方金龟子及幼龄果园大灰象甲的发生，可以用黑光灯或糖醋液诱杀，也可早晚人工震树，铺塑料布捕捉金龟子。

3. 新梢生长期管理

（1）扭梢　扭梢在甜樱桃上的促花效果很好。扭梢主要针对一年生枝拉平后发出的新梢，在其长到15～20cm时，在5～6片叶处扭转90°。扭梢要随时进行，一般基部可成花。

（2）摘心与剪梢　摘心主要针对长势较弱的长枝和混合枝，只摘去新梢先端即可。剪梢主要针对长势略强的新梢，剪去新梢先端5cm左右，促花效果好于摘心。不论摘心还是剪梢，新梢均留6～7片叶。扭梢后仍生长强旺的可结合摘心或剪梢，促花效果更佳。

（3）捋枝　可以开张枝条角度，缓和枝梢生长势，促进成花。捋枝或拿枝，主要是针对当年生新梢，在8月中旬新梢缓长、开始加粗时进行，要两手握梢，将其在多个部位轻拿轻折，拿至略下垂方可。尤其新梢基部，一定要拿枝软化，可有效促进新梢停长，促进花芽分化。经过拿枝后次年发生的短枝叶片多，易成花。

（4）疏枝与绿枝重截　主要针对强旺树过密的枝和竞争、直立枝。甜樱桃疏枝时一般不贴根，最好留基部2～3片小叶，这样可在次年萌发1～2个短枝，形成花芽，转化为结果枝，若贴根疏除则不再发枝，形成空当。绿梢重截是指在生长季于新梢基部留3～4片叶重截，可与疏枝同样进行。时间宜在7月中下旬，对于改善光照、缓和树势作用显著。

（5）病虫害防治　注意防治穿孔病、叶斑病等，可用800倍的70%代森锰锌可湿性粉剂或1500倍的70%甲基硫菌灵可湿性粉剂交替使用。用毒签等堵塞枝干上的虫孔防治红颈天牛。流胶病整个生长期都要进行防治，刮除胶液后涂5°Bé石硫合剂+500倍50%多菌灵可湿性粉剂，生长期内随时发现随时防治。

4. 果实发育、成熟期管理

（1）疏果　在坐果稳定后，主要在结果过密处，疏去小果、双子果、畸形果、细弱枝上过多的果实及光线不易照到、着色不良的下垂果，留果个大、果形正、发育好、无病虫危害的幼果。一般一个花束状果枝留3～4个果实，叶片不足5片的弱花束状果枝不宜留果。

（2）浇好促果水　谢花后到果实成熟前，这期间甜樱桃生长最旺盛，对水分的供应最敏感，如果水分不足就会发生幼果早衰和落果，因此浇水要勤，一般浇2～3次。

（3）防止和减轻裂果　甜樱桃在果实生长发育期间，若前期干旱，后期灌水或遇大雨，常常会造成不同程度的裂果，严重影响商品价值。裂果的轻重和品种有关：有些品种较抗裂果，如拉宾斯、萨米脱等；有些品种成熟期早，在雨季到来之前已经成熟，如意大利早红、红灯、芝罘红等。另外在土壤管理方面，要保持土壤的湿度比较稳定，防止土壤忽干忽湿，特别是临近成熟前，不能灌水，土壤湿度稳定即不产生裂果。在果实成熟前架设防雨棚也可起到防止裂果的作用。

另外，花后20d喷10mg/L赤霉素，可减少裂果；采收前25d喷12mg/L赤霉素+0.3%氯化钙水溶液，每周喷一次，可大量减少裂果。

（4）防止鸟害　大樱桃成熟时节常有鸟类取食，造成很大经济损失。在樱桃园内悬挂稻草人或用塑料制作的猛兽形象吓跑害鸟；用扩音器播出有害鸟惨叫声的录音磁带把害鸟吓跑；用高频警报装置干扰鸟类的听觉系统；也可以采用架设防鸟网的方法，把树保护起来（图 4-14）。

图 4-14 架设防鸟网

（5）摘叶铺膜 在果实着色期，将遮挡果实的叶片摘掉；同时树冠下铺银色反光膜，促进内膛果实着色。

（6）根外追肥 果实膨大期到着色期喷 0.3% 磷酸二氢钾 2 ～ 3 次，对提高坐果率、增加产量、提高品质很有用。

（7）防治病虫害 为有效防治桑白蚧、红蜘蛛、卷叶蛾、蚜虫类、潜叶蛾等，可喷施 5% 噻螨酮乳油 2000 ～ 3000 倍液；6 月份及时防治流胶病，可采用人工刮治的方法。

（8）果实采收 樱桃果实应适时采收，随熟随采、分批分期采收。采收时注意轻采轻放，不要损伤花束状果枝。采收后进行分级、包装、上市。

5. 采果后管理

（1）修剪 去除过密、过强及扰乱树形的枝。采后调整大枝，可以有效改善树冠光照条件，调节树体各部分生长发育势力，对于均衡树势、促进成花效果显著。拉枝主要针对一年生大枝和各类骨干枝在秋季进行。秋季拉枝效果好于春季，秋拉枝时枝条柔软，有叶片，较易拉开，而且秋拉枝可显著促进枝上芽的分化和养分积累，次春萌芽率高，形成的短枝健壮，易成花。

（2）采后补肥 果实采收后，是树体恢复和花芽分化的重要时期。落叶前可喷施高浓度的尿素和磷酸二氢钾，增加枝条养分积累。需要结合施肥进行灌水，及时中耕松土，消灭杂草。

（3）秋施基肥 9 月份结果树每株可施腐熟鸡粪 40kg，有利于花芽的继续分化和安全越冬。幼树秋施基肥可与扩穴深翻结合进行。

（4）病虫害防治 防治红颈天牛、介壳虫（40% 杀扑磷乳油 1500 倍）、红蜘蛛（5% 噻螨酮乳油 2000 ～ 3000 倍）等虫害和叶部病害，并及时做好果园锄草，覆盖地膜的果园应揭膜盖草，覆草厚度为 20cm。注意防早期落叶。

6. 落叶、休眠期

（1）清园 10 月份落叶后，及时清理果园，收集病果、病枝等，并集中烧毁或深埋，消灭越冬病源，减少第二年病虫害发生。

（2）灌封冻水 土壤结冻前浇一次封冻水，使树体吸足水分，有利于安全越冬。

（3）树干涂白 用涂白剂涂主干和主枝，既可防止冻害又可杀死在枝条上越冬的病虫。

图 4-15 新栽树防寒

（4）树体保护 为有效预防冻害，对当年新栽果树，可用塑料袋从树顶套到基部，且在上部和中部扎紧，下边袋口铺在树下，取根系外的土压在上面，土厚 15cm 左右（图 4-15）；也可以在树北面 50cm 处培月牙埂，埂长 1.5 ～ 2.0m，高 0.5cm，埂前覆地膜，可以挡风、防寒、护根和防抽条。对于大树，可每月喷一次 250 ～ 300 倍羧甲基纤维素溶液，以防止冻害和抽条；萌芽前喷 3 ～ 5°Bé 石硫合剂，消灭越冬病虫害；根据当地气象预报，采用早春灌水、树体喷 5% 石灰水避开霜期；也可于萌芽前喷布 0.8% ～ 1.5% 食盐水，或 27% 高脂膜乳剂 200 倍液延迟花期，避开霜冻。

冬季，常有野兔、鼠类等啃咬树皮或树根，损伤越冬树体。可在树干周围设置有刺植物，主干涂石灰混合剂，用毒饵诱杀鼠类等方法预防。

（5）修剪　由于樱桃枝条组织松软，导管粗，剪口容易失水，形成干桩，使剪口留的芽枯死，所以休眠期修剪时期要晚，一般在芽萌发以前进行。休眠期修剪时注意要轻剪长放，疏除密生的中小型枝，对细弱冗长枝回缩到壮枝、壮芽处，并注意对剪锯口处涂油漆保护。同时剪除病虫枝，刮除老翘皮并集中烧毁。由于甜樱桃结果枝上的花芽是纯花芽，开花结果后不再发芽。因此，在短截修剪、回缩结果枝组时，都要注意顶端必须是叶芽。另外，樱桃伤口愈合能力较弱，愈合时间长，剪口容易向下干枯，容易流胶，引起伤口溃烂，因此在修剪时不宜大拉大砍，形成大伤口。

复习思考题

1．请说出当地桃树的主栽品种及其特点。
2．桃树生长期如何进行修剪？
3．简述桃树施肥技术。
4．桃树如何进行疏花疏果？
5．简述杏树坐果率低的主要原因。
6．如何预防杏树花期霜冻？
7．如何预防樱桃裂果？
8．樱桃采果后如何进行管理？

第五章

浆果类果树栽培

目的要求 了解生产中葡萄、树莓、蓝莓常用品种及其特点；熟悉葡萄树常用树形及整形技术；掌握葡萄、树莓、蓝莓周年栽培管理技术。

学习要点 葡萄常用品种及特点；葡萄架式；葡萄树形及整形技术；葡萄周年生产技术；树莓常用品种及特点；树莓架式；树莓周年生产技术；蓝莓常用品种及特点；蓝莓周年生产技术。

技能要点 葡萄出土上架；葡萄生长期修剪；葡萄施肥；葡萄采收；树莓修剪；树莓施肥；蓝莓修剪；蓝莓采收；蓝莓病虫害防治。

职业素养 团结协作精神；吃苦耐劳精神；严谨认真工作态度；质量意识。

第一节 葡萄栽培技术

一、葡萄主要品种

葡萄主要鲜食品种见表 5-1。

表 5-1 葡萄主要鲜食品种及其性状表

品种名称	来源	平均穗重 /g	平均粒重 /g	形状与色泽	成熟期	其他特性
京秀	欧亚种，北京	513	6.3	椭圆形，鲜紫红色	7 月下旬至 8 月上旬	树势较强，坐果好，不裂果，较丰产，耐运输
86-1	欧亚种，辽宁鞍山	550	5.5	长卵圆形，紫红色	7 月下旬	植株生长中庸，坐果率高，不裂果，具有玫瑰香味，早果性强，丰产
粉红亚都蜜	欧亚种，日本	1000	9 ～ 12	长椭圆形，粉红至紫红色	7 月下旬	长势强，丰产，抗病，果实不裂果，极耐贮运

续表

品种名称	来源	平均穗重/g	平均粒重/g	形状与色泽	成熟期	其他特性
京亚	欧美杂交种，北京	480	9.5	椭圆形，紫黑色	8月上旬	树势中等，丰产。抗黑痘病，易感灰霉病，不抗湿。极早熟
无核白鸡心	欧亚种，美国	500	5.2	圆锥形，黄绿色	8月中下旬	较丰产，生长势强，适应性强，易感染
藤稔	欧美杂交种，日本	450	15～16	近圆形，黑紫色	8月下旬	树势健壮。萌芽力强，成枝力弱，丰产性好。抗霜霉病强于巨峰，易感灰霉病
玫瑰香	欧亚种，英国	402	5	椭圆形，深紫红色	8月下旬至9月上旬	树势中等，成花力极强，适应性强，抗寒性强，较抗盐碱
辽峰	欧美杂交种，中国	600	14	圆形或椭圆形，紫黑色	9月上旬	丰产性强，早果性好，抗病性强
巨峰	欧美杂交种，日本	558	13	圆形，紫黑色	9月中旬	丰产，抗病力较强，南、北方均可栽培
巨玫瑰	欧美杂交种，中国	675	10	椭圆形，紫红色	9月上中旬	早果性、丰产性好，不裂果，不落粒。抗病力较强
夕阳红	欧美杂交种，中国	850	13	椭圆形，果皮紫红色	9月中下旬	果肉有明显玫瑰香味。早果性好，丰产性强，抗病性较强
阳光玫瑰	欧美杂交种，日本	600	7～12	圆形，黄绿色	9月中下旬	丰产、稳产。较抗白腐病、霜霉病、白粉病
妮娜皇后	欧美杂交种，日本	700～750	15	圆形，红色	9月中下旬	早果性强，丰产性好，适应环境能力和抗病能力较强
美人指	欧亚种，日本	580	10～12	果粒长椭圆形，紫红色	9月下旬	果实耐贮性好，抗病性弱，枝条成熟较晚
红地球	欧亚种，美国	800	13	长椭圆形，紫红色	9月下旬	不掉粒，耐贮运，抗病性差
秋黑	欧亚种，美国	720	10	长椭圆形，蓝黑色	10月上中旬	果肉硬，不落粒，极丰产，易感黑痘病

二、葡萄园架式与设立

葡萄是多年生藤本植物，枝蔓比较柔软，栽培时需要搭架才能使植株形成良好的树体结构和叶幕结构，才能充分利用光能、保持良好的通风透光条件和减少病虫害的发生，同时便于在园内进行一系列的管理和操作。目前，生产上应用较多的是篱架和棚架两大类。

1. 篱架

架面与地面垂直或略为倾斜，葡萄枝蔓分布在上面形成篱壁状，故称篱架，这种架式一般采用南北行向栽植。篱架主要适宜生长势较缓和的品种和平地大型葡萄园。篱架主要类型有单篱架、双篱架、“T”形架等。

（1）单篱架结构特点及搭建技术　沿葡萄栽植行向设一排立柱，立柱距葡萄栽植行30～40cm，架面与地面垂直。架高因行距而定，一般架高150～180cm。架上横拉2～4道铁丝。具体应用时其架高和铁丝的道数应依据品种、树形、气候、土壤等情况而定。建架时，行内每600cm设一支柱（采用钢管、水泥柱等）。边柱埋入土中70cm，在其内侧用支柱加固或者边柱稍向外倾斜，并在其外侧用锚石固定（图5-1）。中柱埋入土中50cm，然后用8号镀锌铁丝按要求连接支柱，最下面第一道铁丝距离地面50～60cm，以上间距40～50cm。铁丝用紧丝器拉紧，然后用“U”形钉或其他方法将铁丝固定在各个支柱上。在每行两端的铁丝上安放一个紧线装置，以便随时拉紧铁丝。

采用单篱架时，葡萄植株单行栽植，枝蔓向上均匀引缚在架面上。叶幕呈直立长方形（图5-2）。单篱架的优点是：适宜密植，田间管理方便，适于机械化作业（耕作、喷药、埋土、出土、采收等）；架面通风透光好，整形快，结果早，早期丰产性能好，果实品质佳；支架容易，架材较省。缺点是：有效架面相对较小，行间漏光量大；架面垂直受光不均匀，架面上部顶端优势强，结果部位容易上移，日烧较严重；架面下部受光差、受光时间短，果穗距离地面较近，易感染病害和受泥土污染，果实品质差；后期树体老化、产量低、质量差。

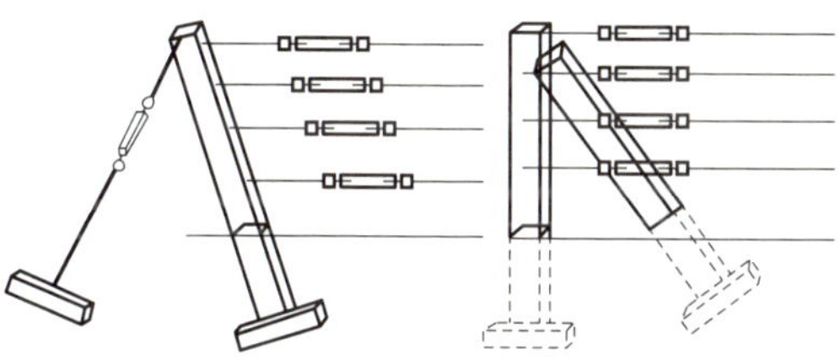

图5-1　葡萄架边柱的加固

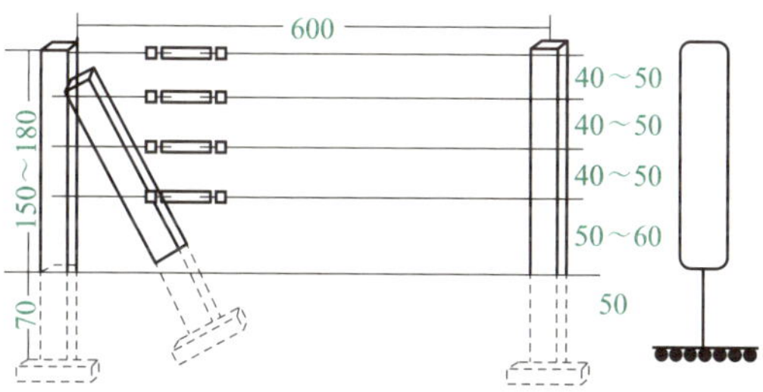

图5-2　单篱架及叶幕结构示意图（单位：cm）

单篱架适合冬季比较温暖、葡萄不下架防寒或埋土比较少的地区。适于生长势较弱的品种采用，常用的树形有扇形、龙干形、单臂水平形、双臂水平形等。

（2）双篱架结构特点及搭建技术　沿葡萄栽植行向设两排立柱，垂直于地面或略向外倾斜，并用钢筋或铁丝相连接。两排立柱基部相距60～70cm，顶部相距100～120cm，呈倒梯形。一般架高150～180cm。2行立柱上同样横拉2～4道铁丝。建造时可用双排支柱，也可用单排支柱而每柱上加3～4道横木梁。边柱及中柱的设置方法参考单篱架中设置方法。

葡萄植株定植在两壁当中或采用带状双行栽植（宽窄行相间）。枝蔓向两侧均匀引缚在两个架面上，也可以交替向一壁分布。叶幕呈“U”型或开张“V”型（图5-3）。双篱架的主要优点是：单位土地面积上有效架面比单篱架增加，光能利用率提高，单位面积产量较高。缺点是：通风透光条件不如单篱架，易发生病虫害，对肥水和植株管理要求

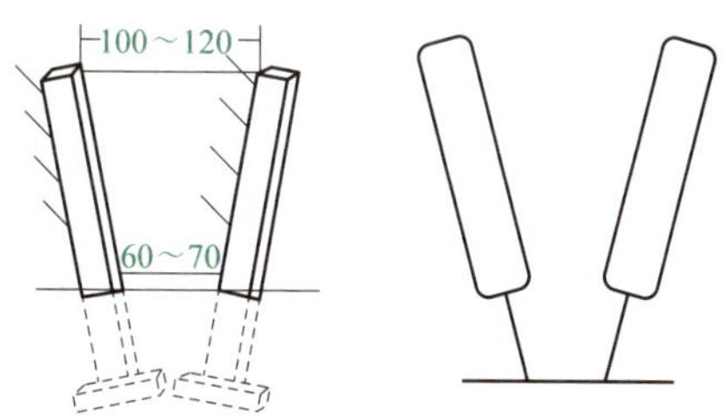

图5-3　双篱架及叶幕结构示意图（单位：cm）

较高；上架、下架埋土防寒、管理和机械化操作不方便；工作量较大，架材投资大；双篱架在与单篱架同样高度时，行距应适当扩大。

双篱架适合光照、肥水管理条件较好的园地和生长势较弱的品种。常用的树形有扇形、水平形、龙干形等。

（3）宽顶单篱架（“T”形架）结构特点及搭建技术　宽顶单篱架是在单篱架的顶端设一根横梁，横梁垂直行向方向，长度60～100cm，使架面呈“T”形，故称“T”形架。在横梁两端各拉一道铁丝，在立柱上拉1～2道铁丝。宽顶单篱架的高矮和宽窄，因品种和生长势而变化。

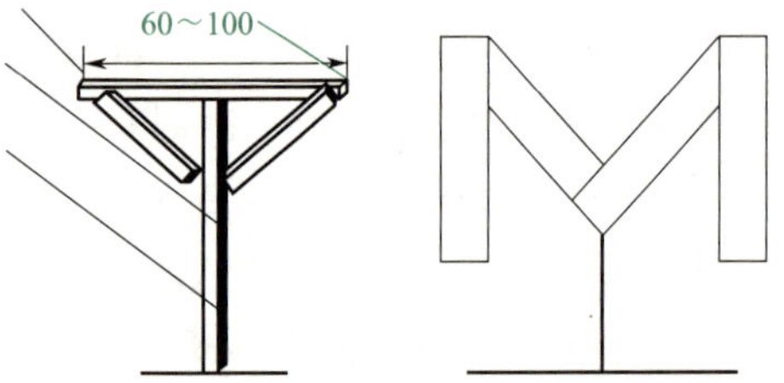

图5-4　宽顶单篱架及叶幕结构示意图（单位：cm）

葡萄植株采用单行栽植，枝蔓均匀引缚在横梁两端的铁丝上。叶幕呈“V”型或“M”型（图5-4）。宽顶单篱架优点是：架面增大，枝叶分散，通风透光，树势缓和，较单篱架增产；果穗悬垂，病虫害轻，品质优；省工，便于管理，有利于机械化作业等。缺点是：行间空间变小，制作安装较单篱架费工费料。

这种架式比较适合不防寒地区生长势较强的品种，适宜的树形有单干双臂水平龙干形等。

2. 棚架

架面与地面平行或略倾斜，葡萄枝蔓均匀分布于架面上形成棚面，常用的棚架类型主要有水平棚架、倾斜大棚架、倾斜小棚架、篱棚架、独龙架等。

（1）水平棚架结构特点及搭建技术　水平棚架即把一个连片的栽植区整体搭成一个水平的棚架。一般架高180～220cm，每隔4～5m设一立柱，呈长方形或方形排列，四周边柱用锚石和紧线器把骨干线拉紧固定，周边的骨干线和内部通过立柱的骨干线用比较粗的钢绞线，骨干线之间的载蔓线用12号铁丝，纵横牵引成50cm^{2}的网格，形成一个水平的棚面。枝蔓水平均匀分布在距地面较高的棚面上。

植株栽植株行距较大，叶幕为水平叶幕（图5-5）。优点是：植株生长缓和，通风良好，光照分布均匀；枝、芽、叶、果生长发育平衡关系容易调控，果穗整齐，果实着色好、日灼轻，果品质量高，产量稳定，病虫害轻；土、肥、水管理相对集中；架下空间大，便于小型机械作业。缺点是：前期产量较低；埋土防寒地区上、下架比较费事，夏季修剪不及时会造成架面郁蔽和病害加重。

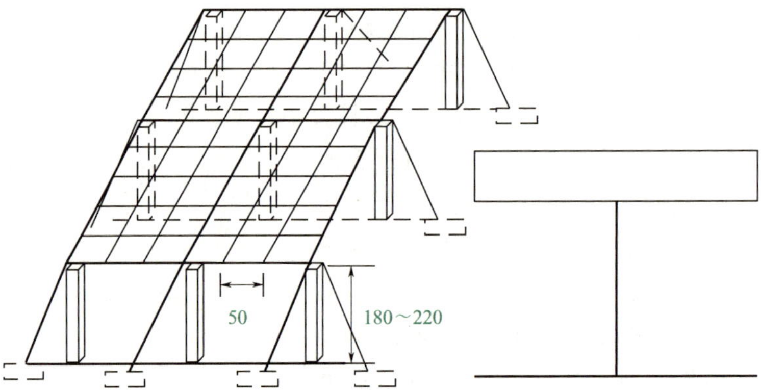

图5-5　水平棚架及叶幕结构示意图（单位：cm）

水平棚架适合平地葡萄园和生长势较强的品种。常用的树形有水平龙干形、“H”形和“X”形等。

（2）倾斜大棚架结构特点及搭建技术　架长 8 ～ 10m，架根（距离葡萄栽植行最近的第一排立柱）高 1.0m，前柱（距离葡萄栽植行最远的一排立柱）高 2 ～ 2.5m，架根和前柱中间每隔 4m 左右设立一根中柱，中柱高度从架根向前柱逐渐升高，在架根和前柱上设横杆，在横杆上沿行向每隔 50cm 拉一道铁丝，形成倾斜式架面。搭建时先将边柱和边横梁固定好，然后整好所有的支柱和横梁，最后固定铁丝。

植株距离架根 0.5 ～ 1m 单行栽植，枝蔓倾斜均匀分布在架面上。叶幕与地面稍有倾斜，近树侧较低，远树侧较高（图 5-6）。优点是：单位面积植株栽植少，覆盖面积大；便于土、肥、水集中管理，通风透光；架面离地较高，能有效控制病虫害。缺点：栽植密度小，树冠成形慢，早期丰产性差；棚面过大，单株负载量大，对肥水和整形修剪要求较高，管理不当容易出现枝蔓前后长势不均衡，结果部位前移，后部光秃，主蔓恢复和更新较难；棚架较矮或低矮的倾斜部分，机械化作业比较困难。

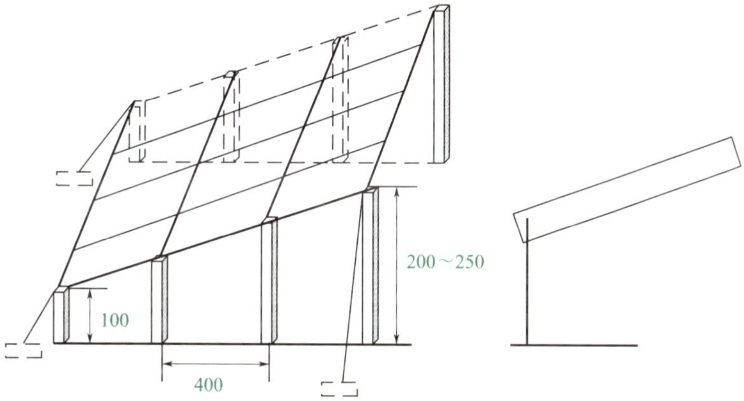

图 5-6　倾斜大棚架及叶幕结构示意图（单位：cm）

倾斜大棚架适合埋土防寒地区和地形复杂的山坡地，适合生长势比较强的品种；常用的树形有龙干形、扇形等。

（3）倾斜小棚架结构特点及搭建技术　架形结构与大棚架大同小异。架长 4 ～ 6m，架高比倾斜大棚架有所降低。小棚架弥补了大棚架的缺点，优点是：可以增加单位面积的栽植株数，有利于早期丰产；主蔓较短，便于下架防寒和出土上架，前后生长均衡，容易调节树势，产量稳定，通过及时整形可以丰产、稳产，更新容易。

适合我国北方埋土防寒地区、丘陵坡地及地形不整齐的地块使用，适宜生长势中等的品种采用，常用的树形有龙干形、扇形等。

（4）篱棚架结构特点及搭建技术　是一种兼有篱架和棚架的架式，故称为篱棚架，基本结构与小棚架相同。架长 4 ～ 6m，但架根提高到 1.5 ～ 1.6m，前柱高 2 ～ 2.2m。建架时篱架面拉 2 ～ 3 道铁丝，去掉最上一道铁丝；棚架面拉 4 ～ 6 道铁丝，第一道铁丝与立柱保持 30 ～ 40cm 的距离。

植株距离架根 0.5 ～ 1m 单行栽植，在篱架上形成篱壁后按一定的倾斜度向棚架上生长，枝蔓均匀分布于两个架面上。叶幕由两部分组成（图 5-7）。篱棚架除兼有篱架和棚架的优点之外，架面比较大，能有效地利用空间、光能和提高产量；从定植到盛果期短，早期丰产。

缺点是：由于棚架架面遮挡，往往使篱架架面通风透光性下降，影响篱架架面的果实产量和质量；此外，植株的主蔓从篱架面转向棚架面时，若弯拐得过“死”，容易造成篱架面和棚架面生长不均衡，出现上强下弱的现象，需加强修剪，防止植株枝蔓过旺生长。

篱棚架适合我国北方埋土防寒地区生长势较强的品种，常用的树形有龙干形、扇形等。

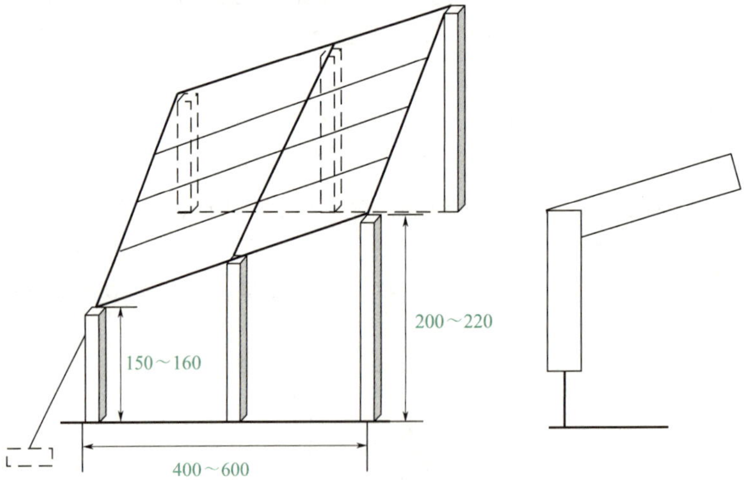

图 5-7 篱棚架及叶幕结构示意图（单位：cm）

三、葡萄常用树形及整形技术

目前，生产上应用较多的树形有无主干多主蔓自然扇形、无主干多主蔓规则扇形和龙干形（包括独龙干、双龙干、多龙干、双臂水平龙干形等），下面以多主蔓自然扇形和龙干形为例说明其整形过程。

1. 无主干多主蔓自然扇形

（1）树体结构特点 没有明显的主干，每株一般有 3～5 个（单篱架）或 7～8 个（双篱架）主蔓，随着株距的减小，主蔓数减少。主蔓上不规则地配置 1～3 个侧蔓，每个侧蔓上配置 2～3 个结果母枝，主侧蔓之间保持一定的从属关系。在主蔓和侧蔓的中下部留少量预备枝。各种枝蔓呈扇形均匀分布于架面上（图 5-8）。

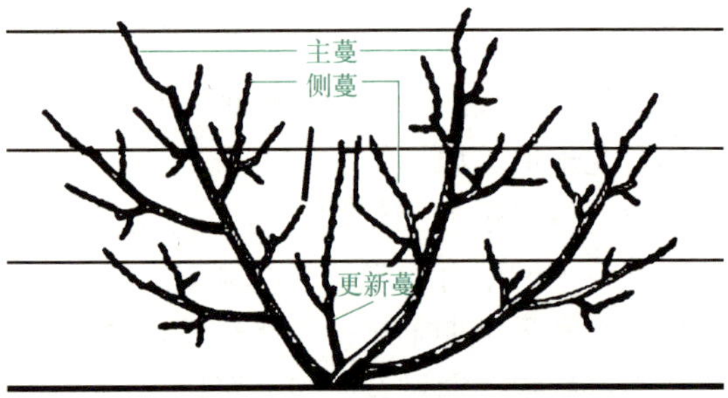

图 5-8 无主干多主蔓自然扇形

（2）整形过程 无主干多主蔓自然扇形的整形过程比较简单（表 5-2），一般在 3～4 年内即完成整形，但在双篱架情况下每株培养 7～8 个主蔓和侧蔓，需要较长时间。

表 5-2 无主干多主蔓自然扇形整形修剪过程

时期	整形修剪方法
第一年	春季：定植时留 3～5 个芽剪截。萌芽后选留 3～4 个健壮新梢作主蔓，其余全部去除。 夏季：新梢长到 80cm 时摘心，顶端发出的第一副梢留 3～5 片叶反复摘心，其余副梢留 1 片叶反复摘心。 冬季：冬剪时，壮枝留 50～80cm 短截，成为主蔓。弱枝留 30cm 短截，下一年继续培养主蔓

续表

时期	整形修剪方法
第二年	春季：每一主蔓上选留顶端一个粗壮的新梢作为主蔓延长枝，选留 1 ～ 2 个侧生新梢作为侧蔓。 夏季：延长梢达 70cm 时摘心，侧蔓新梢留 40cm 摘心，以后可以参照第一年的方法摘心。 冬季：冬剪时主蔓延长蔓留 50cm 短截。生长势强的侧蔓留 4 ～ 6 个芽短截，生长势弱的侧蔓留 2 ～ 3 个芽短截，以便下一年培养结果枝组
第三年	春季：每一侧蔓上抽生的新梢中，选留 2 ～ 3 个新梢作为未来的结果母枝，结果母枝相距 10 ～ 15cm。 夏季：新梢达 70cm 时摘心。 冬季：冬剪时主蔓延长蔓留 50cm 短截，侧蔓留 2 ～ 6 个芽短截，根据品种和树势的不同，结果母枝留 2 ～ 5 个芽短截
第四年	当主蔓高度达到第 3 道铁丝并且有 3 ～ 4 个枝组时，整形基本完成。以后主、侧蔓延长枝可以按结果母枝长度剪截，并注意回缩更新，以保持株形、植株大小和健壮生长。结果母枝根据长势，采取长、中、短梢修剪

2. 龙干形

（1）树体结构特点　龙干形是我国北方葡萄栽培中常用的一种整形方式。每个植株留 1 个或多个大小和长短基本相同的主蔓（称龙干），自地面一直伸延到架面前端。根据龙干的多少可以分为独龙干、双龙干、多龙干，各龙干之间的距离约为 50cm。在龙干上不配备侧蔓，而直接着生结果枝组，枝组间距 20 ～ 25cm。枝组中的结果母枝均行短梢修剪或极短梢修剪，龙干先端的延长枝行中长梢或长梢修剪（图 5-9）。

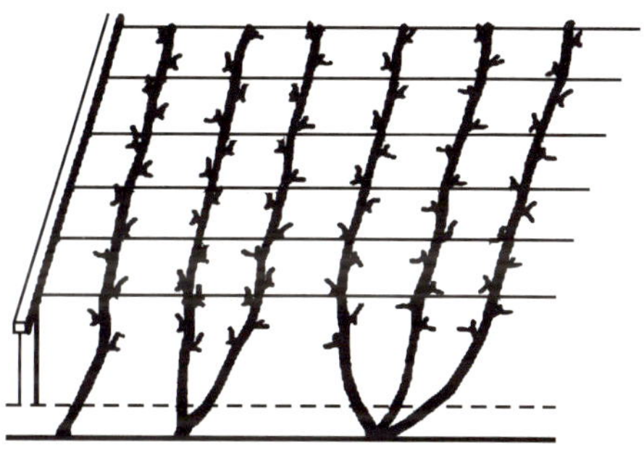

图 5-9　龙干形

（2）整形过程　独龙干、双龙干、多龙干均以龙干为基本单元，其结构相同，现以独龙干为例介绍其整形过程（表 5-3）。

表 5-3　独龙干整形修剪过程

时期	整形修剪方法
第一年	定植后留 2 ～ 3 个芽进行剪截，萌芽后，选留一个生长健壮的新梢向上引缚培养为主蔓，其余抹除。夏季当新梢长至 1.5m 左右时摘心，最晚不能晚于 8 月中下旬。对其上发出的副梢留 1 ～ 2 片叶反复摘心。冬剪时，一般剪留长度为 1.2 ～ 1.5m，所有副梢全部去除。若主蔓粗度小于 0.8cm，留 3 ～ 5 个芽平茬，翌年重新培养主蔓
第二年	春季发芽后选留顶端健壮新梢作为主蔓的延长梢，抹除龙干基部 30cm 以下的芽，其上每隔 20 ～ 30cm 留一个壮梢作结果枝。夏季主蔓的延长梢留 15 ～ 18 片叶摘心，营养枝和结果枝均留 8 ～ 12 片叶摘心。枝条顶端副梢留 3 片叶反复摘心，其余副梢留 1 片叶反复摘心。冬剪时主蔓每隔 20 ～ 30cm 留一个结果母枝。主蔓延长梢剪留 12 ～ 15 个芽，其余结果母枝都留 2 ～ 3 个芽短截
第三年	在主蔓延长梢上继续选留结果新梢，方法同第二年。春季在上一年培养的结果母枝上，各选留 2 ～ 3 个好的结果枝或营养枝培养枝组。夏季留 8 ～ 12 片叶摘心并及时处理副梢。冬季修剪时可以参考上年修剪方法继续培养主蔓和结果枝组
第四年	第四年后各年的冬季，将龙蔓逐渐回缩，由下面的一年生枝作延长枝，以促进下部芽的萌发，防止基部光秃

四、葡萄周年生产管理技术

1. 葡萄萌芽前管理

（1）出土上架　春季气温达 10℃，葡萄根系层土温稳定在 8℃时，葡萄树液开始流动到芽眼膨大之前及时出土。一般以本地的山桃、杏树开花时出土为宜。葡萄出土最好一次完成，否则，枝蔓上面留有很薄的土层或草等覆盖物，容易引起芽眼提前萌发，上架时易被碰掉。但在有晚霜危害的地区应分两次撤除防寒物。出土时要求尽量少伤枝蔓。

对于盛果期的树，出土后应立即上架，以防上架过晚，芽眼萌发碰掉芽体；对于幼树，为了使芽眼萌发整齐，出土后可将枝蔓在地上先放几天，等芽眼开始萌动时再将枝蔓上架，并均匀绑在架面上。绑蔓时各主蔓尽量按原来生长方向拉直，相互不要交错纠缠，并在关键部位绑缚于架上，龙干形的各龙干间距 50 ～ 60cm。注意不要弄断多年生老蔓。

枝蔓绑缚时既要绑紧，又要给枝条留有增粗的余地。通常采用“8”形或马蹄形引缚。绑缚材料要求柔软，经风、雨侵蚀在 1 年内不断为好。目前，多以塑料绳、马蔺、稻草、麻绳或地膜等材料绑缚。

葡萄出土上架

（2）扒老皮、清园、修树盘　出土上架后，可及时刮除枝蔓老皮，彻底清理僵果、残枝、穗梗、落叶、杂草等，并带出园外深埋或集中烧掉，以消灭越冬病原和虫卵，然后耙平行间空地，修整好畦面。

（3）打药　葡萄上架后至萌芽前，喷一次 5°Bé 石硫合剂，加 0.3% 洗衣粉或 0.3% 五氯酸钠溶液，或 800 倍多菌灵等，防治各种越冬病虫。

（4）土肥水管理　在芽眼萌动前追施速效性化肥。一般每亩施入尿素 20 ～ 25kg 或碳铵 35 ～ 40kg，配合少量的磷、钾肥，使用量占全年的 10% ～ 15%；结合施萌芽肥，进行一次全园中耕，深度一般 15 ～ 20cm。施肥后浇一遍透水，当畦面地表见白时及时中耕松土，深度 8 ～ 10cm。有条件的地方可用地膜、秸秆、稻草对地面进行覆盖。

上年秋季没有施基肥的葡萄园，春季可以补施农家肥。每亩施农家肥 4000 ～ 5000kg，拌入过磷酸钙 75 ～ 100kg。施肥后浇 1 次水。

2. 萌芽、新梢生长期管理

（1）抹芽与定枝　抹芽一般分两次进行：第一次抹芽在萌芽初期进行；第二次抹芽在第一次抹芽后 10d 左右进行。定枝一般在展叶后 20d 左右，新梢 15 ～ 20cm 时，已经能辨别出有无花序时进行。

根据架面空间大小、树势强弱、修剪方式、芽的质量与位置等进行抹芽与定枝。稀处多留、密处少留、弱芽不留。篱架每平方米保留新梢 15 ～ 20 个，棚架每平方米保留新梢 10 ～ 15 个，欧洲种适当多留，欧美种和欧亚种适当少留；树势强的抹芽宜晚，抹芽数量要少，以分散养分，削弱树势。树势弱的抹芽宜早，抹芽数量宜多，以集中养分；短梢和极短梢修剪的树，抹芽宜少，长梢修剪的树可多抹芽和多疏枝；在规定的留梢量上，留早不留晚，留肥不留瘦，留下不留上，留花不留空，留顺不留夹。

图 5-10　抹芽

第一次抹芽，主要抹除主干、主蔓基部的潜伏芽和着生方向、部位不当的芽，以及三生芽、双生芽中的副芽、弱芽、过密芽等（图 5-10），如棚架整形距地面50cm以下的芽，篱架整形距地表30cm以下的芽，使每个节位上只保留1个健壮主芽。第二次抹芽，主要抹除萌芽较晚的弱芽、无生长空间的夹枝芽、靠近母枝基部的瘦弱芽、部位不当的不定芽等。

疏枝时，疏除徒长枝、过密枝、过强枝、过弱枝、下垂枝、病虫枝等（图5-11）。

图5-11 疏枝

对巨峰、峰后、藤稔等坐果率低的大叶型品种，新梢应适当少留，对红提、晚无核等坐果率高的小叶型品种新梢应适当多留。

对生长势强的品种，棚架每平方米架面留梢8～10个。篱架每平方米架面留梢10～13个。对生长势中庸品种，棚架每平方米架面留梢12～15个。篱架每平方米架面留梢15～20个。对生长弱的品种每平方米架面留梢20～25个。

葡萄定枝

强结果母枝上可多留新梢，弱结果母枝则少留，有空间处多留。一般中长母枝上留2～3个新梢，中短母枝上留1～2个新梢。定梢还应考虑到果园负载量，定梢定果后及时引绑固定，防止风折。

（2）疏花序与花序整形　在新梢达到20cm以上时，花序露出后开始疏花序，到始花期完成。对于树势强，花序大且多，又容易落花落果的品种，如巨峰品种群，疏花序的时期可适当推后。对树势弱、花序小、坐果较好的欧亚种葡萄品种如红地球等，在新梢上能辨明花序的多少和大小时，疏花序越早越好，这样可以节约树体营养。对大穗大粒型的品种，原则上壮枝留1～2个花序，中庸枝留1个花序（图5-12），延长枝及细弱枝不留花序；对小穗品种可适当多留。选留的花序要大而充实，发育良好，疏去过多的花序和小而松散、发育不良、穗梗纤细的劣质花序。

图5-12 疏花序

葡萄疏花序

花序整形的主要内容有去副穗、掐穗尖。时间一般在花序分离后至开花前进行，可在花前5～7d与疏花序同时进行。方法有“掐穗尖、去副穗、去分枝法”和“留穗尖法”。“掐穗尖、去副穗、去分枝法”适用于有核结实的葡萄，方法是先将大中型花序的穗尖掐去全长的1/5～1/4（图5-13），去掉影响穗形的副穗（图5-14）；对于花序肩部较大的分枝，如果影响穗形，可疏除，也可以将其尖端掐去一部分（图5-15、图5-16）；其他小分枝如扰乱穗形，也可将其尖端掐去一部分，只留基部的小花，使果穗自上至下呈圆锥形或圆柱形，穗轴长度保持在9～10cm，均匀分布12～15个小花序。

“留穗尖法”既适用于无核品种、有核品种，还适用于无核化处理的葡萄，不同品种保留穗尖的长度不同（图5-17）。建议夏黑、8611等品种在见花前2～3d至始花期穗尖保留7cm；巨峰系品种如巨峰、藤稔、辽峰等品种的无核、保果处理，建议在见花前2～3d至

图 5-13 掐穗尖

图 5-14 去副穗

图 5-15 花序过长分枝处理前状态

图 5-16 花序过长分枝处理后状态

整形前状态

正在整形

整形后状态

图 5-17 花序整形－留穗尖法（陶建敏）

始花期穗尖保留 5cm；阳光玫瑰无核化时，建议在见花前 2 ～ 3d 至始花期穗尖保留 6 ～ 7cm。应用此种方法时，建议不要掐掉穗尖的先端，否则会影响花序的伸长，可以在果实达绿豆粒大小疏果时再定穗长、去穗尖。

葡萄花序整形

生产中花序整形一般采用疏果剪或手掐的方法，也可以用花序整形器提高工效（图 5-18）。据统计，使用疏果剪和手掐进行花穗整形的平均用时为 25 秒 / 穗，使用花序整形器平均用时为 9 秒 / 穗，但花序整形器比较昂贵，且经常展现刀头变钝、折断花序等弊端。

3. 摘心

（1）结果枝摘心　对于落花落果严重、坐果率低的品种如玫瑰香、巨峰系等，一般在开花前 4 ～ 7d 开始至初花期在花序以上保留 4 ～ 5 片叶摘心（图 5-19）。对于坐果率高如无核白鸡心、红地球、瑞必尔、黑大粒、藤稔、金星无核等品种多在开花后即落果期进行，一般在花序以上保留 5 ～ 7 片叶摘心。除此以外结果枝摘心还要考虑枝条的生长势，生长势强的果枝多留叶，生长势弱的果枝少留叶。

图 5-18　花序整形器（王忠跃）

图 5-19　摘心

（2）营养枝摘心　营养枝摘心根据生长期的长短而不同。具体见表 5-4。

表 5-4　营养新梢摘心程度一览表

地区	摘心程度	地区	摘心程度
生长期少于 150d 的地区	细弱梢留 6 ～ 7 片叶摘心； 中庸梢留 8 ～ 10 片叶摘心； 强旺梢留 10 ～ 12 片叶摘心	生长期大于 180d、干旱少雨的地区	细弱梢留 8 ～ 10 片叶摘心； 中庸梢留 10 ～ 12 片叶摘心； 强旺梢留 12 ～ 14 片叶摘心
生长期在 150 ～ 180d 的地区	细弱梢留 8 ～ 10 片叶摘心； 中庸梢留 10 ～ 12 片叶摘心； 强旺梢留 12 ～ 14 片叶摘心	生长期大于 180d、多雨的地区	细弱梢留 10 ～ 12 片叶摘心； 中庸梢留 12 ～ 14 片叶摘心； 强旺梢留 14 ～ 16 片叶摘心

（3）延长枝摘心　用于继续扩大树冠的延长枝，可根据当年预计的冬剪剪留长度和生长期的长短适时进行摘心，生长期较短的北方地区应在 8 月上旬以前摘心，生长期较长的南方地区可以在 9 月上中旬摘心。摘心的适宜时期要使新梢在进入休眠之前能够充分成熟。

葡萄新梢摘心

（4）去卷须　在每次夏季枝梢处理时及时除去所有的卷须以节约营养、便于管理。

（5）副梢处理　副梢是指叶腋中的夏芽萌发的新枝，是葡萄植株的重要组成部分，生产上常利用副梢来加速树体的整形、培养结果枝组、进行二次结果等。对葡萄新梢进行摘心处理后，副梢很快萌发，如不及时处理会造成架面郁蔽，影响架面的通风透光，增加树体的营养消耗，引发病虫害，不利于生长和结果。

结果枝上副梢的处理：除顶端 1 ～ 2 个副梢留 1 ～ 2 片叶摘心，其余副梢从基部抹除（图 5-20、图 5-21），顶端产生的二次、三次副梢，始终只保留最前端 1 个副梢，留 1 ～ 2 片叶反复摘心，其他二次、三次副梢从基部抹除。

图 5-20 **顶端副梢留 1 叶摘心**

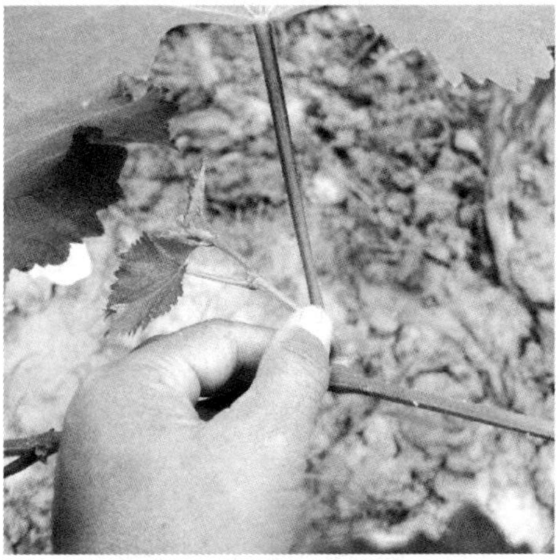

图 5-21 **抹除副梢**

对于无核化处理的辽峰葡萄，为保证后期果实转色时副梢上叶片的光合能力较强，可在开花前去除所有的副梢，开花后保留最前端一个副梢，留 2～3 片叶摘心，其余副梢全部抹除。

营养枝上副梢的处理：营养枝顶端的副梢可留 1 ～ 2 片叶反复摘心，其余副梢从基部全部抹去。

无论采用哪种方法，原则上都必须保证结果枝具有足够的叶面积，以保证浆果产量与质量。一般认为，每个结果枝上需保持 14 ～ 20 片正常大小的叶片。

（6）土肥水管理　从萌芽到开花期间，可以结合局部挖施肥沟、施肥穴对土壤进行翻土。根据当地气候条件、灌水和杂草生长情况进行中耕，深度为 5 ～ 10cm，里浅外深，尽量避免伤害根系。大型葡萄园多采用小型旋耕机中耕。

在幼叶展开、新梢迅速生长时，可根据树势情况开沟追施 1 ～ 2 次复合肥和氮肥。但对树势旺的植株，不再追氮肥。幼叶展开后可每隔 7 ～ 10d 叶面喷肥 1 次，缺锌或缺硼严重的果园，在花前 2～3 周喷数次锌肥或硼肥，常用 0.2% 磷酸二氢钾加 0.2% 硼酸或 0.2% ～ 0.3% 尿素加 0.2% 硼酸，以利正常开花受精和幼果发育。

在萌芽前灌水基础上，北方地区若天气干旱，土壤含水量少于田间最大持水量的 60% 时就需要灌水。一般结合追肥进行灌水。当新梢 10cm 以上可进行灌溉，以利于加速新梢生长和花器发育，增大叶面积，增强光合作用。以后视天气状况，干旱年景每隔 10 ～ 20d 浇一次小水。

（7）病虫害防治　葡萄开花前主要病虫害防治方法参见表 5-5。

4．开花坐果期管理

（1）加强生长季树体管理　新梢长到 40～50cm 时及时进行绑缚。继续进行定枝、摘心、去卷须、副梢处理等工作，以控制营养生长。继续进行疏花序、花序整形，调节营养生长和生殖生长的关系。

表 5-5 葡萄开花前病虫害防治一览表

时期	预防对象	预防措施
2～3 叶期	绿盲蝽、蓟马、红蜘蛛、介壳虫、毛毡病、白粉病	有红蜘蛛、毛毡病为害的园地，喷施 20% 哒螨灵可湿性粉剂 3000 倍液或 1.8% 阿维菌素乳油 3000～4000 倍液；绿盲蝽、介壳虫为害园地，喷施 10% 联苯菊酯微乳剂 3000 倍液或 70% 吡虫啉水分散粒剂 6000 倍液；有白粉病的园地，喷施 40% 氟硅唑乳油 8000 倍液或 12.5% 烯唑醇 2500 倍液或 10% 嘧菌酯悬浮剂 600～800 倍液
花序展露期	红蜘蛛、毛毡病、绿盲蝽、黑痘病、炭疽病	与 2～3 叶期措施配合。虫害发生重的园地，喷施 1 次杀虫剂；病害压力大的园地，喷施 1 次保护性杀菌剂，可选择的药剂与 2～3 叶期药剂相同
花序分离期	穗轴褐枯病、黑痘病、白腐病、炭疽病、白粉病、灰霉病、霜霉病	喷施广谱性保护性杀菌剂，如 50% 多菌灵 600～800 倍液或 80% 代森锰锌可湿性粉剂 800 倍液或 70% 甲基硫菌灵可湿性粉剂 800～1200 倍液；春季雨水多、霜霉病严重地区，在以上药剂中加入 50% 烯酰吗啉水分散粒剂 3500 倍液；灰霉病严重园地在以上药剂中加入 40% 嘧霉胺悬浮剂 1000 倍液
开花前 2～3d	穗轴褐枯病、黑痘病、白腐病、炭疽病、白粉病、灰霉病、霜霉病、透翅蛾、金龟子	病害防治药剂与花序分离期基本相同。有透翅蛾、金龟子为害地区，在上述药剂中加入 10% 联苯菊酯微乳剂 3000 倍液

（2）土肥水管理　开花坐果期禁止灌水。花期叶面喷 0.3% 的硼砂和磷酸二氢钾，以促进花粉管伸长、提高坐果率。缺锌严重的果园，在花前 2～3 周，应每隔 1 周叶面喷施锌肥，以利正常开花受精和幼果发育。

（3）应用生长调节剂

① 使用花序拉长剂。对于坐果好并且果穗极紧密的品种，如红地球、无核白鸡心等，使用花序拉长剂有利于花序整形并减少疏果用工。一般在开花前 7～15d 左右，新梢 6～7 片叶时，用 5mg/kg 赤霉酸或美国奇宝对花序进行浸蘸。花序拉长程度与使用时期有关，使用早花序拉长的大，使用晚花序拉长的不明显。因此，要根据使用时期调整使用浓度。使用花序拉长剂后要注意防治灰霉病和穗轴褐枯病，并采取保果措施和控制产量。

② 使用果实膨大剂。膨大剂处理一般在盛花后 5～7d 进行。以阴天或晴天下午 4 点以后为宜，将药液按照说明书配成一定浓度后，将果穗浸蘸 3～4 秒即可，然后抖落果穗上的多余药液，以免形成畸形果。由于不同的膨大剂对不同的品种处理效果不同，因此一定要按照说明书进行用药，注意使用时期、使用浓度和使用次数，以防造成果梗硬化导致落果。

③ 使用葡萄无核剂。葡萄无核化处理就是通过良好的栽培技术和无核剂处理相结合，使原来有籽（种子）葡萄果实内种子软化或败育，使之达到大粒、早熟、无籽、丰产、优质、高效的目的。其技术要点是选好对象，掌握时期和浓度，注意方法。

无核剂应提倡在壮树、壮枝上使用，并以良好的土肥水管理和树体管理为基础，果穗应整理成果粒紧密程度适当的穗形。目前使用的无核剂主要成分是赤霉素，根据各地的试验结果，使用时期为开花前 15d 到花后 15d 分两次处理。具体时间选晴朗无风天气用药，为了便于吸收和使药剂浓度稳定，最好在清晨 8～10 时或下午 3～4 时喷药、蘸药。若使用后 4h 内下雨，雨后应补施一次。药剂浓度范围较大，为 10～200mg/kg。

无核剂使用时注意以下几个问题：一是使用前仔细阅读产品说明书，并先进行试验再大面积应用，否则会出现穗轴拉长，穗梗硬化，容易脱粒、裂果等现象，造成不应有的损失；二是赤霉素不溶于水，需先用 70% 酒精或 60 度左右的白酒溶解再兑水稀释；三是通常采用浸蘸或喷施花序的方法（图 5-22）。

浸蘸花序

喷施花序

图 5-22 **无核剂使用方法**

5. 果实膨大、成熟期管理

（1）新梢管理 此期副梢生长旺盛，除了摘心外还要及时做好绑蔓、去卷须、副梢处理等工作，并保持架面通风透光，以促进枝蔓生长和成熟。在果实转色后要适量摘除老叶，以促进果实着色。对于日灼严重的品种，应在果穗附近多留叶片防止日灼。

（2）果实管理

① 抖穗与顺穗。在落花后 1 周左右，疏果前对每个果穗进行一次抖穗，用手指捏住穗轴，左右摇动果穗，将花冠、未授粉受精、发育不良的果粒等抖落，以免病菌感染。为便于整穗形、疏粒、药剂处理、套袋和果粒、果穗生长，应将朝天穗夹在枝条、叶柄、绳索及铁丝之间的果穗，全部顺到架面下，使其呈自然下垂状。

② 定果穗。定果穗在坐果后（果粒如绿豆大小时）进行，越早越好。一般进行 1 ～ 2 次。首先，确定单位面积留果穗的数量。葡萄单位面积的果穗数 = 单位面积的产量 ÷ 平均穗重 ×1.2。一般品种产量指标每亩控制在 1500 ～ 2000kg。其次，确定每株留穗量。每株留穗量 = 单位面积的果穗数 ÷ 单位面积株数。最后，疏除多余果穗。疏除坐果过稀和过密的果穗，结果枝上有双穗和多穗的留下第一穗，其他的疏除。在保证预定留穗数的前提下，保留坐果好的大果穗，疏去坐果松散、穗形较差的果穗。

③ 疏粒。在果实绿豆大小时进行第一次疏粒，坐住果（果粒达黄豆粒大小时）后，进行第二次疏粒（定量）。但对于一些易形成无核小果的品种应在能分辨小果、无核果时进行。

由于不同品种留果粒数及穗重标准不同，所以疏粒的方法有所不同，生产上应根据品种特性、品种成熟时的标准穗重、穗形等进行。一般小穗重 500g 左右，保留 40 ～ 50 粒，中穗 750g 左右，保留 50 ～ 80 粒，大穗 1000g 左右，保留 80 ～ 100 粒。为了防止意外风险，如病虫果、裂果、缩果等损失，还需增加 20% ～ 30% 的果粒作后备。

据杨治元介绍，阳光玫瑰葡萄每穗留粒数量应按栽培者确定的果穗重量和果粒重量而定，具体参考表 5-6。

第一次疏粒时，主要是将过长、过密的分枝剪短或剃掉，剪留单层果粒，将扭曲的穗尖或大小粒等用疏果剪修整，使果穗呈柱状。第二次疏粒用稀果剪疏除小粒、内向果粒、伤粒、病虫粒及过密、相互挤压的果粒。若果粒着生太紧密或疏粒时间较晚致使果粒难以疏

表 5-6 阳光玫瑰葡萄留粒数一览表

果穗重量 /g	单粒重量 /g	每穗留粒数量
500	14	40
600	14	45
700	13	55
800	12	70

除、无法下剪时，可采用“钻果龙”疏粒法。即从果穗尖端，沿穗轴由下至上“钻”上来，疏除 1 ～ 2 列果粒，果穗已经松散，然后再简单剔掉有伤口或较紧密部位的个别果粒，这样既省工省时，也能维持良好的穗形（图 5-23）。

图 5-23 “钻果龙”疏粒法操作过程（程大伟）

④ 增大果个。坐果后 15d，对果穗喷布 1 ～ 3 次赤霉素，促进果肉细胞体积膨大，增大单细胞体积，从而达到增大果粒的目的。

⑤ 抠烂粒。果实生长期如果夏剪不及时，果园郁闭、通风透光不良、管理不当或遇到气候潮湿、雨水过多、土壤和空气相对湿度过大时，常会使葡萄果粒遭受病菌侵染或裂果导致腐烂，如果不及时抠除烂粒就会加速病害的传染和蔓延。因此，在整个果实生长期要密切观察果穗上有无烂粒，发现后立即抠除。

⑥ 果实套袋、摘袋与转果。疏粒结束后，全园喷布一遍杀虫、杀菌剂，可喷复方多菌灵、退菌特、百菌清、甲基托布津、代森锰锌等，重点喷布果穗，待药液晾干后即可开始套袋。

套袋应根据各地区的气候条件、品种、果穗大小、果实颜色等选择适宜的葡萄专用果袋。套袋时，先将袋口端 6 ～ 7cm 浸入水中，使其湿润柔软，便于收缩袋口，提高套袋效率。套袋时，先用手将纸袋撑开，使纸袋鼓起，并打开袋底两端的出气孔，以防积水和不透气。然后由下往上将整个果穗全部套入袋中，再将袋口从两边向中间折叠收缩到穗柄上，使果穗悬空在袋中，用封口丝将袋口扎紧扎严，防止害虫及雨水进入袋内（图 5-24）。在铁丝以上要留有 1 ～ 1.5cm 的纸袋，套袋时严禁用手揉搓果穗。套袋的劳动量一般为每人每天 1000 ～ 2000 个。

套袋后重点是防治叶片病虫害如叶蝉、黑痘病、炭疽病、霜霉病等。对康氏粉蚧、茶黄蓟马等容易入袋危害的害虫，要定期解开袋口检查病虫果情况，为害严重时可以解袋喷药。

摘袋时间应根据品种、果穗着色情况以及纸袋种类而定。一般着色品种在果实进入着色成熟期，即采收前 10 ～ 15d 去袋，以增加果实受光，促进果实上色成熟，也可以通过分批

撑袋

套袋

袋口折叠

扎紧袋口

套袋后状态

图 5-24 葡萄套袋

去袋的方法达到分期采收的目的。无色品种套袋后可带袋采收。葡萄去袋时，不要将果袋一次性摘除，应先把袋底打开，撑起呈伞状，过几天后再全部摘去，以防日灼。去袋时间宜在晴天的上午 10 点以前或下午 4 点以后进行，阴天可全天进行。

葡萄去袋后一般不必再喷药，但须注意防止金龟子等病虫危害。去袋后可剪除果穗附近遮光的衰老叶片和架面上的过密枝蔓，但摘叶不可过多、过早。一般以架下有直射光为宜。摘叶不要与去袋同时进行，应分期分批进行，以防止发生日灼。摘袋后根据果穗着色情况对果穗转动一两次，以使果穗着色均匀，果粒全面着色。

⑦ 催熟与防落。葡萄果实开始上色时用 250 ～ 300mg/L 的乙烯利喷布果穗可以提早 1 周成熟。也可以在葡萄蔓距地面 40cm 左右处割一个长 3 ～ 5cm 的伤口，然后把乙烯利稀释 2 ～ 3 倍后，用医用注射器注入伤口，使用量以伤口湿润即可。对植株进行环剥也可以提早成熟。采前 7d 喷萘乙酸可防止形成离层，减少落粒。

⑧ 果实采收。葡萄的采收时期应根据用途、品种、气候条件等来确定。果实成熟度可以根据果皮的颜色、果肉硬度、果实糖酸含量、肉质风味等判断。鲜食品种应该达到该品种特有的色、香、味，适合鲜食品种的贮运。酿造品种一般根据不同酒类所要求的含糖量采收，当该品种果实达到酿酒所需要的含糖指标，色泽风味呈现该品种固有特性时即可采收；制汁、制干品种要求含糖量达到最高时采收。采收应在晴朗的早晨露水干后或傍晚进行，避开雨后或炎热天气下采收。

采收时一手捏住穗梗，一手用剪子紧靠枝条将果穗剪下。采下的葡萄要轻拿轻放，尽量不要擦掉果粉，避免碰伤，并用疏果剪去掉病、虫、小、青、烂、残、畸形果等。随即装入果筐，然后分级包装。采下的葡萄放在阴凉通风处，切忌日光下曝晒。整个采收工作要突出“快、准、轻、稳”。

葡萄的采收与包装

（3）土肥水管理　果实发育期间应根据土壤及杂草生长情况及时进行中

耕，保持土壤通气良好、增加土壤有机质。通常灌溉后和大雨后要中耕，深度3～4cm，里浅外深。也可以在葡萄行间种苜蓿、草木樨、三叶草等，在适当的时间进行刈割，割下的草对果园进行覆盖。

果实发育期是植株需肥最大的时期，从坐果到果实成熟一般需追肥2～3次。落花后1周，每株追施尿素0.1～0.2kg，硫酸钾型复合肥0.1～0.3kg，施后浇水。在果实迅速膨大期注意N、P、K肥的配合，有条件的可配施腐熟的饼肥。从着色期到成熟期，浆果进入第二次生长高峰，这一时期要控制氮肥，增施磷、钾肥。可在开始着色期每亩施磷肥50kg、钾肥30kg，浅沟或穴施均可，施肥后覆土灌水。坐果后，每10d喷一次0.2%～0.3%的磷酸二氢钾，连续喷施3～4次，对提高果实品质有明显作用。还可喷钙、锰、锌等叶面微肥。果实成熟期连续喷2～3次氨基酸钙以提高耐贮运性。

在果实发育期间水分也很重要。幼果膨大期是葡萄的需水临界期。应每隔10～15d灌水一次，如果降雨较多，可以不灌或者少灌。保持田间持水量75%～85%，可避免裂果。浆果着色初期正值浆果第二次膨大期，在无充分降雨的情况下应灌一次透水，最好能维持到果实采收前不再灌水。浆果进入全面着色后，为提高果实品质，一般不再进行灌水，但在降雨很少、土壤含水量很低时，也应适量灌水。

（4）病虫害防治　果实发育期重点防治黑痘病、白腐病、炭疽病、霜霉病、褐斑病、白粉病、螨类、叶蝉、十星叶甲、透翅蛾等。于落花后、坐果后、套袋前各喷一次杀菌剂，果实套袋后，每12～15d喷一次杀菌剂，保护叶片。坐果后可使用波尔多液等保护剂预防，每12～15d喷1次，共喷2～4次。发病后可使用多菌灵、百菌清、退菌特、代森锰锌、粉锈宁、甲基托布津、烯酰吗啉、烯酰·锰锌、阿维菌素、高效氯氟氰菊酯等防治。以上药剂应交替使用。

6. 葡萄的采收后管理

（1）土肥水管理　葡萄采果后，可结合防病治虫害喷施叶面肥恢复树势，增强叶片的光合能力，每10d左右喷洒1次0.2%的尿素+0.2%的磷酸二氢钾等叶面肥，连喷2～3次。

结合秋施基肥进行深翻改土。基肥在葡萄采收后及早施入，通常用腐熟的有机肥，如厩肥、堆肥等作为基肥，每亩用有机肥2000kg以上，混入尿素15kg、过磷酸钙20kg、硫酸钾20kg，也可用等量复合肥，充分混合后，开沟施入。结合施基肥，灌水一次，以促进肥料分解，提高树体养分积累。秋旱或冬旱应及时灌溉，以保持适宜的土壤湿度。雨水多时要及时排水。

（2）病虫害防治　葡萄采收结束后，应将修剪下来的枝条、病果、病穗、病叶和病枝以及园中的杂草等清除出园，并进行深埋或烧毁，有利于降低园内病虫越冬基数，减少第二年病虫害发生概率。仍要继续抓好对霜霉病、白粉病、白腐病、褐斑病等多种病害的防治，防止叶片早期脱落，促进树体养分的积累。

7. 葡萄的休眠期管理

（1）休眠期修剪　我国北方地区冬季葡萄需要埋土防寒，休眠期修剪通常在落叶后到土壤封冻之前。

对于采用龙干形整形的葡萄，休眠期修剪主要是对结果母枝进行短截，根据留芽数的多少分为极短梢修剪（留1芽）、短梢修剪（留2～4芽）、中梢修剪（留5～7芽）、长梢修剪（留8～12芽）、超长梢修剪（留13个芽以上）。短截时剪口下枝条的粗度一般应在0.6cm以上，剪口要平滑，距离剪口下芽眼3～4cm，以防剪口风干影响芽眼萌发。

结果母枝的剪留长度应根据品种特性、架式、整枝方式、环境条件、栽培技术、树势、枝条质量等因素来决定。棚架龙干形整枝常采用短梢修剪为主，中、长梢修剪为辅的修剪方法；篱架常采用长、中、短梢混合修剪。容易成花、成花节位低的品种，如巨峰系品种以中、短梢修剪为主；不容易成花、成花节位高的品种，如红地球，无核白鸡心、晚无核等，以中、短梢混合修剪为主。干旱和土壤贫瘠的地方，以短梢修剪为主；土肥水条件较好的地区，宜采用短梢为主的混合修剪。枝条粗、生长势强、成熟度好的适当长剪；枝条细、成熟不好、生长势弱的可以适当短留。用作扩大树冠的延长枝可采用中、长梢修剪，预备枝宜短梢修剪。枝蔓稀疏、架面有空间的地方可以适当长留；对于夏季修剪较严格的可以短剪，对放任生长的新梢宜长留。

葡萄冬剪时需注意对结果枝组进行更新修剪，更新修剪分为单枝更新和双枝更新（图 5-25）。单枝更新即冬季修剪时不留预备枝，只留结果母枝。双枝更新即进行一长一短修剪。上部枝作结果母枝，适当长留，下部枝作预备枝，适当短留。具体更新方法见表 5-7。

单枝更新

双枝更新

图 5-25 葡萄更新修剪

表 5-7 结果母枝更新方法一览表

名称	方法
单枝更新	休眠期修剪时不留预备枝，只留结果母枝。在结果母枝上同时考虑结果和更新。第二年休眠期修剪时再从基部选择发育好的当年生枝短截作为下一年的结果母枝，其余的枝全部去掉
双枝更新	一组 2 个枝，先端的枝作结果母枝，适当长留，采用中、长梢修剪，留 4 ～ 8 个芽；母枝基部选一发育良好的枝作预备枝，适当短留，采用短梢修剪，留 2 ～ 3 个芽。第二年冬剪时，去掉原来的结果母枝，预备枝留 2 条枝蔓，继续进行一长一短修剪，循环往复

（2）葡萄下架、埋土防寒　我国北方冬季严寒地区，一些常规措施难以抵御严寒，所以必须下架并埋土防寒。

① 葡萄下架。葡萄冬季修剪完之后，将园内枯枝落叶等清扫干净。然后将葡萄枝蔓顺着行向朝一个方向下架（边际几株倒向相反），下架时葡萄枝蔓尽量拉直，不得有散乱的枝条，一株压一株，把枝蔓平放于地面、顺直、捆扎。弯曲大的或跷高的，应因势利导，尽可能使其压平固定，并在下部（包括跟颈处）垫枕土，防止压断。要求下架高度适中、捆绑结实。

② 葡萄埋土防寒。葡萄埋土防寒在土壤封冻前适时晚埋。埋土过早，一方面，植株得不到充分的抗寒锻炼，容易遭受冻害；另一方面，地温尚高，湿度也大，微生物活跃，芽眼易腐烂。埋土过晚，土壤上冻后取土困难，也埋不严实，影响防寒效果；而且过晚易使植株遭受冻害。

埋土防寒方法：先在枝蔓上盖一层草帘等覆盖物，使葡萄位于覆盖物中间。然后将枝蔓两侧用土挤紧，防止覆盖物滑动。最后上方覆土，边覆土边拍实，覆盖要严实，防止漏风。覆土厚度为当地冬季地温 −5℃的土层深度，宽度为 1m 加上 2 倍的覆土厚度。取土部位，要远离根系，取土沟的内壁距离防寒土堆外沿 50cm 以上，防止根系受冻。

在营口鲅鱼圈地区，也有采用双层草苫加彩条布的方法进行埋土防寒，葡萄也可安全越冬。此种方法省时，省力。

第二节　树莓栽培技术

一、树莓主要品种

树莓主要品种及特性参考表 5-8。

表 5-8　树莓主要品种及其性状表

品种名称	来源	平均单果重 /g	形状与色泽	成熟期	其他特性
美 22	美国	4.0	圆锥形，深红色	7 月上旬至 7 月下旬	植株结果能力强，产量高，抗性强，适应范围广，硬度中等，具香味，多汁，味甜酸
澳洲红	澳大利亚	3.1	近圆锥形，红色	7 月初至 7 月末	抗病，大果型，生长势较弱，结果年限较短。极易发根蘖枝。品质优良，含糖量高，较丰产
早红	美国	2.8	近圆锥形，红色	6 月下旬至 7 月下旬	植株生长健壮，直立性强，繁殖容易，品质优良，较丰产，早熟，抗病性强
红宝玉	加拿大	2.9	卵圆，红色	6 月末至 8 月初	自花结实率高，丰产，适应性强，抗病虫性强
托拉米	加拿大	4.5	近圆锥形，深红色	7 月下旬至 8 月中旬	长势强壮，高产，抗寒，果大，果肉厚，香味浓，品质上，抗寒性强，可耐 −25℃的低温，根孽苗少
米克	美国	3.8	亮红色		生长旺，高产，不耐寒。极好的鲜食及加工品种
来味力	美国	2.7	艳红色		植株强壮，直立性强，易发根蘖，丰产、味佳但较软；宜在寒冷地区栽培
维拉米	美国	3.6	近圆形，暗红色		植株生长势强，丰产，果为大中型，稍硬，风味佳，含糖量较低，适宜加工
三冠王	美国	8.0	紫黑色	7 月中旬至 8 月下旬	半开张型无刺黑莓品种，多汁，味甜酸，品质上
双季莓			圆球形，鲜红色	7 月上旬至 9 月	基生枝及根蘖枝在形成的当年即能分化花芽，在夏秋两季均能产浆果，产量高，供应市场时间长。味甜酸，香气浓，品质优良

二、树莓的架式

树莓的架式有棚架和篱架。棚架的形式多种多样，有“T”形、“V”形、圆柱形和篱壁形等。“T”形和“V”形棚架常用于商业化树莓生产园；而圆柱形和篱壁形用于家庭式栽培，具有果用和观赏的双重作用。篱架分为单篱架和双篱架，篱架适于东北、西北等无霜期较短、生长期 110 ～ 140d 的地区使用，适合高度密植生产。

1. “T”形棚架

“T”形棚架（图 5-26）一般用木柱或水泥钢筋柱架设。木柱径粗 9 ～ 11cm，长 2 ～ 2.3m，选用坚硬耐腐的树木作支柱，木柱置于土中的一端约 0.5m 蘸沥青防腐。水泥柱可以自制，长同木柱，厚 9.5cm，宽 11cm。支柱的上端用宽 5cm、厚 3 ～ 3.5cm、长 90cm 方木条作横杆，安装在支柱的上端，用“U”形钉和铁丝固定，使横杆与支柱构成“T”形。横杆离地面高度根据不同品种和修剪留枝长度而定，一般每年需要调整一次高度，使之与整形修剪高度一致。在横杆两端用 14 号铁丝作架线，也可选用经济耐用的麻绳或强度如铁丝一样的单根塑料线作棚架线。

2. “V”形棚架

“V”形棚架（图 5-27）用水泥柱、木柱或角钢架设。一列两根支柱，下端埋入地下 45 ～ 50cm，两柱间距离下端 45cm、上端 110cm，两柱并立向外侧倾斜形成“V”形。两柱的外侧以等距离安装带环的螺钉，使架线穿过螺钉的环中予以固定。根据品种生长强弱和整形要求，可以在“V”形垂直斜面上布设多条架线，以便能最大限度地满足各种整形修剪方法的需要。

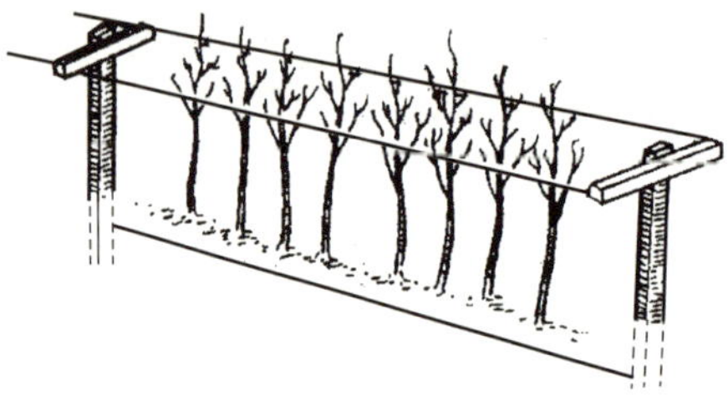

图 5-26 “T”形棚架

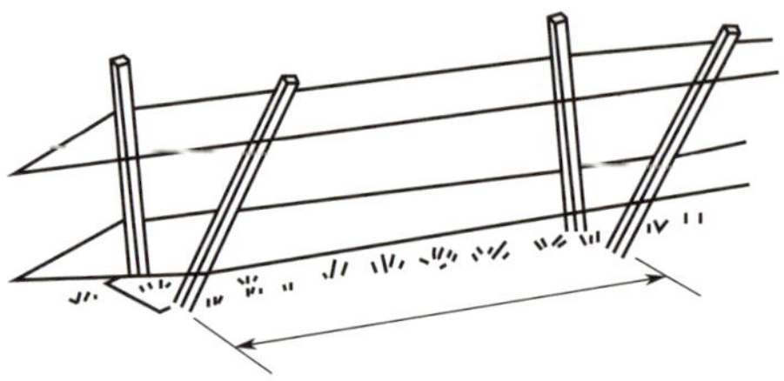

图 5-27 “V”形棚架

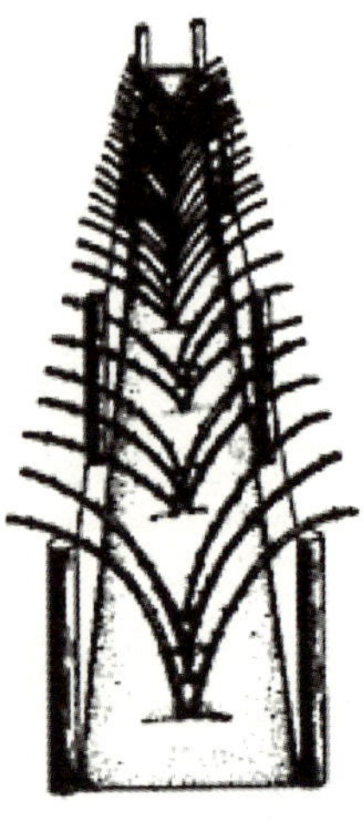

图 5-28 双壁篱架

3. 单篱架

顺行平行株丛挖坑埋杆（柱），杆间距离以立杆类型而定，木杆一般 5m，水泥或铁管则可达 8 ～ 10m，其上串连引两道铁丝。第一道距地面 50 ～ 60cm，用以引缚基生芽抽生当年形成的二季果枝和留用的发育枝，此架式只可为二三年生园的株丛所用。

4. 双壁篱架

在树莓栽植行两侧各设置一道篱壁，两壁间距 1m（图 5-28）。篱壁设置要求与单壁相同。春季将结果母枝分别均匀地引缚到西侧的篱壁上。因为当年生新梢在生长前期较为直立，故多集中在两壁中间，到后期虽然直立性差，但由于两边均有铁丝阻挡，使其在无引缚的条下也不能弯倒。双壁引缚适于宽带栽植，其除具有单壁引缚的优点外，一年一次引缚即可，并可减轻日灼病的危害，不足之处是比较费架材，建园成本较高。另外，由于带较宽，对结果母枝中下部果实采收不太方便。为节省架材，两壁可各拉一道铁丝。

树莓的种类和品种较多，各地区的气候条件不同，要因地制宜采用适合不同种类、不同品种的架式。

三、树莓周年生产管理技术

1. 萌芽期管理

树莓从萌芽到展叶为萌芽期，经历 5 ～ 7d。

（1）出土上架　春季在树液开始流动后至芽体膨大以前，必须撤除防寒土，并要及时上架。出土过早，根系未开始活动，枝条因易遭风吹而失水；过晚则芽体在土中萌发，出土上架时易被碰伤。沈阳地区通常在 4 月初出土上架。

树莓出土上架首先要撤除土堆两侧的防寒土，枝条露出后再撤除上面的土，否则易碰伤枝芽。撤土之后解开捆绑，将枝扶起，再用细绳将其均匀引缚在铁丝或支柱上。为有效地利用架面，切忌多个结果母枝捆绑在一起。上架后要平整好栽植沟（畦）。

（2）培土　由于树莓茎分为地上茎和地下根状茎，随着地下根状茎每年不断抽生新的植株，其根系也不断地向地表上移生长，前 4 ～ 5 年表现不明显，但以后株丛的根系容易裸露土外，要根据需要在中耕时结合松土进行根际培土。特别是在冬季埋土防寒越冬地区，可在春季撤防寒土时，结合中耕刨地彻底进行一次。

（3）修剪　在早春结合树莓出土上架进行定枝修剪。对过密的细弱枝、病虫枝、破损枝要齐地疏除。篱架铁丝上间隔 8 ～ 12cm 一个枝，如果植株长势较强，可适当多留枝，以便分散营养，增加结果部位，反之，宜少留枝，集中营养，增强结果母枝生长势。

（4）春施基肥　对于没有秋施基肥的园地，在出土后萌芽前，施用优质充分腐熟的农家肥每亩 1000kg，另加 2.5kg 尿素和磷酸氨混拌均匀后直接撒于株丛内，结合萌芽前的松土将肥料翻入土内，可起到补充株丛内根系营养不足的作用。

（5）萌芽抽枝肥　在萌芽后进行，每亩用尿素 20 ～ 25kg，在距株丛 30cm 的一侧开沟施入，盖土后，浇一次水。也可以结合春施基肥一次性施入。

（6）灌返青水　出土后，根据土壤墒情，要适当浇一次返青水，以促进萌芽后的枝条生长，特别是春旱地区尤为重要。

2. 抽枝、花芽分化期管理

树莓花芽分化具有以下特点：基生枝叶芽通常极易形成花芽，这与树体营养利用的特点有关。树莓花芽分化期较晚，此时果实早已采收，结果母枝已枯死，基生枝本身已进入缓慢生长期。故此期地上部分不存在营养竞争对象，这是树莓易于形成花芽的重要因素之一，但不同品种间也存在着差异。

灌抽枝水。此时正值结果枝萌发生长和花芽深度分化，必须有充足的水分，与此同时由于春风较大，空气温度不断提高，土壤中的水分蒸发也十分严重，及时适量地浇一次抽枝水十分必要，此水要在新植株长到 7 ～ 10cm 高时（促萌芽抽枝肥后的 10d 后）进行。此后保持见干见湿的程度。

3. 现蕾开花期管理

（1）配置授粉树和果园放蜂　树莓于 5 月上旬至 6 月中、下旬花蕾出现并开始开花，花期 30 ～ 40d。树莓的花为两性花，花粉量较大，可自花结实，坐果率较高。但为了提高果实品质，生产上也需配置一定量的授粉树；在有条件的情况下，每公顷放置 5 箱蜜蜂，可提高浆果产量与质量，否则授粉不良，易出现松散果实。

（2）追开花坐果肥　在开花初期，每亩用尿素 30 ～ 35kg，在距株丛 30cm 的一侧开沟施入，盖土后，浇一次水，水渗下后及时松土一次。以后要经常保持土壤湿润。

4. 果实膨大期管理

由于树莓花期较长，果实膨大期与开花期部分重叠，重叠长短依品种而异，大多数品种重叠期 1 ～ 2 周。此期由于开花结果，消耗大量的营养，所以在管理上要加强肥水供应，以满足其需要。一般此期 35 ～ 50d，追肥主要是随浇水进行，7 ～ 10d 一次，每亩随水追尿素 15 ～ 20kg。

5. 果实采收期管理

树莓果实采收期相对较长，一般需 25 ～ 30d。由于树莓的鲜果保鲜能力差，所以必须及时采收，并要及时做好保鲜处理。树莓不同种类、不同品种，浆果成熟时的特征不同，但极为显著的特征是着色。红树莓浆果表面由最初的绿色逐渐变白，最后由白变成红色至深红色，并具有光泽；黄树莓浆果则由白色变成黄色；黑莓浆果初时为绿色，转成红色进而再成为红黑色至黑色或蓝黑色，表面光泽比红树莓更发亮。据此，可以正确地掌握适宜的采收期。对于鲜食上市或要长途运输的，必须在充分成熟前的八九分熟时采收，而且要打好包装。如果进行加工和就地上市，可以在充分成熟时采收。

树莓的果实成熟期不一致，要分批采收。树莓通常第一次采收后的 7 ～ 8d 浆果大量成熟，以后每隔 1 ～ 2d 采收一次。要尽可能在早晨采收，此时香味最浓，下雨天不采收，否则容易霉烂。果实集中成熟时（盛果期）应每天采收一次。每次采摘时必须将适度成熟果实全部采净，以免延至下次采收时由于过熟而腐烂。

6. 采收后管理

树莓果实采收后，养分均用于枝蔓的生长上，易出现株丛旺长现象，管理不好就会影响营养回流，影响越冬和第二年的正常生长，所以要加强采后的管理，疏理好枝蔓，增强通风透光，加强病虫防治，使更多的养分向根状茎和芽中转运，从而保证株丛能安全越冬。

（1）修剪　在采收结束后及时疏除结果枝、过密的基生枝及受病虫侵害的枝条，以便尽早改善当年生枝的通风透光条件。

（2）秋施基肥　在树莓落叶后上冻前施入，主要采取沟施的方法。在株丛两侧或一侧开沟进行，一般距根茎处 30cm 挖深、宽各 25cm 左右的沟，将腐熟的有机肥施入沟内，掺土、混拌、灌水、覆土。

（3）防治病虫害　及时防治绿盲蝽、金龟子、桑白蚧、灰霉病、茎腐病、根癌病、白粉病等。

7. 越冬期管理

树莓在休眠期，地上部分较抗冻，基生枝可忍受 −40 ～ −30℃的低温。但在辽宁寒冷地区，在冬季降雪少的地方，因基生枝生长期较短，致使枝条中上部不充实，枝条保水能力差，故冬季易发生“抽条”现象。因此，目前在生产上主要是采用压倒基生枝后将其埋土的措施进行树莓越冬防寒。

（1）修剪　在树莓下架前进行，对当年基生枝进行剪截，剪留长度 1.3 ～ 1.8m 为宜，强枝宜长，弱枝宜短。通常 1.5m 左右。

（2）灌越冬水　当地土壤封冻前的 7 ～ 10d 浇一次越冬水，以保证树莓能够安全越冬，尤其是沙地园和易发生春旱的地区，浇越冬水更为重要。

（3）埋土防寒　树莓在秋季通常不落叶，直到初冬的霜冻之后也不易落叶，只是老龄复叶脱落，其叶柄不易脱落，所以树莓的防寒时间主要依据气候的变化情况而定。树莓防寒通常是在经几次早霜之后的初冬（沈阳 11 月上旬）进行。此时夜间温度较低，土壤出现冻层，但白天温度仍稳定在 5℃以上，土壤冻层可完全解冻。

防寒时将树莓基生枝按修剪要求剪截后，沿行向朝一个方向顺直压倒，并对其进行捆绑。在每株丛基生枝压倒前，在其基部弯曲处要堆好枕土，防止枝条压倒及埋土负重后基部折断。埋土时先在基生枝两侧培土，如果时间允许可间隔几天后，再在其上埋土，以免埋土过早。埋土时要边培土边拍实，防止土堆透风。防寒取土时应在离土堆 40cm 外取土，以免伤根太重。

第三节　蓝莓栽培技术

一、蓝莓主要品种

生产中蓝莓主要品种见表 5-9。

表 5-9　蓝莓主要品种及其性状表

品种名称	来源	平均单果重 /g	色泽	成熟期	其他特性
绿宝石	美国	1.86	蓝色	极早熟品种	树体健壮，产量高，抗寒力和抗病虫能力强
斯巴坦	美国	1.1	淡蓝色	早熟品种	树体强健，树冠开张，丰产性强。鲜食、加工均宜
泽西	美国	1.3	淡蓝色	中晚熟品种	树体较大且直立，丰产性好，果实成熟期较长。宜做鲜果销售栽培
伯克利	美国	2.85	淡蓝色	中熟品种	树体健壮，树冠开张，丰产。易栽培，收获期间易落果。冻果和加工产品质量高
北陆	美国	1.9	中等暗蓝色	中早熟品种	树势强，直立型。抗寒性强，极丰产，耐寒
北蓝	美国	1.6	暗蓝色	晚熟品种	树体较健壮，较丰产。肉质硬，风味佳，耐贮。抗寒性强（−30℃）
北村	美国	1	亮天蓝色	中早熟品种	树体中等健壮，丰产、早产、抗寒，口味甜酸，风味佳。为高寒山区蓝莓栽培优良品种
布莱特蓝	美国	1.76	亮蓝色	中晚熟品种	植株中等健壮，开张；果实成串生长，易于采收，耐贮运
蓝丰	美国	2	淡蓝色	中熟品种	树体生长健壮，树冠开张，抗寒力强。丰产，风味佳
美登	加拿大	0.74	淡蓝色	中熟品种	树体生长健壮、丰产，抗寒力极强，为高寒山区发展蓝莓的首推品种
圣云	美国	1.4	蓝色	中熟品种	树体生长健壮、直立，抗寒力强，早期丰产性好。品质佳，果实可用于鲜食或冷冻加工

二、蓝莓生产管理技术

1. 撤防寒土

适时撤除防寒土能促使蓝莓适时萌动发芽，生长健壮。一般在当地山桃花含苞待放时，就可撤土。防寒物不能撤除过早，也不能过晚。过早，根系尚未活动，枝、芽易被风抽干；过晚，因春季地温上升变化快，土堆内温度升高、湿度大，会使花、叶芽在土内萌发，甚至会造成嫩芽嫩枝黄化，出土后幼嫩的茎叶经不起风吹日晒，有的在土中发霉变坏使新芽死亡。

2. 整形修剪

蓝莓修剪的主要方法有平茬、疏剪、剪花芽、疏花、疏果等。

（1）高丛蓝莓修剪

① 幼树修剪。幼树定植后第一年、第二年就有花芽，开花结果后会抑制营养生长。幼树期的主要目的是促进根系发育、扩大树冠、增加枝条，因此，幼树期修剪以去花芽为主。定植后第二年、第三年春，疏除弱小枝条。第三年、第四年应以扩大树冠为主，但可适量结果，一般第三年株产应控制在 1kg 以下，结果枝以壮枝结果为主。

② 成年树修剪。进入成年以后，内膛易郁蔽。树冠比较高大，此时修剪主要是控制树高，改善光照条件。修剪以疏枝为主，疏除过密枝、细弱枝、病虫枝，以及根系产生的分蘖。生长势较开张树疏枝时去弱枝留强枝，直立品种去中心干、开天窗，并留中庸枝。大枝结果最佳的结果年龄为 5 ～ 6 年，超过时要回缩更新。弱小枝可采用抹花芽方法修剪，使其转壮。成年树花芽量大，常采用剪花芽的方法去掉一部分花芽，一般每个壮枝剪留 2 ～ 3 个花芽。

③ 老树更新。蓝莓地上部衰老后应全树更新，即紧贴地面用圆盘锯将其全部锯掉，一般不留桩，若留桩时，最高不超过 2.5cm。这样从基部重新萌发新枝。全树更新后当年不结果，但第三年产量可比未更新树提高 5 倍。兔眼蓝莓的修剪与高丛蓝莓基本相同，但注意控制树高，避免树冠过高不利于管理及果实采收。

（2）矮丛蓝莓修剪

① 烧剪。即在休眠期将地上部全部烧掉，使地下茎萌发新枝，当年形成花芽，第二年开花结果，以后每两年烧剪 1 次，以便始终维持壮树结果。烧剪的时间宜在萌芽以前的早春进行。烧剪时，田间可放秸秆、树叶、稻草等助燃，国外常用油或气烧剪。烧剪之后，新梢分枝少，适宜于采收器采收和机械采收，提高采收效率，还有消灭杂草、防止病虫害等特点。烧剪时需注意两个问题，一是要防止火灾，在林区栽培时不宜采用此法；二是将一个果园划分为两片，一片烧剪，另一片不烧剪，轮回进行，保证每年都有产量。

② 平茬修剪。平茬修剪的时间为早春萌芽前。平茬修剪原理同烧剪一样，从基部将地上部全部锯掉。关键是留桩高度，留桩高对生长结果不利，所以平茬时应紧贴地面进行。平茬修剪后地上部留在果园内，可起到土壤覆盖作用，而且腐烂分解后可提高土壤有机质含量，改善土壤结构，有利于根系和根状茎生长。

（3）花果管理　高丛蓝莓、兔眼蓝莓自花不实，必须配置授粉树，这样可以提高坐果率，增加单果重，提高产量和品质。矮丛蓝莓品种一般可以单品种建园。授粉树配置方式可采用 1 : 1 式或 2 : 1 式。蓝莓的花开放时为悬垂状，花柱高于花冠，如果没有昆虫媒介，授粉则很困难。有些品种不需要受精而只需授粉刺激即可坐果并产生无种子果实。但这种果实往往达不到固有的颜色、大小和品质，从而影响产量和效益，生产上应尽量避免。所以果园放蜂可提高果实产量和品质，授粉受精坐果之后，落果程度较轻。

（4）土肥水管理

① 土壤管理。由于蓝莓喜酸性土壤，所以每年要对土壤有机质和 pH 值进行检测：有机质含量不足，要及时补充松针土或草炭土；pH 值不达标，可用硫黄粉进行调节。

蓝莓园生长季及时进行树盘中耕除草，保持表层土壤疏松，减少水分蒸发，改善土壤通气条件。对于行间可采用生草制，当草长超过 30cm，就进行收割。

② 施肥。蓝莓施肥以撒施为主，高丛蓝莓和兔眼蓝莓可采用沟施，但深度要适宜，一般 10 ～ 15cm。土壤施肥的时期一般是在早春萌芽前进行，如果分次施入，则在萌芽后进行第二次。蓝莓施肥分两次以上施入比一次施入能明显增加产量和单果重，值得推荐。萌芽前施入总量的 1/2，萌芽后再施入 1/2，两次间隔 4 ～ 6 周。

③ 灌水。灌水必须在植株出现萎蔫前进行。判断灌水与否可根据田间经验判断，用土铲取一定深度土样，然后放入手中进行挤压，如果土壤出水则证明水分合适，如果挤压不出水，则说明已经干旱。取样土壤中的土球，如果挤压容易破碎，说明已经干旱。比较生长季内每月的降雨量与蓝莓生长所需降水也可做出粗略判断。当降雨量低于正常降雨量 2.5 ～ 5mm 时，即可能引起蓝莓干旱，需要灌水。

（5）防寒　尽管矮丛蓝莓和半高丛蓝莓抗寒力较强，但由于各地不适宜的低温，仍有冻害发生，其中最主要的两个冻害是越冬抽条和花芽冻害。在特殊的年份可使地上部全部冻死。因此，在寒冷地区栽培蓝莓、越冬保护也是提高产量的重要措施。

在北方寒冷地区，冬季雪大而厚，可以利用这一天然优势进行人工堆雪，来确保树体安全越冬。与其他方法如盖树叶、稻草相比，堆雪防寒具有取材方便、省工省时、费用少等特点，而且堆雪后可以保持树体水分充足，使蓝莓的产量比不防寒的大大提高。人工堆雪防寒时厚度应该适当，一般以覆盖树体的 2/3 为佳。

在蓝莓栽培中也可以使用埋土防寒方法（图 5-29）。但蓝莓的枝条比较硬，容易折断，因此在定植时应采用斜植方法，以利于埋土防寒。另外对树体覆盖稻草、树叶、塑料地膜、防寒袋、稻草编织袋等都可起到越冬保护的作用。

图 5-29　蓝莓防寒

（6）病虫害防治

① 僵果病防治方法。入冬前，清除果园内落叶、落果，烧毁或埋入地下，春季开花前浅耕和土壤施用尿素，可有效减少病害发生。早春喷施 50% 尿素，可以控制僵果病的最初发病阶段，开花前喷施 20% 嗪胺灵可以控制第一次和第二次侵染。

② 枯焦病防治方法。定植无病毒苗木。选择园地时，确保该地及邻近园地没有此类病毒。一旦发现植株受害，应该马上清除烧毁，并在 3 年内严格控制蚜虫。

③ 叶片斑点病防治方法。清除病株。蓝莓叶斑病的潜伏期为 4 年，早期诊断非常必要，利用 ELISA 酶联免疫技术可比较容易地进行早期诊断。另外，在生产中控制放蜂也可有效控制此病的传播。新建果园应离开感病果园至少 2km 以上。

④ 花叶病防治方法。花叶病主要靠蚜虫和带病毒苗木传播，因此，施用杀虫剂控制蚜虫和培育无毒苗木可有效控制该病发生。

⑤ 象甲防治方法。在叶芽放绿和花芽露白时喷施桂森。

⑥ 蓝莓蛆虫防治方法。采用诱捕方法监测幼虫数量对确定喷药时间和次数有效，叶面或土壤喷施亚胺硫磷、马拉硫磷和桂森，控制效果较佳。

⑦ 介壳虫防治方法。在芽萌发前喷施 50 倍 3% 机油乳剂。

复习思考题

1. 说出适合当地栽培的葡萄优良品种及其特性。
2. 简述葡萄的枝芽类型和特性。
3. 简述葡萄园常用的架式及其适用条件。
4. 以巨峰葡萄为例，简述葡萄生长期修剪主要方法。
5. 葡萄生长期如何进行追肥？
6. 树莓果实采收后如何进行管理？
7. 蓝莓常见的病虫害有哪些？如何防治？

第六章

干果类果树栽培

- **目的要求**　了解板栗和杂交大果榛子栽培的主要品种；掌握板栗和榛子栽培的关键技术。
- **学习要点**　板栗和杂交大果榛子栽培的主要品种；板栗周年生产技术；榛子周年生产技术。
- **技能要点**　预防板栗空苞；榛子整形修剪。
- **职业素养**　环保意识；可持续发展理念；创新精神；责任意识。

第一节　板栗栽培技术

一、板栗优新品种

板栗主要优良品种（品系）见表 6-1。

表 6-1　板栗主要品种及其性状表

品种名称	来源或主要产地	平均单果重 /g	坚果形状与色泽	成熟期	其他特性
9113	宽甸县	12.4 ～ 13.7	坚果椭圆形，红褐色至紫褐色	9 月中下旬	结果早，易丰产，连续结果能力强，稳产性好。抗寒力强，在丹东北部栽培安全
丹化	恒仁	14.8 ～ 16	坚果三角形，果皮褐至黑褐色	9 月下旬	结果早，丰产性好。丹东中部地区栽培安全
杂 35	辽宁省经济林研究所	22.9	坚果大型，三角形，果皮黑褐色	9 月上中旬	抗寒性强，宽甸北部地区栽培安全
9912	宽北	14 ～ 16.5	坚果圆至椭圆形，果皮红褐色	9 月下旬	适合加工兼炒食。抗寒性强，在宽甸北部地区栽培安全

续表

品种名称	来源或主要产地	平均单果重/g	坚果形状与色泽	成熟期	其他特性
辽栗10号	辽宁省经济林研究所	15.1～18.9	坚果圆形至三角状卵圆形，果皮褐色	9月下旬	丰产性极好。抗栗瘿蜂危害。抗寒性较强，丹东中南部地区栽培安全
辽栗15号	辽宁省经济林研究所	14.3～15.2	坚果圆至椭圆形，果皮红褐色	9月下旬	抗栗瘿蜂危害。抗寒性较强，丹东中部地区栽培安全
杂59	辽宁省经济林研究所	18～20.5	坚果三角形，果皮红褐至黑褐色	9月下旬	适合加工。抗栗瘿蜂危害。抗寒性强，丹东中北部地区栽培无冻害
丹泽	日本	20	坚果三角形，果皮淡褐色	9月上旬	加工品质较好。抗寒性较差，在宽南沿江地区栽培安全
红油皮栗	天津	13.4	坚果椭圆形，果皮红褐色	9月下旬	果实耐贮藏，具有较强的抗病虫能力
燕山早丰	河北省农林科学院昌黎果树研究所	8	坚果圆形，果皮红褐色	9月上旬	早果性和丰产性好

二、板栗周年生产管理技术

1. 休眠期

（1）休眠期修剪　我国中部地区一般冬季进行修剪。北方冬季寒冷，有些地方在春季萌发前10～30d进行冬季修剪。不同年龄时期的树，整形修剪的重点不一样。

板栗幼树采用的树形一般为自然开心形或主干疏层形，生产上以采用自然开心形居多。整形时要注意冬夏结合。夏季要使用拉枝等方法以达到树体快速成形。

成年树修剪注重结果枝组的整理与更新。一般采用“实膛修剪”或“清膛修剪”，生产上以“实膛修剪”为主。“清膛修剪”即将树膛内的雄花枝、发育枝全部疏去，仅留下树冠外围的结果枝。清膛修剪虽然能使养分集中到结果枝上，但易使树冠内通风透光不良，树冠表面一层结果，树体容易衰老。

实膛修剪措施：一是对以前采用“清膛”修剪的树，首先要疏去一部分外围的大枝或枝组，改善冠内通风透光条件；其次对枝端离主干太远，且后部光秃的主枝和侧枝，在有强壮发育枝和徒长枝（旺枝）的地方回缩，以缩小树冠；在内膛空隙处留下部分旺枝作内膛结果的预备枝，逐渐培养成结果枝组。二是巧剪旺枝成枝组。对生长不过旺的旺枝，一般不短截，翌年便可成花结果。对生长强旺的旺枝，如长度在30cm以上，留15～20cm短截，促进分枝，缓和长势，下年再去强留弱，回缩直立枝，保留水平或斜生的侧枝，2～3年后便可成花结果。三是疏去内膛的纤弱枝、交叉枝、重叠枝、病虫枝等无用枝，打开光路。四是对树冠外围的一年生枝，树势强壮时多保留粗壮的结果母枝；树势较弱时，则少留结果母枝，并利用旺枝作更新枝，回缩衰弱及结果差的枝组；如枝组过多，使内膛拥挤郁闭，可采用隔一去一的原则疏除部分枝组，改善树冠通透条件。

衰老树的更新修剪，一般采用大更新的办法解决。大更新要因树制宜，区别对待。对大枝全部焦梢，结果稀少或不结果的树，应将所有大枝一次全部回缩；对部分大枝焦梢，有的枝尚能结果的树，可分 2 ～ 3 年完成，每年回缩 1/3 ～ 1/2 的大枝，要先南后北，每年更新一面，上下枝同时回缩。但多年完成不如一年完成的树势好，结果年限长。回缩部位应在大枝伸展长度的 1/3 ～ 1/2 处，直径 6 ～ 8cm 粗的枝段。如果在欲回缩的大枝上有自然更新枝条，最好在更新枝前部 5 ～ 6cm 处截除；无更新枝的在分杈处截除。回缩时要尽量不伤截口下部的小枝，截后的锯口要用刀削平，涂上白乳胶，以利伤口愈合。

回缩后萌发的更新枝多丛状着生，要注意搞好疏枝。更新后 3 ～ 4 年往往结果过多，这时应注意结果母枝留量的调整，要比正常树少留一些为宜，以免结果过多很快引起再度衰弱。大更新的树要结合加强地下肥水管理，才能收到满意的效果。

（2）肥水管理　早春解冻后萌芽前，浇水追肥一次。每亩施纯氮肥 12kg，促进花的发育，施肥后灌水。没有灌水条件的果园要在土壤含水量高的时候施肥。

（3）防治病虫害　春季萌芽前喷 3 ～ 5°Bé 石硫合剂，防治栗大蚜、红蜘蛛等栗树病害。结合修剪，剪除枝条上天幕毛虫的卵环和枯叶蛾虫卵；摘除大蚕蛾虫茧（灯笼茧）；对于栗瘿蜂发生严重的园，修剪后剪下的树枝不要立即拿走，留在园内堆放，等到 5 月下旬栗瘿蜂天敌长尾小蜂从瘤内脱出后再把树枝搬出园外；开春前全面检查大枝干背下，发现成片黑色的栗大蚜卵，随时抹除。

2. 萌芽、展叶期

（1）早春追肥　对于未结果的幼树，施肥应以氮、磷为主，施肥量大体按（0.025kg 尿素 + 0.025kg 磷酸二铵）× 树龄的计算结果为最低标准，再根据土质状况适当增加，早春一次施入。

对于结果树来说，春季萌芽前后正是栗树雌花分化形成时期，在此前追肥，有利于增进新梢长势和雌花分化，并能提高着果率。据试验，花原基分化期施氮肥，栗树雌花数可增加 37.9% ～ 79.3%，产量增加 61.1% ～ 72.2%。开花坐果期又是需磷的关键时期。此次追肥应在萌芽前 20d 进行，辽宁一般是 4 月上旬，当土壤化冻 20 ～ 30cm 深时开始施用。此期施肥应以氮磷为主，施用量各占全年需用量的 1/4 ～ 1/2。

全年施肥量可以根据国内科研单位试验研究的结果换算，如果使用单质化肥，每生产 10kg 栗果，需施纯氮 0.6 ～ 0.8kg、五氧化二磷 0.28kg、氧化钾 0.32kg。再以此换算成化肥为：尿素 1.3 ～ 1.7kg（或硫酸铵 3 ～ 4kg，或碳酸氢铵 3.5 ～ 4.7kg）、磷酸二铵 0.5kg（或过磷酸钙 1.6kg）、硫酸钾 0.64kg。生产上可按此比例购买相应的专用肥或复合肥，并按此标准根据栗园土壤肥力适当调整用量。

（2）叶面喷肥　栗树展叶期喷一次 1.8% 复硝酚钠可溶性粉剂 6500 倍液，可显著增加雌花量，有研究表明：在 9113 嫁接大树上的试验，喷复硝酚钠的树与不喷的比，雌花数可增加 87%。在药液中再混加 0.3% 的尿素和 1500 倍液的稀土微肥，其效果更好。

（3）防治病虫害　萌芽后剪除虫瘿、虫枝，地面喷施 50% 辛硫磷乳油 1500 倍液防治金龟子，树上喷施 50% 杀螟硫磷乳油 1000 倍液防治栗瘿蜂。新梢旺长期喷施 48% 毒死蜱乳油 1000 ～ 2000 倍液加 50 倍 3% 机油乳剂防治栗链蚧，剪除病梢或喷 0.3°Bé 石硫合剂防治栗白粉病等。从 4 月下旬开始，每 2hm^2 栗园设置 1 个频振式黑光灯，诱杀栗皮夜蛾、板栗透翅蛾、桃蛀螟、金龟子、卷叶蛾等趋光性害虫成虫。用黄板加粘虫胶诱杀蚜虫，把农药加入糖、酒、醋液中诱杀栗皮夜蛾、桃蛀螟、卷叶蛾等。

（4）夏季修剪

① 抹芽和除梢。春季将无用的嫩芽掰除，生长季随时将过密无生长空间的新梢疏除，

可减少无用枝梢对营养的消耗，改善光照和通风条件，使留下的枝发育健壮。一般主要是抹除或剪除剪锯口处及骨干枝背上隐芽萌生的多余丛生芽和徒长枝。春季芽萌动时将强枝中、下部的芽子抹除，可以促进果枝和雌花增多，减少混合花序的败育率。

② 拉枝。春季萌芽后，把角度小的强旺发育枝拉弯放平，可防止枝头旺长，促进后部发出壮枝，避免下部光秃，增加分枝量，并能增加当年的结果量，拉枝后 2 ～ 3 年再进行回缩，便可培养出紧凑型结果枝组。

3. 新梢生长期

（1）摘心　对旺长新梢进行摘心，可以促进分枝，并且所发出的二次、三次枝下年形成结果母枝的比例显著高于不摘心的旺条。尤其是高接当年的树，生长旺分枝力强，更要注重摘心。主枝头第一次摘心应在 30 ～ 40cm 长时进行，注意不要在雄花节位摘心；辅养枝第一次在 20 ～ 30cm 长时摘心。幼树及初结果树生长旺，结实力较低，采用尾枝摘心可以提高结实率。一般结果新梢在尾枝上留 4 ～ 6 芽摘心，生长过旺无伸展空间的果梢可在混合花序前部将果前梢全部摘除。

（2）除萌　小砧木嫁接树上的萌蘖要全部除净，大树嫁接如果光秃带过长，应在适当部位保留一部分萌枝，第二年嫁接补空。在砧木较粗、接头较少的情况下，所发萌蘖不要全部抹除，在离接头稍远的部位适当保留一部分，以平衡树体营养。

（3）花期喷稀土　栗树初花期即花开 25% 时，喷一次 1500 倍稀土微肥加 0.5% 尿素液，可明显提高着果率，增加产量。在栗树花期出现低温多雨等不良天气情况下，喷稀土的增产作用更大。尤其在嫁接幼树上喷施稀土，增产作用更为显著。

（4）防治花期虫害　在 5 月下旬～ 6 月上旬喷 40% 毒死蜱乳油 1000 倍液防治栗梢潜皮象，发生严重时，间隔一周再喷一次。花期喷 25% 灭幼脲悬浮剂 1000 倍液防治板栗蛀花麦蛾、栗瘤蛾，也可以在园内设置杀虫灯诱杀成虫。

（5）地面杂草控制　春季栗园地下杂草生长旺盛，与栗树争夺肥水，可于草高 30 ～ 50cm 时及时刈割，不必反复铲锄，造成水土流失。

4. 坐果及果实膨大期

（1）坐果及果实膨大期追肥　7 月上旬落花后的坐果期，栗树需肥量增加，如果开花过多，早春施肥不足，落花后要及时追肥，氮、磷、钾的施用量各占全年施用量的 1/4。如果早春施肥充足，此期可以不追。7 月下旬至 8 月上旬的果实膨大前期，需肥量较多，此期追肥十分有利于增大果个，提高粒重。施用量为全年施用量的比例为氮 1/4、磷 1/4、钾 3/4。

（2）叶面喷肥　7 月下旬、8 月上旬、8 月下旬各喷一次 6500 倍 1.8% 复硝酚钠可溶性粉剂加 1500 倍稀土加 0.5% 尿素。可使果粒明显增大，并能促进早熟。

（3）疏果与剪梢　嫁接幼树常因开花坐果过多，负荷太大，营养供给不足，导致空苞增加，果粒变小。同时因结苞过多，致使树势转弱，果前梢尾枝变细，翌年成花结果不良，出现大小年结果现象，并且常在越冬期间发生枝条抽干。因此，对坐苞过多的树一定要搞好人工疏果。疏果留苞标准：大型果每个结果母枝保留 5 ～ 6 个，中型果保留 8 ～ 9 个；每个果枝保留 1 ～ 3 个；每个花序留 1 个果苞。要根据树势和果枝强弱适当调整，强树强枝多留，弱树弱枝少留。在 7 月 20 日以前完成为宜。8 月末至 9 月上旬，要对嫁接幼树、初结果树上及大树更新后发出的未停长的新梢和细长梢，全部在大芽处剪去梢尖，一般剪去 10cm 左右。这样有利于顶芽的营养积累，促进花芽分化，增加翌年开花结果量。这次剪梢在北部地区宜早，南部地区宜晚。

（4）防治病虫害　7月中旬喷5%氯氰菊酯乳油3000倍液防治栗瘿蜂，喷施40%毒死蜱乳油1000倍液防治栗苞蚜，发生严重时，间隔7d再喷一次。8月上旬用25%灭幼脲悬浮剂1500倍混加25%氰戊菊酯乳油1000倍液细致喷施栗苞，防治栗实蛾。8月下旬至9月上旬喷施25%氰戊菊酯乳油1000～1500倍液，防治栗实象甲。7月中旬开始，用50%多菌灵或70%代森锰锌可湿性粉剂600倍液防治炭疽病，连喷2～3次。

5. 果实成熟期

（1）采收　板栗的果实忌讳早采，必须当栗蓬由绿变黄，再由黄变为黄褐色，中央开裂，栗果由褐色完全变为深栗色，一触即落，才可采收。采前要清除地面杂草或铺塑料膜，然后振动树体，将落下的栗实、栗苞全部拣拾干净。每天早、晚各一次，随拾随贮藏。也可采用分批打落栗苞然后拣拾的方法采收，即每隔2～3d按照从树冠外围向内的顺序，用竹竿敲打小枝振落栗苞，然后将栗苞、栗实拣拾干净。

采收后及时对栗苞进行“发汗”处理，以降低栗果呼吸强度，防止霉烂。方法是选择背阴冷凉通风的地方，将栗苞薄薄摊开，厚度以20～30cm为宜，每天泼水翻动，降温“发汗”处理2～3d后，进行人工脱粒。

（2）采收后喷营养液　果实采收后立即进行叶面喷肥，可以延长叶片寿命，增强光合作用能力，加快营养回流，增加贮藏营养，极有利于下年的雌花形成。喷肥可选用1.8%复硝酚钠可溶性粉剂6500倍液，稀土1000倍液，尿素1%～4%。以上3种同时混合喷施，效果更好。

（3）秋施基肥　秋施基肥一般以有机肥为主。9月中下旬到10月上旬施基肥，每亩施土杂肥3000kg加纯氮5kg。对于连续覆草3～4年的栗园，基肥的施用量可略少。

（4）补硼　一些栗园历年空苞、落苞严重，其原因除缺少授粉树和营养不足外，一般多数是由土壤缺硼引起，补施硼肥效果明显。春季施硼多因春天雨水较少，当年效果不明显，以采用秋季或伏季施硼为好。硼肥可用硼砂，方法是沿树冠外围每隔2m挖深25cm，长、宽各40cm的坑，按大树每株0.75kg的量，将硼砂均匀施入穴内，与表土混拌，浇入少量水溶解，然后施入有机肥，再覆土灌水。硼肥可以4～5年施一次。花前和花期叶面喷0.3%硼砂液对防止空苞、落苞也有一定效果，但其效果远不及土施的好。

6. 落叶、休眠期

对于易发生冻害的地区，要在注意建园地块的选择、因地制宜选择抗寒品种、实行高接栽培、加强综合管理提高树体抗性等措施的基础上，采取幼树埋土、树干涂白、树体喷石蜡乳化液或羧甲基纤维素或石灰水等方法预防冻害的发生。清园后，有条件的果园灌一次封冻水，促使果树顺利越冬。

第二节　榛子栽培技术

一、榛子主要种类与栽培品种

1. 主要种类

（1）平榛　原产我国，为丛生灌木，株高1～2m，最高2.9m。坚果单粒重1.46g，果皮厚1.81mm，出仁率33.2%，果实成熟期8月下旬至9月上旬。该种抗寒，在无雪覆盖的

冬季可耐 −30℃低温，有雪覆盖可耐 −48℃低温。平榛是辽宁分布最多的野生种。铁岭、抚顺、鞍山、本溪、丹东等市均有大量分布，并有大量资源被垦复发展为半人工栽培，成为国内市场榛果产品的主产区。

（2）毛榛　又名胡榛，丛生灌木，株高 2 ～ 4m。坚果单粒重 0.93g，果皮厚 0.9mm，出仁率 41.7%，坚果 9 月上旬成熟。其抗寒性及分布与平榛相同，因其对环境条件要求较严，故分布广泛，但资源不多。

（3）欧洲榛　原产欧洲，是原榛属植物中唯一广泛人工栽培的种类。本种为大灌木，株高达 8m。坚果大，单果重 2 ～ 3.5g，果皮厚 0.7 ～ 1.1mm，出仁率 45% ～ 60%。在大连市成熟期为 8 月下旬至 9 月上旬。不抗寒，喜温暖湿润气候，只能在我国北纬 36° 以南地区栽培，辽宁省除大连外，均不适宜栽培。

（4）杂交大果榛子　是辽宁省经济林研究所利用平榛与欧洲榛子人工杂交后，选育出的系列杂交榛子栽培品种（品系）的总称。这批杂交品种（品系）的坚果大小、出仁率、丰产性等方面同国外栽培的欧洲榛子不相上下，但果仁的风味好于欧榛，特别是其越冬性、抗寒性、抗病性强，极适合辽宁省广泛栽培。

2. 杂交大果榛子优良品种

杂交大果榛子主要优良品种（品系）见表 6-2。

表 6-2　杂交大果榛子主要品种及其性状表

品种名称	来源或主要产地	平均单果重 /g	坚果形状与色泽	成熟期	其他特性
辽榛 3 号	辽宁省经济林研究所	2.3 ～ 2.7	长圆形，棕红色	8 月上中旬	树势强，树姿直立，丰产性强，抗寒性极强
金铃	辽宁省经济林研究所	2.2	长圆形，金黄色	8 月中下旬	树势中庸，树姿直立，树冠中大，较丰产
玉坠	辽宁省经济林研究所	2.0	圆形，暗红色	8 月中下旬	树势强壮，树姿直立，树冠大，较丰产
达维	辽宁省经济林研究所	2.5	长圆形，红褐色	8 月中下旬	树势强，树姿直立。品质上等。耐低温
平顶黄	辽宁省经济林研究所	2.4	扁圆形，黄褐色	8 月下旬	树势中庸，树姿开张，树冠中大，丰产性强
辽榛 4 号	辽宁省经济林研究所	2.5	圆形，黄色	8 月下旬	树势中庸，树姿开张，树冠较大，雄花序少，较丰产
薄壳红	辽宁省经济林研究所	2.1	圆锥形，红褐色	8 月下旬	树势强壮，树姿开张。适应性、抗寒性强，丰产
辽榛 1 号	辽宁省经济林研究所	2.6	椭圆形，黄色，具浅沟纹	9 月上旬	树势中庸，树姿半开张，雄花序少，丰产性强

二、大果榛子周年生产管理技术

1. 休眠期

（1）整形修剪　榛子一般在 2 月下旬至 3 月中旬进行修剪。常用的树形有单干形、少干丛状形等。

① 幼树的树形培养。主干形第一年在苗木的60～70cm高剪截定干，在主干40cm以上不同方位选留3～4个主枝，每个主枝剪掉枝条的1/3，剪口下留外芽。其他长条影响主枝生长的疏掉，不影响主枝生长的，保留结一二年果后疏掉。短枝保留不动。少干丛状形第一年在苗木的20cm高剪截，第二年从基生枝中选留3～4个枝条作为主枝，主枝枝条剪掉长度的1/3，其他枝从基部疏除。第3～5年，两种树形同样在每个主枝两侧培养出2～3个侧枝，并对全树所有的主、侧枝延长枝进行轻短截，剪掉枝条长度的1/3左右。对延长枝附近大于延长枝的长条疏除或重短截，过密和直立的疏除，其他枝不动。树冠内膛发出的长条，视空间大小，过密的疏除或重短截，有生长空间的先长放结果，后回缩控制。小枝一概不动。单干形树的中心干前期可保留，但其上不可留枝过多，或剪截过重，待主枝长成后（5～6年）在最后一个主枝上部落头开心。树形培养过程中要注意主、侧枝角度的调整，主枝角度40°～50°，梢角30°；侧枝50°～60°，梢角40°。

② 盛果期树的修剪。在树冠还有伸展空间时，主、侧枝上的延长枝仍要继续短截，剪去枝条的1/3～1/2，当株间树冠即将交接，达到标准高度时，延长枝不再短截，放放缩缩，控制树冠高度和幅度在规定标准以内，保持树冠间不交叉。每年疏除树冠内的过密枝，短截一部分营养枝和中庸枝，培养新生结果母枝，回缩多年生衰弱枝，以增强树势，改善通风透光条件，保证每年都有足够的结果母枝。

③ 衰老树的更新。榛树生长到30年以后，树势逐渐衰弱，产量明显下降。此时就需要对主、侧枝及结果多年的衰弱枝进行回缩，促发更新枝，以增强树势，延长经济寿命。

（2）喷防冻液　2月末或3月初，树冠喷布防冻液，或150～200倍液羧甲基纤维素，或10%的石灰水，间隔半月再喷一次，以防止抽条。

2. 开花、萌芽期

（1）预防晚霜冻　榛子一般3月下旬即进入开花期，此时气温回升不稳定，常有短期降温和霜冻出现。可通过喷水或灌水、枝干涂白、熏烟等预防霜冻。

（2）人工授粉　如果榛园缺少授粉树，或花期授粉条件不利，榛树常会出现落花落果和空粒瘪仁现象。因此，榛园也要采取人工授粉措施。当榛子雄花序伸长但尚未散粉时，采摘花序，放入干净无风有阳光的室内，摊在纸上干燥，待花粉散出时收集于瓶中，置于冰箱保存备用。当雌花柱头全部伸出时，进行人工点授。

（3）榛园灌水　4月上旬发芽前后，采用树盘内或带状灌溉法灌水，浸润土壤深度40cm为宜。

（4）防治食芽害虫　树上毛虫较多时，可喷2.5%高效氯氟氰菊酯2000倍液；黑绒金龟子及苹毛金龟子发生严重时树冠下喷25%辛硫磷微胶囊剂200～300倍液，或40%毒死蜱乳油450倍液，待成虫下树入土时杀死。

3. 新梢生长、果实发育期

（1）防治病虫害　5～6月是榛树病虫害防治的关键时期。5月上旬喷施70%甲基硫菌灵可湿性粉剂800～1000倍液，或20%三唑酮乳油800倍液，防治白粉病。5月下旬到7月上旬用20%氰戊菊酯乳油1000倍液，防治榛实象鼻虫。

（2）追肥　采用环状沟或放射状沟追肥。幼树施氮、磷、钾三元复合肥，初盛果期（第6～9年）按每亩施纯氮8～11kg、五氧化二磷16～22kg、氧化钾16～22kg；盛果期（10年生以上）按每亩施纯氮10～14kg、五氧化二磷20～28kg、氧化钾20～28kg的标准，分两次施入，第一次5月下旬至6月上旬。

（3）灌水　5月中下旬结果树幼果膨大和新梢生长旺盛期，进行第二次灌水。

（4）除蘖　榛树易产生根蘖和萌蘖，在不育苗的情况下一定要及时除蘖。全年剪除三次，第一次在5月下旬到6月上旬，第二次在7月上中旬，第三次在8月下旬至9月上旬进行。每次都要把所有的根蘖和萌蘖从基部剪除。

（5）杂草控制　幼树园一般采取树盘清耕的办法，多次铲除树盘内的杂草。大树园采用生草制的办法，当杂草长到30～50cm高时进行刈割，将割下的杂草覆盖于树冠下，采取生草制的榛园，最好每年每亩补施5～10kg硫酸铵。有条件的园亦可采取秸秆覆盖。

4. 果壳硬化期

（1）结果树第二次追肥　对结果树7月上中旬进行第二次追肥，有利于促进果实膨大和花芽分化。

（2）第二次除蘖　7月上中旬进行，方法同前述。

（3）控制杂草　同前面所述。

5. 果实成熟期

（1）控制杂草　同前面所述。

（2）排水　榛树怕水涝，雨季中及时排除园内田间积水。

（3）采收　榛果成熟的标志是，果苞和果顶的颜色由白色变成黄色，果苞基部出现一圈黄褐色，俗称“黄绕”，果苞内的坚果，用手一触即可脱苞，即为适宜采收期。采收要分期分批分品种采收。目前我国采用人工采收，即把成熟的果苞连同果序一起摘下，或等坚果成熟落地后拣拾，每隔一天拣果一次。采后将带苞叶的果实集中堆积1～2d，厚度40～50cm，上面覆盖草帘或其他覆盖物，待其发酵后用木棒敲击果苞，果粒即可脱出。在堆置过程中，要注意检查堆内的温度和湿度。脱苞后的果粒还要经过去杂、水洗后，采用晾晒或自然通风等方法进行干燥处理，使其含水量下降至6%～7.5%，即可进行贮藏或出售。

6. 采收后及落叶期

（1）第三次除蘖　8月下旬至9月上旬进行，方法同前面所述。

（2）秋施基肥　果实采收后至土壤结冻前进行，时间以适当提早为好。肥料以有机肥为主，可适当配合部分氮、磷、钾复合肥。

（3）搞好园地基本建设　山地榛园要修筑水土保持工程，根据园地坡度情况修筑水平梯田，或复式梯田，或等高撩壕，或鱼鳞坑，以减少水土流失，提高土壤肥力。低涝平地榛园要修筑台田，挖好排水沟。

（4）灌封冻水　干旱地区在土壤临近结冻时全园灌一次透水。

（5）防寒　幼树（1～5年生）在11月上中旬土壤封冻前树干基部培土堆，大树主干或主枝基部涂白，设置防风障等。

复习思考题

1. 调查板栗空苞的原因，并说明如何预防。
2. 总结盛果期板栗树休眠期修剪技术要点。
3. 调查目前我国北方地区大果榛子栽培的主要品种有哪些？其主要特点如何？
4. 榛子幼树如何进行整形修剪？
5. 确定榛子成熟采收的标志是什么？

第七章

设施果树栽培

- **目的要求** 了解设施果树栽培主要方式及未来发展趋势；熟悉设施果树栽培的基本技术；掌握设施内桃、李、杏、樱桃、葡萄和草莓等树种栽培的关键技术。
- **学习要点** 设施果树栽培方式、栽培现状及发展趋势；设施果树生育特点；设施果树大苗培育技术；设施果树调控休眠技术；设施果树环境调控技术；设施桃栽培技术；设施李、杏栽培技术；设施樱桃栽培技术；设施葡萄栽培技术；设施草莓栽培技术。
- **技能要点** 调控休眠技术；环境调控技术；主要设施果树的操作管理技术。
- **职业素养** 诚实守信；精益求精精神；团队协作精神；创新意识。

第一节　设施果树栽培概述

一、设施果树栽培现状与发展趋势

1. 设施果树栽培方式

设施果树栽培是指利用温室、塑料大棚或其他设施，通过创造和调控适宜果树生长发育的环境因子，采用特殊的栽培技术手段，达到在果树非适宜生产地区和季节实现特定生产目标的一种生产形式，是一种资金、劳力和技术高度密集的产业。目前，设施果树栽培方式参见表 7-1。其中避雨栽培和促早栽培 2 种设施栽培类型面积最大。

2. 设施果树栽培现状与发展趋势

我国的果树设施栽培试验研究起步于 20 世纪 80 年代，到 90 年代中期以后进入快速发展阶段。发展比较快、栽培面积较大的省份有辽宁、山东、河北等，主要树种有草莓、葡萄、桃、樱桃及李杏等。近年来，无花果、长果桑、火龙果、枇杷、石榴、杨桃等果树也开始在北方温室内栽培。由于果树设施栽培具有延长鲜果供应期、提高经济效益、扩大树种品种栽培区域、便于人工控制环境条件，利于生产优质、无公害果品等优点，目前已经成为许

表 7-1 设施果树栽培方式

栽培方式	含义	应用
促成栽培	在果树未进入休眠或未结束自然休眠的情况下，人为控制进入休眠或打破自然休眠，使果树提早进入或开始下一个生长发育期，实现果实提早成熟上市	草莓上应用较多，葡萄、甜樱桃上也有应用
半促成栽培	在自然或人为创造低温条件下，满足果树自然休眠对低温量的要求。自然休眠结束后，提供适宜的生长条件，使果树提早生长发育，实现果实提早成熟上市	大部分落叶果树的设施生产均可应用
延迟栽培	通过选用晚熟品种和抑制果树生长的手段，使果树延迟生长和果实成熟，实现果实在晚秋或初冬上市	在葡萄、桃上有应用
促成兼延迟栽培	在日光温室内，利用果树具有一年多次结果习性，实行既促成又延迟，达到一年两熟	葡萄
避雨栽培	通过搭建避雨棚的方式减少因雨水过多而影响果实产量和品质的一种栽培方式	葡萄、甜樱桃

多地区脱贫攻坚和乡村振兴的支柱产业之一，具有广阔的发展前景。

当前，我国设施果树栽培中存在以下问题：一是设施果树适用品种缺乏，自主知识产权品种占比低；二是栽培设施的结构不合理，生产机械化和智能化水平低；三是生产经营标准化程度低，果品质量不高；四是化肥农药的不合理及过量使用，设施果业绿色发展难度加大；五是产业化和组织化程度低，技术推广体系急需完善和创新等。

未来，我国设施果树栽培应以乡村振兴为总抓手，坚持绿色发展和高质量发展理念，以构建现代生产体系和经营服务体系为目标，以品种培优、品质提升、品牌打造和标准化生产为重点，实施创新驱动，研发适宜生产的设施、选育适宜设施生产的新品种、研制新技术，推广节本、绿色、轻简、优质高效生产技术，形成高效栽培管理模式，建立产业化发展配套体系，提升我国设施果树的国际国内市场竞争力，促进农民增收、农业增效，加速实现我国由设施果树生产大国向产业强国的转变。

二、设施果树生育特点

1. 生育期延长

在设施栽培条件下，果树的开花期和果实发育期通常延长。据观察，日光温室内凯特杏的花期为11d，而露地杏的花期通常在5～7d，延长了4～6d。另据观察，红荷包、二花曹、车头杏大棚栽培和露地栽培，其成熟期相差7～10d（表7-2）。设施栽培油桃果实生育期通常延长10～15d。

表 7-2 大棚杏与露地杏的成熟期比较（山东泰安）

品种	大棚			露地果实发育期 /d
	开花盛期（月.日）	成熟盛期（月.日）	发育期 /d	
红荷包	2.9	4.15	65	58
二花曹	2.7	4.19	71	64
车头杏	2.7	4.28	80	70

2. 果实和枝叶生长发育特点

设施栽培加剧了新梢生长和果实生长对光合产物的竞争，因此果树表现出与露地果树不同的生长发育特点，具体情况如表 7-3 所示。

表 7-3 设施栽培果树的生长发育特点

器官	生长发育特点
果实	设施内栽培果实普遍增大，但可溶性固形物、可溶性糖、维生素 C 含量略低于露地，风味变淡，品质下降
	设施内栽培，裂果与品种特性有关，甜樱桃果皮薄韧性差的品种极易裂果，如巨红；反之则不易裂果，如雷尼尔、沙蜜脱等。温室栽培油桃的裂果多发生在采收前 20d 以内，采前 6 ～ 8d 是裂果发生的主要时期。树冠外围果、大型果裂果较重，而内膛果、小型果裂果较轻。灌水对裂果轻重有较大影响
枝条和叶片	设施栽培，果树的叶片变大、变薄，叶绿素含量降低，新梢生长变旺，节间加长。枝条的萌芽率和成枝力均有提高，新梢生长和果实发育的矛盾加剧

3. 结果枝类型

设施栽培条件下，甜樱桃、李和杏的结果枝类型与露地相近，以短果枝和花束状果枝结果为主。据观察，日光温室凯特杏短果枝的完全花比例为 74.8%，坐果率为 20.39%。花束状果枝的完全花比例为 73.87%，坐果率为 19.82%，明显高于中、长果枝，是杏设施栽培的主要结果枝。

4. 花芽分化

据韩凤珠等观察，日光温室甜樱桃的花芽分化是在幼果期开始的，确切的时间是在落花后 20 ～ 25d 开始，落花后 80 ～ 90d 基本结束（图 7-1）。不同品种间稍有差异。甜樱桃新梢摘心、剪梢处理形成的二次枝基部也可以分化花芽，出现一个枝条上两段成花现象，在设施栽培中较常见，但花芽质量较差（吴禄平，2003）。设施栽培杏的花芽分化是在果实采收后 10 ～ 15d 开始的（郁香荷，2004）。设施栽培桃在果实采收前花芽分化量很小。据申作莲试验观察，温室栽培早醒艳桃，在果实发育期内（1 月 25 日～ 4 月 13 日）未见花芽分化。采收修剪后的新梢花芽分化是从 7 月中旬开始到 10 月上旬为止，分化盛期出现在 8 月和 9 月。所以桃树的设施生产多采用果实采收后对结果新梢进行重短截，重新培养结果枝。

图 7-1 甜樱桃果实采收前花芽状态

三、常用的设施类型及特点

1. 日光温室

果树专用温室的基本要求有：温室跨度 7 ～ 9m，距前底脚 1m 处的前屋面高度在 1.5m 以上，温室脊高（矢高）3.3 ～ 4.0m，后屋面的水平投影相当于温室跨度的 1/5，温室长度 80 ～ 100m，每栋温室占地 1 亩左右。

常见温室类型主要有竹木骨架温室、钢骨架温室。竹木骨架温室具有造价低、一次性投资少、保温效果较好等特点（图 7-2）。

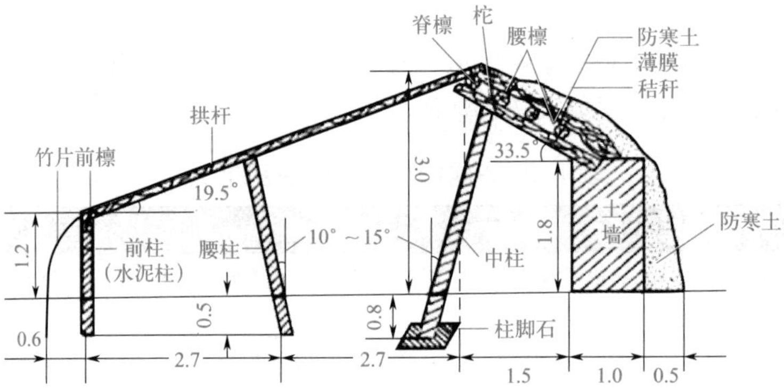

图 7-2 **竹木骨架温室示意图（单位：m）**

钢骨架温室的墙体为砖石结构，前屋面骨架为镀锌管和圆钢焊接成拱架。具有温室内无立柱、空间大、光照好、作业方便等特点。但一次性投资较大，适宜在有经济实力地区发展（图 7-3）。

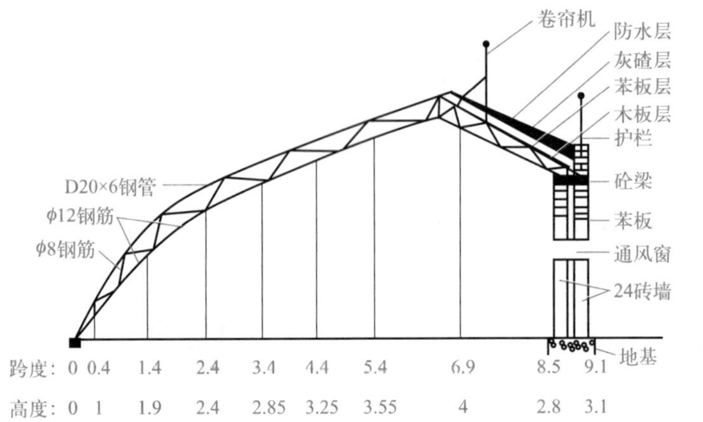

图 7-3 **钢骨架温室示意图（单位：m）**

日光温室由于具有墙体和覆盖保温材料，可以在冬季满足果树生长发育的条件，进行促成和延迟栽培，是北方地区果树设施生产的主要设施类型。

2. 塑料大棚

塑料大棚通常没有墙体和外保温覆盖材料，保温效果明显不如温室，具有白天升温快，夜晚降温也快的特点。在密闭的条件下，当露地最低气温稳定通过 −3℃时，大棚内的最低气温一般不会低于 0℃。所以果树大棚生产以春季最低气温稳定通过 −3℃时开始覆膜升温为宜。

适宜果树生产的大棚主要有悬梁吊柱竹木大棚和钢架无柱大棚（图 7-4、图 7-5）。近年来，为了提高大棚的保温性能，出现了改良式大棚或春暖棚，也叫桥棚，即在塑料大棚上加盖保温覆盖材料（图 7-6）。由于这种大棚保温效果明显增强，栽培果树的果实成熟期较冷棚提前，建造成本比日光温室低，因而得到较为广泛应用。特别适用在冬季不很寒冷地区进行果树促成栽培。

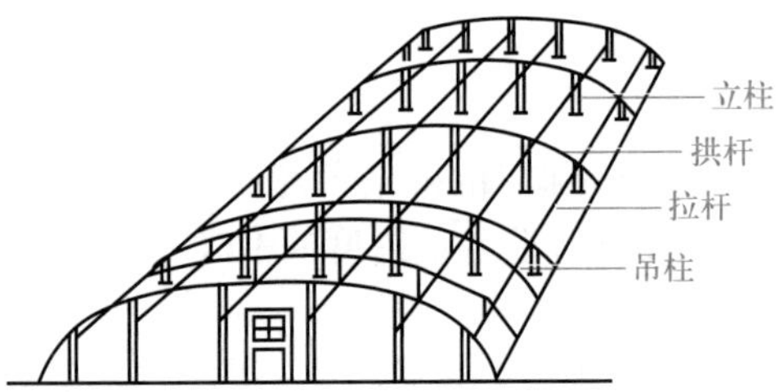

图 7-4 **竹木结构悬梁吊柱大棚示意图**

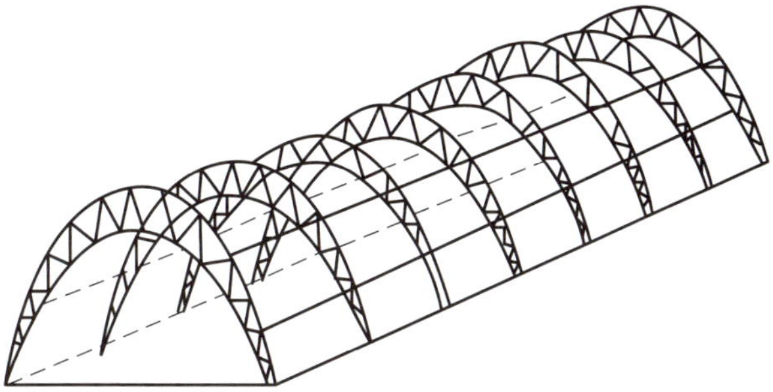

图 7-5 钢架无柱大棚示意图

图 7-6 改良式塑料大棚（桥棚）

3. 保温覆盖材料

覆盖材料依其功能主要分为采光材料、内覆盖材料和外覆盖材料 3 大部分。

（1）采光材料　采光材料主要有玻璃、塑料薄膜、EVA 树脂（乙烯 - 醋酸乙烯共聚物）和 PV 薄膜等。北方设施栽培多选择无滴保温多功能膜，通常厚度在 0.08 ～ 0.12mm。

① 聚乙烯（PE）长寿无滴膜。质地柔软、易造型、透光性好、无毒、防老化、寿命长，有良好的流滴性和耐酸、碱、盐性，是温室比较理想的覆盖材料，缺点是耐候性和保温性差，不易粘接，不宜在严寒地区使用。

② 聚氯乙烯（PVC）长寿无滴膜。流滴的均匀性和持久性都好于聚乙烯长寿无滴膜，保温性、透光性能好，柔软易造型，适合在寒冷地区使用。缺点是薄膜比重大（$1.3kg/cm^3$），成本较高；耐候性差，低温下变硬脆化，高温下易软化松弛；助剂析出后，膜面吸尘，影响透光；残膜不可降解和燃烧处理。经过高温季节后透光率下降 50%。

③ 乙烯 - 醋酸乙烯（EVA）多功能复合膜。是一种高透明、高效能的新型塑料薄膜。流滴性得到改善，透明度高，保温性强，直射光透过率显著提高。连续使用 2 年以上，老化前不变形，用后可方便回收，不易造成土壤或环境污染。缺点是保温性能在高寒地区不如聚氯乙烯薄膜。

④ PV（聚烯烃）薄膜。是 PE 和 EVA 多层复合而成的新型温室覆盖薄膜，综合了 PE 和 EVA 的优点，强度大，抗老化性能好，透光率高且燃烧处理时也不会散发有害气体。

（2）内覆盖材料　主要包括遮阳网和无纺布等。遮阳网是用聚乙烯树脂加入耐老化助剂拉伸后编织而成，有黑色和灰色等不同颜色。有遮阳降温、防雨、防虫等效果，可做临时性保温防寒材料。无纺布是由聚乙烯、聚丙烯、维尼龙等纤维材料不经纺织，而是通过热压而成的一种轻型覆盖材料。多用于设施内双层保温。

（3）外覆盖材料　包括草苫、纸被、棉被、保温毯和化纤保温被等。

① 草苫。保温效果可达 5 ～ 6℃，取材方便，制造简单，成本低廉。

② 纸被。在寒冷地区和季节，为进一步提高设施内的防寒保温效果，可在草苫下增盖纸被。纸被是由 4 层旧水泥纸或 6 层牛皮纸缝制的与草苫相同宽度的保温覆盖材料。

③ 棉被。用落花、旧棉絮及包装布缝制而成，特点是质轻、蓄热保温性好，强于草苫和纸被，在高寒地区保温力可达 10℃以上，但在冬春季节多雨雪地区不宜大面积应用。

④ 保温毯和化纤保温被。在国外的设施栽培中，为提高冬春季节的保温效果及防寒效果，在小棚上覆盖腈纶棉、尼龙丝等化纤下脚料纺织成的“化纤保温毯”，保温效果好，耐久。我国目前开发的保温被有多种类型，有的是外层用耐寒防水的尼龙布，内层是阻隔红外线的保温材料，中间夹置腈纶棉等化纤保温材料，经缝制而成。有的类型则用 PE 膜作防水保护

层，外加网状拉力层增加拉力，然后通过热复合挤压成型将保温被连为整体。这类保温材料具有质轻、保温、耐寒、防雨、使用方便等特点，可使用 6 ～ 7 年，是用于温室、节能型日光温室，代替草苫的新型防寒保温材料，但一次性投入相对较大。

四、设施果树树种和品种选择的原则

设施栽培果树主要以鲜食为目的，在选择树种和品种上应根据设施生产的特点，考虑以下因素。

（1）果实品质　选择果实色泽艳丽、鲜食品质好、果实不耐长期贮运的树种和品种，满足消费者的需求。

（2）栽培性状　选择植株比较矮小或适宜矮化栽培的树种和品种；早果性、丰产性好的品种；适应性、抗病性好的品种。尽可能选择自花结实率高的品种及耐低温、耐弱光的品种。

（3）栽培类型　促成和半促成栽培宜选择果实生育期较短的早熟品种，自然休眠期短、需冷量低的品种。延迟栽培则以晚熟品种为宜，果实生育期越长越好。

总体而言，设施果树筛选品种的主要目标是短低温和早熟，其次是优质、高产和能自花结实。事实上这些条件都具备的品种很难找到，一般短低温并早熟品种多不高产，除了草莓、桃、石榴、枇杷、番石榴、莲雾等果树外多不能自花结实，而大多高产优质品种又不具备短低温和早熟性。随着设施的改进、普及与产量的增多，果农对品种选择的主要目标改为高产优质，不再追求短低温和早熟性。如李和杏最初筛选的品种是极早熟的大石早生李和骆驼黄杏，现在李品种转为中晚熟的黑琥珀李、秋姬、幸运李、黑宝石李等，杏则转为中晚熟的凯特杏、串枝红杏等。

第二节　设施果树栽培基本技术

一、设施建造

1. 日光温室的建造

以钢骨架温室为例，其建造的主要技术环节如下：

（1）确定方位角　日光温室东西延长，坐北朝南。在北纬 39° 以南，冬季外界温度不是很低的地区，采取南偏东 5° 的方位角是适宜的；北纬 41° 以北，冬季外界温度很低的地区，采取南偏西 5° 的方位角，午后室内温度较高，可适当晚盖草苫，对夜间保温有利。北纬 40° 地区可采用正南方位角。利用罗盘测方位角，需要调整磁偏角。我国北方各地区的磁偏角见表 7-4。

（2）确定前后排温室间距离　为避免温室间遮光，前后排温室必须保持一定的距离。生产实践中通常用前排温室的高度（包括外保温覆盖材料卷起的高度）的 2 倍，再加上前排温室后墙的厚度，作为前后排温室的间隔宽度。

（3）筑墙　温室山墙、后墙的厚度及使用材料对温室的保温效果影响很大。土筑墙体的（包括培土）厚度应超过当地冻土层的 30%。目前墙体多采用异质复合结构，即内墙采用吸

表 7-4 我国北方主要城市磁偏角

地名	磁偏角	地名	磁偏角
北京	5° 50′（西）	合肥	3° 52′（西）
天津	5° 30′（西）	兰州	1° 44′（西）
沈阳	7° 44′（西）	银川	2° 35′（西）
大连	6° 35′（西）	长春	8° 53′（西）
济南	5° 01′（西）	许昌	3° 40′（西）
太原	4° 11′（西）	徐州	4° 27′（西）
西安	2° 29′（西）	哈尔滨	9° 39′（西）
包头	4° 03′（西）	乌鲁木齐	2° 44′（东）
郑州	3° 50′（西）	武汉	2° 54′（西）
呼和浩特	4° 36′（西）	拉萨	0° 21′（西）

热系数大的材料（如石头），以增加墙体的载热能力，对提高温室的夜间温度效果很好。外墙则采用隔热效果好的材料（如空心砖），也可采用在砖石墙中间放置聚乙烯苯板等做隔热材料，以减少温室的热量损失。

后墙高度与温室脊高和后屋面仰角有关。如脊高 3.3m，后屋面水平投影 1.5m，后屋面仰角 31°，则后墙高度为 2.15m。

（4）焊制与安装温室拱架 温室拱架通常用 D20×6 镀锌管作骨架上弦，用 Φ12 钢筋作下弦，用 Φ10 钢筋作拉花。半拱形骨架的前屋面角度，根据合理时段采光屋面角设计，计算方法为当地纬度减 6.5°，如北纬 40°地区进行采光设计，前屋面的夹角应为 40°−6.5°=33.5°。目前，前屋面和后屋面骨架通常一次焊接完成。后屋面仰角根据当地冬至日正午时的太阳高度角，再增加 5° ～ 7° 确定。如冬至日正午时的太阳高度角为 26.5°，日光温室的后屋面仰角为 31.5° ～ 33.5°。安装卷帘机的温室骨架顶部不宜过平，以免出现保温覆盖物不能自动滚落的情况。焊接好的拱架上端焊在后墙的顶梁上，下端焊在地梁上。每 80cm 立 1 个拱架，各拱架之间用拉筋连接固定（图 7-7）。

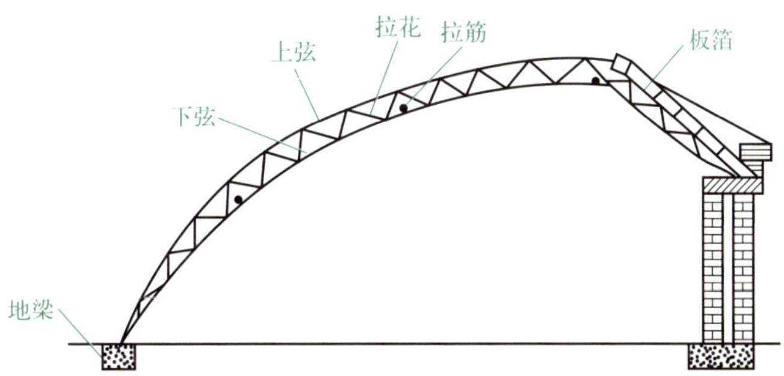

图 7-7 钢筋拱架的示意图

2. 塑料大棚的建造

（1）竹木结构悬梁吊柱大棚的建造 通常在秋季上冻前将建棚的场地测量好，整平，用测绳拉出四周边线。

① 埋立柱。横向每排埋 6 根立柱（中柱、腰柱、边柱各 2 根），根据棚的宽度均匀分布。

纵向每隔3m设1排立柱。

② 安装拱杆。通常根据长度将3根直径4～5cm的竹竿连接在一起制成。下部两根竹竿从基部向上1.25m左右，用火烘烤成弧形，立即浸入冷水中定型。从两侧将拱杆插入边线土中30cm固定，向上将拱杆拉向各立柱顶端并固定住。

③ 上拉杆和吊柱。用直径5～6cm的杂木杆，固定在距立柱顶端20～30cm处，通过纵向连接立柱将整个大棚连成一体。同时在没有立柱处的拉杆上安装吊柱，用吊柱支撑此处拱杆。

④ 埋地锚。在大棚两侧距边线50cm处，两排拱架之间，挖50cm深坑，将红砖或石块拧上铁丝，地表处铁丝呈环状，埋土压实用来固定压膜线。

（2）钢架无柱大棚的建造

① 制作拱架。大棚的高度和跨度确定后，按设计图焊制拱架模具，在模具上焊制大棚拱架。

② 设置地锚。在大棚两侧的边线上灌注10cm×10cm地梁，在焊接钢拱架处预埋铁块，以备焊制拱架。

③ 焊接拱架。先将大棚两端的拱架用木杆架起，再架起中部一排拱架。然后在拱架下弦处焊上3道Φ14钢筋作横向拉筋。然后逐一把各拱架焊接在地梁上，并用钢筋在拱架两侧呈三角形将拱架固定在横向拉筋上，加强拱架的稳定性。

二、培育大苗技术

除桃、葡萄等早果性好的树种可在设施内直接定植一年生苗外，樱桃、杏、李等结果较晚的树种宜在设施内定植大苗，以尽早获得产量，降低管理成本。

1. 培育和利用大苗的方式

一是利用露地栽培结果树，就地建设保护设施，实施设施栽培。二是做好设施建设园地规划后先栽树，待果树结果后再建设施。三是移植结果树，将4～5年生大树移栽到温室内，方法简便、快捷。

2. 培育大苗的方法

选择土层较深厚、背风向阳，距离栽培温室较近的地块做苗圃地。按1m土层较深厚株行距挖40cm较深厚、背风的栽植坑。将编织袋放入坑内，用园田土与适量腐熟的有机肥混合后装入袋内，装至1/2高，然后放入苗木，覆土至根颈处，浇水沉实。北方地区春季比较干旱，苗木定植高度可与地面相平。在华北地区或是在较低洼地，可采用高畦栽植，畦高20～30cm，以避免雨季发生内涝。如果采用高畦栽植，则一定要覆盖地膜。如果定植苗在苗圃内未进行圃地整形，覆膜后要及时定干。定干高度为20～40cm，剪口下至少要有3～5个饱满芽，然后用塑料袋将苗干套上，以防抽条和虫害。

苗木成活后要及时将塑料袋去掉，然后加强田间管理，按照选择的树形进行整形修剪，培养适合设施栽培的树形。通常设施栽培树的干比较低，特别是温室前两排树，干高20cm左右即可，后几排适当提高树干。树高则应根据设施的高度确定，以树体顶部距棚膜50cm以内为宜。树形以温室前两排采用开心形，后几排采用纺锤形或圆柱形为宜。

在甜樱桃不适宜栽培地区，如冬季最低气温低于−20℃的地区进行露地培育大苗，在土壤封冻前要将樱桃树移入贮藏窖或室内，在0～7℃的条件下贮藏，来年再移栽到室外。这样经过 3 ～ 4 年的树体树形培养，即可定植到温室或大棚里进行设施生产。

三、栽植技术

1. 栽植方式

除草莓要求不很严格外，其他乔木果树宜采用南北行向、长方形栽植。近些年在日光温室内推行高畦栽植和砖槽台式栽植方式效果较好。高畦栽植是在温室内做 20 ～ 30cm 高畦，将果树定植在高畦上，具有升高地温作用，也可以缓解设施栽培高密度下的光照问题（图 7-8）。砖槽台式栽植则是向下挖深 50cm，宽 100cm，砌成砖槽，果树定植在槽内。果树定植平面与温室地平面一致，可有效利用空间（图 7-9）。砖槽台式栽植除有高畦的作用外，还具有扩大设施空间，方便作业管理和限根栽培作用。

图 7-8 高畦栽植

图 7-9 砖槽台式栽植

2. 栽植时期

设施内栽植果树，可分三种情况：一是秋栽，适宜大苗移栽。设施冬季可以升温，这时在苗木满足需冷量后即可逐步升温。果苗从 1 月初就开始生长，比露地多生长 2 ～ 3 个月，生长量大，花芽多，翌年产量高。行间间作矮茎蔬菜、花卉、草莓等作物，以增加收入，相对降低管理费用。二是没有建造大棚，先在大棚的位置上定植苗木，定植时期同露地栽植时间相同。三是在设施内腾空后栽植，袋装育苗可以采用这种形式，其定植时期要求不很严格。

3. 栽植密度

设施栽培要根据树种品种的生长势强弱和设施的宽度设计株行距。桃树株行距是 1.0 ～ 1.5m。如温室宽 7m，可 1 行栽 5 株，温室前后各留 1m，株距为 1.25m；如温室宽度为 8m，可 1 行栽 6 株，株距为 1.2m。李树适宜株行距以 2m 树适宜为好。杏树和甜樱桃树比较高大，株行距以 2 ～ 3m 为宜。若采用矮化砧，株行距还可适当缩小。此外，还要考虑品种特性和土壤肥力条件等因素来合理调整，土壤肥沃或长势较强的品种，如红灯、大紫等株行距宜大些；土壤肥力较低或长势较中庸的品种，如佐藤锦、芝罘红等品种则株行距可小些。

4. 栽植

设施内果树栽植方法可参见露地果树栽植方法。

四、果树休眠调控技术

1. 果树需冷量

落叶果树自然休眠需要在一定的低温条件下经过一段时间才能通过。生产上通常用果树经历 0 ～ 7.2℃低温的累积时间计算，称之为“果树需冷量”。即果树在自然休眠期内有效低温的累积时间，为该果树的需冷量。不同果树的自然休眠需冷量高低不同，一般葡萄、甜樱桃的低温需求量较高，草莓、桃较低，李、杏居中。在休眠期需冷量不足情况下，加温将导致果树发芽延迟、开花不整齐，甚至出现枯死现象，产量大大降低。

2. 人工促进休眠技术

通常采用“人工低温暗光促眠”方法，即在外界稳定出现低于 7.2℃温度时（辽宁南部在 10 月下旬～ 11 月上旬）扣棚，同时覆盖保温材料。使棚室内白天不见光，降低棚内温度，并于夜间打开通风口和前底脚覆盖，尽可能创造 0 ～ 7.2℃的低温环境。这种方法简单有效，成本低，生产上得到了广泛应用。

图 7-10 空调制冷

有条件时，可在设施内采用人工制冷的方法，强制降低温室内的温度，促使果树尽早通过自然休眠。目前在甜樱桃促成栽培上，采用人工制冷促进休眠已有成功的案例（图 7-10）。采用容器栽培的果树均可以将果树置于冷库中处理，满足果树需冷量后再移回设施内栽培，进行促成栽培。或人为延长休眠期，进行延迟栽培。采用低温处理促进草莓通过自然休眠已广泛应用，即在草莓苗花芽分化后将秧苗挖出，捆扎后放入 0 ～ 3℃的冷库中，保持 80% 的湿度，处理 20 ～ 30d，即可打破休眠。

3. 人工打破休眠技术

在果树自然休眠未结束前，欲使其提前萌芽开花，需采用人工打破自然休眠技术。目前生产上比较成功的是用单氰胺或者低温处理打破果树休眠。有研究表明，用单氰胺打破桃休眠，可比未经处理的提前 10 ～ 15d 萌芽，提前 7 ～ 12d 开花，果实成熟提早 5 ～ 12d（图 7-11）。单氰胺在不同桃树上使用浓度略有不同，刘慧纯（2011）试验认为：油桃为 50 ～ 60 倍；毛桃、蟠桃为 30 ～ 40 倍效果较好。使用方法是用水将药液按照预定的浓度稀释后，直接用喷雾器喷洒或用刷子蘸取配制好的溶液，均匀涂抹在芽和枝干上即可。

未使用单氰胺效果

使用单氰胺效果

图 7-11 桃应用单氰胺效果

使用时期在升温当天或升温前后的 1 ～ 2d 内完成。单氰胺除在桃树上应用外，也可以用于打破葡萄树、李树、樱桃树休眠。浓度分别为：葡萄 20 ～ 25 倍，大樱桃 50 ～ 60 倍，李子 60 ～ 80 倍。使用单氰胺时需注意：喷药时每株树上枝条不得漏喷，喷到即可，宜轻不宜重，更不能重复喷施，否则易烧芽。

果树破眠剂－单氰胺

采用低温处理打破草莓的休眠在生产中已广泛应用，即在草莓苗花芽分化后将秧苗挖出，捆成捆，放入 0 ～ 3℃的冷库中，保持 80% 的湿度，处理 20 ～ 30d。有条件的情况下，也可在设施内采用人工制冷的方法，强制降低温室内的温度，促使果树尽早通过自然休眠。目前在甜樱桃的促成栽培上有采用人工制冷促进休眠的例子。采用容器栽培的果树均可以将果树置于冷库中处理，满足需冷量后再移回设施内，进行促成栽培。或人为延长休眠期，进行延迟栽培。

五、环境调控技术

1. 光照

设施果树生产是在一年中光照时间最短、光照强度最弱的季节进行，而且设施内的光照强度只有自然光的 70% ～ 80%，因此改善设施内的光照条件成为提高设施果树产量和质量的主要措施。

设施内的光照强度以垂直分布差异最大。在垂直方向上，越靠近薄膜光照强度越大，向下递减，且递减的梯度比室外大，大约每下降 1m，光照强度减小 10% ～20%。以中部为例，靠近薄膜处相对光照强度为 80%，距地面 0.5 ～ 1.0m 为 60%，距地面 0.2m 处仅有 55%。光照的水平分布规律是南北延长的塑料大棚，上午东侧光照度高，西侧低，下午相反，全天平均东西两侧差异不大。东西延长的大棚，平均光照度比南北延长的高，升温快，但南部光照度明显高于北部，最大相差 20%，光照水平分布不均匀。日光温室南北方向上，光照强度相差较小，距地面 1.5m 处，每向北延长 2m，光照强度平均相差 15% 左右。东西山墙内侧大约各有 2m 左右的空间光照条件较差，温室越长这种影响越小。

在设施采光设计合理的前提下，改善光照的措施有：选用透光率高的薄膜；在温度允许的前提下，适当早揭晚盖保温覆盖物；人工补光；铺、挂反光膜（图 7-12）；定期清洁和更换棚膜，合理密度，整形修剪等。

图 7-12 温室后墙挂反光膜

2. 温度

晴天塑料大棚在日出后气温开始上升，最高气温出现在 13 时，14 时以后气温开始下降，日落前下降最快，昼夜温差较大。温室内最低气温出现在揭开保温覆盖材料前的短时间内，揭开覆盖材料后气温很快上升，11 时前升温最快，在密闭条件下每小时最多可上升 6 ～ 10℃，这期间是温度管理的关键。13 时气温达到最高，以后开始下降，15 时以后下降速度加快，直到覆盖保温物为止。此后温室内气温回升 1 ～ 3℃，然后平缓下降，直到第二天早晨。

温室内的气温在南北方向上，中部气温最高，向北、向南递减，白天南部高于北部，夜间北部高于南部。东西方向上差异较小，靠近出口处气温最低。设施内的地温从地表到50cm深的土层里都有明显的增温效应，但以10cm以上浅层土壤增温显著。

设施保温措施有：增加棚膜的通透性，采用透光率高的无滴膜，及时清除棚膜上的灰尘、积雪等；提高覆盖材料的保温性能；减少缝隙放热，如及时修补棚膜破洞、设作业间和缓冲带、密闭门窗等；采用多层覆盖，如设置二层幕、在温室和大棚内加设小拱棚等（图7-13）；采取临时加温，如利用热风炉（图7-14）、液化气罐、炭火；增强后墙、后坡和山墙的保温性等。

图7-13 **棚室内加设小拱棚**

图7-14 **热风炉加温**

降温措施主要为自然放风降温，如将塑料薄膜扒缝放风，分放底脚风、放腰风和放顶风3种。以放顶风效果好，即扣棚膜时用两块棚膜，边缘处都粘合一条尼龙绳，重叠压紧，必要时可开闭放风，这样就在温室顶部预留一条可以开闭的通风带，可根据扒缝大小调整通风量。自然放风降温还可采取筒状放风方式，即在前屋面的高处每1.5～2.0m开1个直径为30～40cm的圆形孔，然后粘1个直径比开口稍大、长50～60cm的塑料筒，筒顶用环状铁丝圈固定，需要通风时用竹竿将筒口支起，形成烟囱状通风口，不用时将筒口扭起，这种放风方法在冬季生产中排湿降温效果较好。温室也可采取强制通风降温措施，如安装通风扇等。

3. 湿度

冬季生产中，设施处于密闭状态下，空气湿度较大，对果树病害发生影响极大。控制设施内湿度的措施有：地面覆盖地膜，既可控制土壤水分蒸发，又可提高地温，是冬季设施生产必需的措施；通风换气，可明显降低空气湿度；在温度较低无法放风的情况下，可加温降湿；设施内灌水采用管道膜下灌水，可明显避免空气湿度过大；有条件的可采用除湿机来降低空气湿度，在设施内放置生石灰，利用生石灰吸湿，在行间、株间放置或吊挂麦秸、稻草、活性白土等吸湿物也有较好效果。

4. 气体

在设施密闭状态下，对果树生长发育影响较大的气体主要是二氧化碳和有害气体。

温室内的二氧化碳浓度在早晨揭开保温覆盖物时最高，一般可达1%～1.5%。此后浓度迅速下降，如不通风到上午10时左右达到最低，可达0.01%，低于自然界大气中的二氧化碳浓度（0.03%），抑制了光合作用，造成果树“生理饥饿”。改善设施内二氧化碳浓度的方法除通风换气、增施有机肥外，应用较多的方法是利用二氧化碳发生仪，采用化学方法产生二氧化碳气体，生产上多采用稀硫酸和碳酸氢铵反应制造二氧化碳气体。施放二氧化碳宜在晴天的上午进行，阴、雨雪天和温度低时不宜施放，施放二氧化碳还应保持一定的连续性，间隔时间不宜超过 1 周。

设施生产中如管理不当，可发生多种有害气体，造成果树伤害。这些有害气体主要来自有机肥分解释放气体、化肥和塑料棚膜的挥发气体、燃烧加温产生的气体等。常见有害气体危害症状及预防方法见表 7-5。

表 7-5　主要有害气体危害症状及预防方法

气体	来源	危害症状	预防方法
氨气	施肥	叶片边缘失绿干枯。严重时自下而上叶片先呈水浸状，后失绿变褐干枯	深施充分腐熟后的有机肥。不用或少用化肥，挥发性强的化肥作追肥，要适当深施。施肥后及时灌水。覆盖地膜可防止有害气体释放，减轻危害。一旦发生气害，及时通风
二氧化氮	施肥	中部叶片受害重，叶面气孔部分先变白，后除叶脉外，整个叶片被漂白、干枯	
二氧化硫	燃料	中部叶片受害重，叶片背面气孔部分失绿变白，严重时整个叶片变白、干枯	采用火炉加温时要选用含硫低的燃料，炉子要燃烧充分，密封烟道，严禁漏烟。采用木炭加温要在室外点燃后再放入棚室内
一氧化碳	燃料	叶片白化或黄化，严重时叶片枯死	
乙烯	塑料制品	植株矮化，茎节粗短，叶片下垂、皱缩，失绿变黄脱落；落花落果，果实畸形等	选用无毒塑料薄膜和塑料制品，棚室内不堆放塑料制品及农药化肥、除草剂等
氯气	塑料制品	叶片边缘及叶脉间叶肉变黄，后期漂白枯死	

第三节　设施桃树栽培

一、主要品种

油桃品种可选择中油 4、中油 5、中农金辉、中油 8、艳光、鲁星一号、千年红、双喜红、红珊瑚等。

普通桃品种可选择春蕾、春雪、春艳、早凤王、早颐红水蜜、京春等。

蟠桃品种可选择早黄蟠、早露蟠、瑞蟠 2 号、瑞蟠 4 号等。

二、周年生产管理技术

1. 休眠期管理

（1）促进树体提早进入休眠　桃树有些品种秋季不能自然落叶，可人工顺枝捋掉叶片，但不要弄伤桃芽。也可以用 8% 尿素溶液作化学脱叶剂，但脱叶不宜过早，以免影响树体营养积累。脱叶后将落叶清扫出温室，采用“人工降温暗光促眠技术”使桃树尽早进入休眠。在辽宁熊岳地区，一般在 10 月中下旬夜间平均气温达到 8 ～ 9℃时，开始扣棚，使桃树处于休眠状态。

（2）适时升温控制成熟期　满足设施栽培桃品种的休眠需冷量后即可升温。一般低冷量达到 800h 以上，即可满足大多数桃、油桃的自然休眠要求。升温还应考虑设施的保温效果，如改良式大棚因保温效果不如温室，升温时间应适当推迟，让花期避过 1 月份低温期。辽北地区的冬季气温低，升温时期也不宜过早。大规模生产时，还应考虑分批升温，控制果实成熟上市时期，防止成熟期过于集中。

（3）打破休眠　升温当天或升温前后的 1 ～ 2d 内，对油桃树体喷施 50 ～ 60 倍的单氰胺可以打破桃树休眠。

（4）休眠期修剪　生产上多在升温后进行。采用较多的树形有三主枝自然开心形、二主枝自然开心形和纺锤形（图 7-15 ～图 7-17）等，整形过程与露地基本一致。但设施栽培栽植密度通常较大，整形上必须注意群体结构（图 7-18）。如同一行树要注意前低后高、前稀后密，开心形要中间低两侧高，达到开心效果，保证良好的通风透光条件。成形树的休眠期修剪主要任务是结果枝组和结果枝的修剪。在设施内由于空间较小，主枝上通常不留侧枝，直接培养中、小型枝组，且多以平斜枝组为主（图 7-19）。结果枝组宜采用双枝更新方法，防止结果枝组延伸过长。结果枝修剪与露地相同，但结果枝修剪时要剪到复芽处，并要看花芽修剪，保证留下足够花芽量的同时，疏除过密枝和细弱枝。

图 7-15　**三主枝自然开心形**

图 7-16　**二主枝自然开心形**

图 7-17　**纺锤形**

图 7-18　**自然开心形的群体结构**

图 7-19　**自然开心形枝组的培养**

2. 萌芽期管理

（1）温度管理　原则是平缓升温，控制高温，保持夜温。方法是前期通过揭开保温材料的多少或程度控制室内温度，后期通过放风控制温度过高。第 1 周棚室温度白天 13 ～ 15℃，夜间 6 ～ 8℃。第 2 周棚室温度白天 16 ～ 18℃，夜间 7 ～ 10℃。此后棚室温度白天保持在 20 ～ 23℃，夜间 7 ～ 10℃，持续 16 ～ 20d。这期间夜间温度不宜长时间低于 0℃，遇寒流应人工加温。一般升温后 35 ～ 40d 桃树即进入萌芽阶段。

（2）保持湿度　升温后可灌一次透水，增加土壤含水量，提高棚室内的湿度，使空气相对湿度保持在 70% ～ 80%，较高的湿度有利于萌芽。

（3）其他管理　升温后 1 周左右喷 1 次 3 ～ 5°Bé 的石硫合剂，防治病虫害。地上管理完成后，及早全园覆盖地膜，提高地温，保证根系和地上部生长协调一致。

3. 开花期管理

（1）温、湿度管理　自桃萌芽至开花期，生长发育适宜温度为 12 ～ 14℃，白天最高温度应控制在 22℃以下，夜间保持在 5℃以上。试验表明桃的花粉在 0 ～ 2℃，发芽率为 47.2%。说明桃树在开花期可以承受短时间不低于 0℃的低温。但遇寒流时要采取人工加温措施，如在温室内加炭火、燃烧液化气、点蜡烛等，将温度控制在 0℃以上，防止低温冻害。花期空气湿度要控制在 50% ～ 60%。控制湿度的方法是打开天窗或放风口放风排湿。

（2）光照管理　花期对温度和光照反应敏感。在保证温度的前提下，草帘要早揭晚放，延长进光时间。阴天的散射光也要充分利用。在长时间阴雪天的情况下，须人工补光，可用白炽灯、碘钨灯或 LED 植物补光灯等光源补充光照。方法是：在桃树上方约 1m 高处悬挂一盏补光灯，每 3m 左右一个。盖上草帘后即可开灯，到 24 时关灯，为节省人力，可用定时器控制开关灯时间。此外，还要随时清除覆膜上的灰尘，保证透光良好。

（3）授粉　设施栽培桃树大多数品种具有自花结实能力，但异花授粉后能提高坐果率和果实品质。开花期可以采用蜜蜂、壁蜂或人工辅助授粉。

（4）花期喷硼　花期喷施 0.3% 的硼砂，可促进花粉萌发与花粉管伸长，从而提高坐果率。

（5）新梢管理　桃设施栽培管理条件下，通常复芽较多，且叶芽萌发较早，因此应进行疏芽疏梢，以节省养分。一是将无花处的叶芽疏掉。二是将二芽、三芽梢保留一个叶芽梢，多余的疏除。三是根据结果枝进行疏芽梢。短果枝留 2 ～ 3 个叶芽，中果枝留 3 ～ 4 个叶芽（图 7-20）。

图 7-20　**结果枝疏梢**

4. 果实膨大期管理

（1）温、湿度管理　原则是控制白天温度过高，保持夜间温度。

果实第一迅速生长期适宜温度为白天 22 ～ 25℃，夜间在 10℃以上。生产上要控制好白天的最高温度，保持较高的日平均温度，保证果实生长发育的要求。硬核期温度不宜过高，以免新梢徒长，导致落果及影响果实生长，最高温度控制在 25℃以下，夜间温度控制在 10℃左右。第二迅速膨大期白天温度控制在 22 ～ 25℃之间，夜间控制在 10 ～ 15℃，昼夜温差保持在 10℃，产量最高而且品质佳。温度过高或过低，品质都会下降。22℃的温度下果实发育最好，果个增大，甜度提高。

（2）光照管理　在果实开始着色期，在温室后墙和树下铺反光膜，促进果实着色。其他光照管理措施同前。

图 7-21 桃疏果

（3）果实管理　桃树设施生产多是早熟、中熟品种，疏果时间应适当提早，一般可疏果两次。第一次在落花后两周左右进行，当果实蚕豆大小时，疏掉发育不良的小果、双果、梢头果和过密果（图 7-21）。一般优先保留两侧果，去掉背上果（朝天果）。第二次疏果，在硬核期之前，即在落花后 4 ～ 5 周进行。留果参考标准，以中型果为例，长果枝留 3 ～ 4 个，中果枝留 2 ～ 3 个，短果枝留 1 个或不留。疏果要预留 10% 的安全系数。最后将每亩产量控制在 1250 ～ 2000kg。

温室桃疏果

（4）新梢管理　背上直立的、未坐果部位萌发的新梢要及时抹除，以节省营养，通风透光。坐果部位的新梢，长到 30cm 左右时摘心（图 7-22）。摘心后发出的副梢，除顶部留 1 ～ 2 个外，其余及时反复抹掉（图 7-23），控制新梢和副梢生长与果实发育争夺养分。对下垂枝要及时吊起，扶助新梢生长，改善通风透光条件，促进果实发育。个别背上直立枝，在有空间的前提下可扭梢控制，但应与摘心配合使用。

图 7-22 新梢摘心

图7 23 副梢管理

（5）肥水管理　设施栽培条件下要控制化肥的使用量和使用次数。一个生长季每亩的尿素使用量控制在 10 ～ 20kg。提倡配方施肥，可按磷酸二铵∶尿素∶硫酸钾＝ 1 ∶ 1.3 ∶ 1.8 的比例进行施肥。一般果实发育期内追 2 次肥，即落花后追坐果肥，每株追磷酸二铵 50g 和尿素 50g。第二次在果实硬核末期追催果肥，施桃树专用肥等各种复合肥每株树 200 ～ 300g 和硫酸钾 50g。设施内追肥宜适当深施，开 20 ～ 30cm 深沟施肥后覆土盖严，覆土厚度不少于 10cm，防止产生有害气体和减轻土壤盐渍化。

坐果后喷施 0.2% ～ 0.3% 的尿素 1 ～ 2 次，果实膨大期喷施 0.3% 的磷酸二氢钾 1 ～ 2 次，或喷高美施等叶面肥。在果实发育期内叶面喷肥共 2 ～ 3 次，最后一次应在采收前 20d 进行。为了增大果个，可喷布 2 次上海农科院产的桃果膨大剂，效果显著。

每次追肥后要及时灌水，坐果后、硬核末期各灌一次水，果实膨大期灌一次水。距果实采收前 15d 左右，不宜灌水，以免造成裂果。

（6）病虫害防治　桃在果实发育期主要病害有桃细菌性穿孔病、花腐病、灰霉病、炭疽病。主要害虫有桃潜叶蛾、蚜虫、二斑叶螨等。具体防治方法参见表 7-6。

5. 果实成熟期管理

（1）采前摘叶　由于叶片多，果实着色可能不均匀，在果实近成熟前 7 ～ 10d，将挡光的叶片或紧贴果实的叶片少量摘去，可以使果实全面着色。

表 7-6 设施桃果实发育期的主要病虫害及防治方法

项目	名称	防治方法
病害	细菌性穿孔病、花腐病、灰霉病、炭疽病	落花后喷布 70% 代森锰锌可湿性粉剂 500 倍液，或 70% 甲基托布津可湿性粉剂 1000 倍液，共喷 3 ～ 4 次，交替使用农药。 设施内湿度大时，用速克灵等烟雾剂进行防治
虫害	蚜虫	发生期喷 10% 吡虫啉可湿性粉剂 4000 ～ 5000 倍液，或 50% 马拉硫磷乳油 1000 倍液
	二斑叶螨	发生期喷布 1% 阿维菌素乳油 5000 倍液
	桃潜叶蛾	发生前期防治，选用 25% 灭幼脲悬浮剂 1000 ～ 2000 倍液

（2）适时采收　设施栽培桃果成熟期不一致，应分期分批采收。通常根据上市或外运时间在早上或傍晚温度较低时采摘，采摘要带果柄，并要做到轻拿轻放。采果的同时将采收完的结果节位上的新梢留 3 ～ 4 节短截，为下部果实打开光照，促进下部果实着色成熟。

（3）包装和运输　采收的果实经过选果分级后装箱，包装对于新鲜的果品非常重要。运输时也要轻装轻卸，尽量避免机械损伤。

6. 采收后管理

（1）采收后修剪　桃树采果后修剪时间以在 5 月份完成为宜，此次修剪的程度较重。采用的修剪方法主要是回缩、短截和疏枝。主要作用是控制树冠，防止结果部位外移。通过控冠更新修剪，重发新梢，培养新的结果枝。具体方法是：

① 调整树形。有空间的情况下，主枝延长枝中短截，以扩大树冠。根据棚室高度将树高控制在 1.5 ～ 1.8m。无空间时，回缩过长、过高的枝头和中部大型枝组，使同一行树保持前低后高。自然开心形保持两侧高中间低，树冠间距控制在 50cm 左右。形成合理的树体结构和群体结构，保持良好的光照条件和较大的结果体积。同时剪除病弱枝、下垂枝、过密枝和劈裂折断枝，以集中养分，促进新枝。

② 更新枝组。注意采用双枝更新技术，防止结果枝组延伸过长，避免出现光秃带。对枝轴过长的结果枝组，及时回缩，使枝组圆满紧凑。对弱枝和过长枝，也可在二年生枝段上，有叶丛枝处缩剪，使之复壮。对所有结过果的新梢留 2 ～ 3 个芽重短截，促发新枝，重新培养结果枝（图 7-24）。修剪时要留侧芽侧枝，以免发出的新梢偏旺。

图 7-24　桃结果枝组更新

③ 培养结果枝。回缩的新梢萌芽后，进行一次复剪。即及时疏除过多、过旺的新梢，留中庸枝、平斜枝培养结果枝（图 7-25）。个别较壮新梢，在有空间的前提下，可在 15 ～ 20cm

时摘心，利用二次枝培养结果枝。摘心只能进行一次，分枝级次越多，花芽分化越不好。通过复剪达到两个目的：一是调整新梢密度，使每亩保留1.2万～1.5万个新梢。二是调整新梢的整齐度，使留下的新梢均匀一致，便于利用烯效唑或PBO抑制新梢生长，促进花芽分化。

图7-25 桃结果枝组和结果枝的培养

（2）肥水管理　修剪后进行一次追肥和灌水，每株沟施复合肥150～250g，施肥后全园灌透水。9月上、中旬施基肥，基肥以充分腐熟的鸡粪、猪粪、豆饼等有机肥为主，并适量混入复合肥和氮肥提高肥效。每亩施用3000kg有机肥，掺入25～40kg复合肥，基肥可行间沟施，也可地面撒施，撒施后要进行翻耕，将肥料翻入20cm土层以下。进入雨季后，注意排涝。

（3）控制新梢生长，促进花芽分化　在露地管理过程中，除过分干旱外，一般不用灌水，以防止新梢生长偏旺。在新梢长到20～30cm时，喷施烯效唑或PBO，将大部分新梢长度控制在30～40cm，形成较多的复花芽，适时进入休眠，为下一个生产过程打下良好基础。

此外，果实采收后应根据外界环境条件及时撤除棚膜，以增加自然光照，便于管理。

第四节　设施李、杏栽培

一、主要品种

目前设施栽培比较多的李品种有大石早生、琥珀李、幸运李、国峰7等。设施栽培较多的杏品种有凯特杏、金太阳杏、骆驼黄杏、国之鲜杏等。

二、周年生产管理技术

1. 休眠期管理

（1）适时扣棚和升温　当外界出现7.2℃以下温度时，采用“人工降温暗光促眠”技术，尽早满足杏树、李树休眠的需冷量要求。杏树的需冷量一般在700～1000h；中国李的需冷量与杏相近。辽宁南部稳定出现低于7.2℃的时间约为11月初，到12月中下旬低温累积量可达1000h左右，可满足大多数杏树和李树的需冷量。通常杏、李的温室栽培升温时间应比桃树晚10～15d。

（2）休眠期修剪　设施栽培条件下，温室前两排采用二主枝“Y”形，后几排可采用多主枝自然开心形、疏散延迟开心形、纺锤形（图 7-26、图 7-27）等树形。李树在高密度栽植情况下，采用多主枝自然开心形为宜。这种树形有主枝 4 ～ 5 个，主枝开张角度可比桃树略小。不留侧枝，单轴延伸。具有整形容易、修剪量小、调整枝量容易、早期丰产等优点。整形过程可参照露地管理。

李树二主枝开心形　李树多主枝自然形

图 7-26　李树树形

杏树二主枝开心形　杏树纺锤形

图 7-27　杏树树形

休眠期修剪以轻剪缓放为主。为了扩大树冠需要和保持延长枝的生长优势，对骨干枝的延长枝一般采用适度短截的方法修剪。延长枝角度合适时，剪口下应留侧芽，使枝头左右弯曲延伸，以利开张角度，控制前端生长势，促进后部多生小枝。延长枝角度过小时，应进行换头开张角度。延长枝生长势明显减弱或树高达到棚室的2/3时，可在下部分枝处回缩更新。对外围生长势强的枝条，采取回缩或重短截方法控制，保证内膛中短枝的坐果；回缩或疏除过密及生长势衰弱的结果枝组，进行更新复壮。短枝和花束状果枝基本不动，留足花芽数量，以利结果。同时要注意预备枝的培养，防止结果部位外移。

2. 萌芽期管理

（1）温度管理　原则是平缓升温，保持夜温。在升温的第 1 ～ 2 周，白天温度控制在 10℃左右，夜间温度控制在 0℃以上。第 2 ～ 3 周白天温度控制在 13 ～ 15℃，夜间温度控制在 5℃左右，不低于 2℃。这期间的最高温度不宜超过 20℃，否则，会造成雄雌蕊发育时间不够，引起花粉败育。从开始升温到开花需 45d 左右。

（2）湿度管理　为促进萌芽整齐，升温后可灌 1 次透水，使棚室内空气相对湿度保持在 70% ～ 80%。根据土壤含水量情况，可在开花前灌 1 次小水，保证开花期的水分要求。

（3）其他管理　升温后 1 周左右喷 1 次 3 ～ 5°Bé 的石硫合剂，防治病虫害。在施肥、整地等任务完成后，及早全园覆盖地膜，提高地温，保证根系和地上部生长协调一致。

3. 开花期管理

（1）温度管理　杏、李的花期温度可比桃棚低 1 ～ 2℃。李树在 7℃以上即可授粉受精，最适宜的温度是 12 ～ 18℃。从初花到落花期白天温度控制在 18 ～ 22℃，夜间温度控制在 7 ～ 8℃，最低不低于 5℃。其间是外界温度较低的季节，夜间容易出现低温危害，应注意天气变化，随时采取人工加温措施。

开花期棚室内的空气湿度要控制在 50% 左右，所以，在开花期不宜灌水和喷药，湿度过大时可在阳光充足的中午放风降湿。

落花后 2 ～ 3 周内，白天的温度应比开花期稍低一点。如果此时温度高，会造成枝叶旺长而加重落花落果。

（2）提高坐果率　杏树和李树都不同程度地存在完全花比例低，自花结实率低的问题，生理落果严重，设施栽培表现更突出。因此，在放蜂和人工辅助授粉的前提下，花期喷施0.2% ～ 0.3% 的硼砂或喷施 100 ～ 200 倍的 PBO，可起到保花保果的作用。

4. 果实膨大期管理

（1）温、湿度管理　在果实发育前期，从落花后到幼果膨大，白天温度从 18 ～ 19℃逐步升高到 20 ～ 22℃。夜间温度控制在 10 ～ 12℃，最高不能超过 15℃。到果实着色至果实成熟期，白天温度控制在 22 ～ 25℃，最高不超过 28℃。夜间温度控制在 12 ～ 15℃，保证昼夜温差在 10℃以上。果实发育前期，空气湿度控制在 50% ～ 70%，后期控制在 50% 左右。

（2）疏果　设施栽培的杏树、李树如果坐果过多，不仅果个小，而且着色不好，成熟期也会延迟。疏果一般在生理落果后进行。如大石早生、美丽李等生理落果比较重的品种，应在确认坐住果后（果实如玉米粒大小时）进行。一般中型果，如大石早生李、金太阳杏等品种的果实间隔距离在 6 ～ 8cm。大型果，如琥珀李、凯特杏等品种的果实间距在 8 ～ 12cm。疏果时还应考虑结果枝的粗壮程度，枝径 1cm 以上的每 8cm 留 1 个果，枝径在 0.5 ～ 1cm 的每 8 ～ 10cm 留 1 个果，枝径在 0.5cm 以下的每枝留 2 ～ 3 个果。疏果时应先疏小果、畸形果，多留侧生果和下垂果。

（3）新梢管理　首先是除萌疏枝，将剪锯口处、树冠内膛萌发的多余的萌芽及早抹除，以节省营养，并防止枝条密生郁闭，影响通风透光。对结果枝先端的直立旺枝、没有坐果的空枝及时疏除。其次对当年萌发的生长过旺的部分新梢，采取扭梢方法控制，既可控制新梢生长，又有促进花芽分化的作用。当新梢长到 30cm 左右时，可摘心或剪梢，对摘心后萌发的副梢及时抹除（图 7-28）。

图 7-28　**新梢管理**

（4）肥水管理　在基肥充足的前提下，从幼果期开始，每隔 7d 左右喷施一次 0.3% 的尿素和 0.2% 磷酸二氢钾，共喷 2 ～ 3 次。如底肥不足，可在落花后每株土施磷酸二铵等复合肥 0.5 ～ 1kg。土壤湿度经验方法是用手握土能成团，稍压即散为适宜。沙质壤土灌水要坚持少量多次原则，每次灌水量不宜过大，尤其是接近成熟前 15d 左右，以防引起裂果。

（5）病虫害防治　灰霉病是设施栽培易发生的一种病害，在降低棚室内湿度的前提下，可用 70% 甲基托布津可湿性粉剂 1000 倍液或 50% 异菌脲可湿性粉剂 2000 倍液防治。细菌性穿孔病有时发生较重，除大石早生李是抗细菌性穿孔病的品种外，其他抗病性弱的品种，如美丽李等要注意及时防治。在光照好的情况下，展叶后用 75% 百菌清可湿性粉剂 650 倍液，或 70% 代森锰锌可湿性粉剂 500 倍液喷雾。但在连续阴天、棚室内湿度较大的情况下，可使用烟雾剂防治各种病害，如用百菌清烟雾剂，每亩用量 200g，在设施内均匀布点，于傍晚点燃薰杀病菌，效果良好。如发现蚜虫等虫害，可用杀虫剂防治，所用农药与露地相同，但浓度要比露地低 10%。另外喷药要避开中午高温期。

5. 果实成熟期管理

在设施栽培条件下，适时早采可以获得较好的销售价格，尤其是在外地销售的，可以在果实 8 ～ 9 分熟时，提早 3 ～ 5d 采收以便于贮运。采收过早会影响产量和风味品质。

采收时一定要轻采轻放，戴手套采收可保护果粉，注意不要折断短果枝。采下的果轻轻放入有铺垫物的果篮中。注意分期分批采收。采收宜在早上或傍晚室内温度较低时进行，以免果实装箱后温度过高，造成果实变色。

6. 采收后管理

（1）肥水管理　果实采收后应及早施入基肥。每亩可施入有机肥 3000 ～ 6000kg、磷肥 5kg、硫酸钾复合肥 50kg。并叶面喷施 0.3% 尿素和 0.3% 磷酸二氢钾，提高叶片的生理活性，增强其同化功能。

（2）修剪　主要是进一步调整树体结构，疏除骨干枝延长枝的竞争枝、背上直立强旺枝，保持树体结构和生长势的平衡。回缩长结果枝和下垂枝，使结果枝健壮而紧凑。疏除过密枝和内膛细弱枝，改善光照条件，以利下部短枝的花芽发育。对新萌发的新梢在有空间的前提下，可在 20 ～ 30cm 时摘心，促发分枝，增加枝量。

（3）其他管理　果实采收后立即撤除覆盖物，为防止突然撤除覆盖物引起嫩枝日灼，应选择阴天或傍晚进行；综合防治病虫害，保护好叶片，避免二次开花，保证花芽的形成。

第五节　设施甜樱桃栽培

一、主要品种

目前在设施内栽培效果较好的甜樱桃品种有红灯、拉宾斯、佳红、美早、萨米脱、俄八、状元红、雷尼等。

二、周年生产管理技术

1. 休眠期管理

（1）适时扣棚与升温　樱桃的日光温室栽培同其他温室果树一样，采用“人工降温暗光促眠”技术，尽早满足休眠的需冷量要求。目前，已有将工业用空调机装到甜樱桃的温室内，秋季采取人工制冷办法降低温室内的温度，满足樱桃休眠需冷量的要求。采取在温室内放冰块的方法来降低温室的温度，也有一定的效果，且成本低。人工制冷温室覆盖时间为 9 月上旬，覆盖后用制冷装置降温，保持棚内温度在 5 ～ 7℃之间。甜樱桃的休眠需冷量比较大，大多品种累计低温达到 1000 ～ 1200h 后才能完成树体休眠。辽宁大连地区一般在 10 月末、11 月初扣棚，12 月下旬开始升温。塑料大棚（无保温覆盖）于 1 月末至 2 月中旬，一般当外界日平均气温达到 0℃时，就可以覆膜扣棚升温。

（2）休眠期修剪　甜樱桃设施栽培常用树形有纺锤形、自然开心形和改良主干形（图 7-29）。与露地不同的是，在设施的不同部位树高、主枝数要有所区别。如温室内的纺锤形，前排树高度在 1.5m 左右，主枝 5 ～ 6 个；中部树高 1.8m，主枝数 7 ～ 12 个；后排树高 2.0 ～ 2.5m，主枝数 13 ～ 15 个。

温室樱桃破眠问题解析

樱桃树的休眠期修剪要轻剪缓放多留枝，切忌短截过多，修剪过重。在有空间情况下，休眠期除主枝延长枝留 40cm 左右短截外，背上直立枝、竞争枝留橛修剪，其余枝条缓放或去顶芽。控制好主枝上的轮生枝，保证骨干枝单轴延伸，防止树冠郁闭、通风透光条件恶化。结果枝组延伸过长，生长势衰弱时，选抬头枝回缩，短枝和花束状果枝原则上不剪（图 7-30）。疏除细弱枝，集中营养，以保证开花坐果。

甜樱桃自然开心形　　甜樱桃纺锤形

图 7-29 **甜樱桃树形**

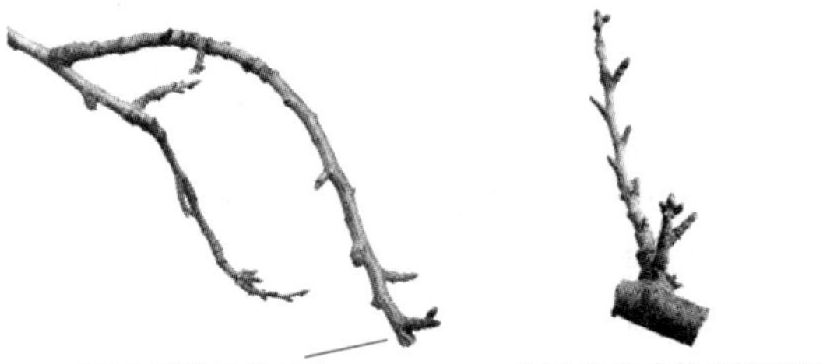

下垂枝及时回缩复壮　　短枝和花束状果枝不剪

图 7-30 **甜樱桃的结果枝修剪**

2. 催芽期管理

（1）温、湿度管理　温度管理上应平缓升温，保持夜温。甜樱桃在升温的第 1 ～ 2 周，白天温度控制在 10℃左右，夜间温度控制在 0℃以上。第 2 ～ 3 周白天温度控制在 15 ～ 18℃，夜间温度控制在 5℃左右，不宜长时间超过 8℃。此期温度管理不宜超过 20℃，否则，会造成雄雌蕊发育时间不足，引起花粉败育。适宜的标志是当樱桃树萌芽时，地面也长出杂草，说明地下生长与地上生长基本上是一致的。温度从升温到初花必须历经 35 ～ 40d，少于 30d 落花落果严重。中国樱桃在萌芽前，白天温度控制在 12 ～ 15℃，夜间温度控制在 3℃以上。空气相对湿度控制在 70% ～ 80%。

此期棚室内的空气湿度控制在 70% ～ 80%，有利于萌芽整齐。

（2）其他管理　开花前，每株结果树结合灌水追施沼液肥或豆饼液肥 10 ～ 20kg，保证开花期对肥水的需要。喷施石硫合剂和覆盖地膜等管理与桃相同。

3. 萌芽后至开花期管理

（1）温、湿度管理　甜樱桃萌芽到开花期，白天温度 18 ～ 19℃，夜间温度 7 ～ 10℃，其花粉发芽率、坐果率最高。中国樱桃品种，如莱阳矮樱桃，现蕾萌芽期白天温度控制在 15 ～ 17℃，夜间温度控制在 5℃以上。开花期白天温度控制在 18 ～ 20℃，夜间温度控制在 8℃以上。在开花期间，棚室内适宜空气湿度为 50% 左右。

（2）疏花芽与疏花蕾　负载量过大是造成甜樱桃隔年结果的重要原因之一，设施栽培条件下，对盛果期树进行疏花芽和疏花蕾，可显著提高坐果率、增大果个和防止隔年结果。疏花芽在花芽膨大期进行，用手轻轻一碰即可将花芽疏除。在树势较弱，花束状果枝过多、过密的情况下，可将其中 20% 左右的花束状果枝上的花芽疏除，只保留顶端的叶芽，让其抽生健壮短果枝，次年结果。留下的花束状果枝上的瘦小花芽也要疏除，使每个花束状果枝保留 3 ～ 4 个花芽（图 7-31）。开花时，疏除花芽中瘦小的花蕾，每个花芽中保留 2 ～ 3 朵花。

（3）人工辅助授粉　甜樱桃在配置授粉树的前提下，也要进行人工辅助授粉，方法与其他树种相同。

疏蕾前　　疏蕾后

图 7-31 **疏花芽**

4. 果实膨大期管理

（1）温、湿度管理　从落花后到幼果膨大，白天温度从 18 ～ 19℃逐步升到 20 ～ 22℃，最高不能超过 22℃。夜间温度控制在 7 ～ 8℃，最高不能超过 10℃。到果实着色至果实成熟期，白天温度控制在 22 ～ 25℃，夜间温度控制在 12 ～ 15℃，保证昼夜温差在 10℃以上，以利于果实着色和成熟。湿度在果实发育前期控制在 50% ～ 70%，后期控制在 50% 左右。

（2）疏果　果实硬核后疏除小果和畸形果，最终一个花束状结果枝留 6 ～ 8 个果（图 7-32）。4 ～ 6 年生树的负载量以每亩控制在 300 ～ 400kg，7 年生以后保持 500 ～ 600kg 为宜。

疏果前　　疏果后

图 7-32　甜樱桃疏果

（3）新梢管理　及早抹除剪锯口处、树冠内膛萌发的多余萌芽。对结果枝先端的直立旺枝、没有坐果的空枝及时疏除或留基部 2 ～ 3 片叶重截，促发弱枝，以利于果实的生长发育。对强旺新梢留 10cm 左右摘心，可显著提高坐果率，促进幼果发育。摘心后发出的副梢仍可在基部形成花芽。也可扭梢处理，既可控制新梢生长，又有促进花芽分化的作用。对角度开张不够的主枝可进行拉枝，达到树形结构要求，改善光照条件。

（4）肥水管理　从幼果期开始，每隔 7d 左右喷施一次 0.3% 的尿素和 0.2% 磷酸二氢钾的混合剂，共喷 2 ～ 3 次。硬核期后再补灌一次水，水量以一流而过为宜，到果实开始着色时停止追肥灌水。设施栽培樱桃在花后至硬核期前灌水会引起不同程度的落花落果，灌水越早，灌水量越大，落花越重，严重的可达 80% 以上。

（5）病害综合防治　由于设施内风较小，落花时花瓣不易散落，常附着在果实上，会导致灰霉病、褐腐病的发生。因此，要尽早除去果实上的花瓣残留物。花芽膨大期、幼果期各喷 1 次 70% 甲基托布津可湿性粉剂 800 倍液，防治煤污病、叶斑病等。发生细菌性穿孔病用 90% 春雷霉素可湿性粉剂 3000 倍液防治。

5. 果实成熟期管理

设施栽培的樱桃在果实成熟后要精心采收，同时注意不要折断短果枝。甜樱桃属高档果品，应将果实按大小和着色程度分级后包装，包装盒以内装 0.5 ～ 1.0kg 为宜。不管是采收或是包装，都应在短时间内完成，最好在 2℃的温度条件下降温预冷后再外运。

6. 采收后管理

（1）揭除覆盖物　果实采收后，棚室外还未到樱桃树的适宜生长季节，不能揭除覆盖物。当外界气温不低于 10℃时，草帘等覆盖物可以揭掉。采收以后，逐渐增大塑料薄膜通风口的打开程度，放风锻炼，使温室内的条件逐渐与外界接近。当外界温度稳定在 15℃以上时，选择傍晚时分将塑料薄膜撤掉。放风锻炼时间至少要持续 15d 以上，以免撤除塑料薄膜太急，放风锻炼的时间不够，造成叶片灼伤焦枯，导致二次开花。

（2）采收后修剪　温室甜樱桃采收后修剪量要小、程度要轻。具体方法是：一是对骨干枝应采取缓放和回缩的方法调控，维持树冠的大小和高矮，防止树冠间的交叉和树冠顶部距棚膜过近。二是对开始衰弱的结果枝组进行回缩更新复壮，回缩到壮枝壮芽处。三是对上部过旺新梢可少量疏除。四是对过密枝进行回缩或疏除，背上直立枝留橛 1 ～ 2cm 疏除，改善树冠通风透光条件。

对于修剪后萌发的新梢长到 15 ～ 25cm 时，可连续进行摘心，促发分枝，控制旺长，使枝条尽快成熟而形成花芽，增加结果部位。对于枝条角度不符合要求的枝条，继续拉枝开张角度，改善通风透光条件，使树冠内外长势均衡，花芽形成良好。

（3）控制新梢生长，促进花芽分化　对于树势较旺的树可在 7 ～ 8 月份喷施 PBO 抑制新梢生长。

（4）肥水管理　修剪后要对土壤进行一次耕翻，增加土壤的透气性。同时追施一次速效性肥料，如每株施磷酸二铵 1kg，利于树势的恢复。待到 8 月中下旬秋施一次有机肥。

（5）病虫害防治　撤覆盖物后及时喷保护叶片的杀菌剂和杀虫剂，进入雨季的 7 ～ 8 月份，喷 2 次 1：2：240 波尔多液和 1 次 80% 代森锰锌可湿性粉剂 800 ～ 1000 倍液，防治各种叶斑病、穿孔病等。二斑叶螨发生初期喷 1 ～ 2 次 0.9% 齐螨素粉剂 2000 倍液防治。以免早期落叶，造成二次开花，影响来年产量。

第六节　设施葡萄栽培

一、主要品种

目前葡萄设施栽培应用较多的品种有巨峰、无核白鸡心、红地球、辽峰、阳光玫瑰、妮娜皇后、夏黑、秋黑、茉莉香等。

二、周年生产管理技术

1. 休眠期管理

（1）环境调控　为保证葡萄顺利通过休眠，休眠期温度控制在 0 ～ 5℃之间，空气相对湿度维持在 90% 左右，以保证枝条、芽眼不被抽干。在揭帘升温之前浇一次水，以保证土壤和空气湿度。此期葡萄对于光照、CO_2 等其他生态环境因子则要求不高。同时应注意灰霉病的发生，可通过喷施杀菌剂或用烟雾剂来防治。

（2）休眠期修剪　一年一栽制葡萄在落叶后将充分成熟的主蔓剪留 1.5m 左右，将上面着生的副梢从基部疏除。多年一栽制葡萄对结果母枝的休眠期修剪有短梢修剪（2 ～ 4 芽），中梢修剪（5 ～ 7 芽）和长梢修剪（8 芽以上）。中、长梢修剪时，采用双枝更新的修剪方法；短梢修剪时，采用单枝更新修剪法，即短梢结果母枝上发出 2 ～ 3 个新梢，在冬剪时回缩到最下位的一个枝，并剪留 2 ～ 3 个芽作为下一年的结果母枝。

2. 树液流动期管理

（1）环境调控　葡萄的自然休眠期较长，完全通过自然休眠一般需要 1200 ～ 1500h 低温量。因此当葡萄渡过休眠后即可升温，熊岳一般在 12 月底开始升温。升温的第一周要实行低温管理，白天保持 20℃左右，夜间 5 ～ 10℃。一周后逐渐升高温度，最高 28℃，最低 5℃。空气相对湿度 90%（可通过向枝条和地面喷水来保持），以保证萌芽整齐。温室采光条件好能有效地积蓄热量，全面提高温度促进萌芽，因此要保持棚膜干净，并铺地膜提高地温。由于这时葡萄尚未萌芽，因此对 CO_2 要求不严格。

设施葡萄温度三段式管理

（2）喷施单氰胺　在升温前 1 ～ 2d，配制 20 ～ 25 倍的单氰胺溶液，然后直接用喷雾器喷洒或用刷子蘸取配制好的溶液，均匀涂抹在芽和枝干上，或戴两层手套（内层为胶皮手套，外层为线手套），蘸取配制好的溶液，用手捋葡萄枝蔓，使其芽眼浸入药液，可以使温室葡萄提前 25 ～ 30d 开花，果实成熟提早 20 ～ 25d。

（3）追肥　萌芽前进行追肥，以生物有机冲施肥为主。

（4）病虫害防治　升温后喷一次 5°Bé 的石硫合剂，防治病虫害。

3. 萌芽展叶、新梢生长期管理

（1）环境调控　随着芽的萌发和新梢生长，花序进一步分化。白天温度控制在 25 ～ 28℃，萌芽后最低温度应维持在 10℃，空气相对湿度逐步降低至 60%，以防止湿度过大引起病虫害。如果温度、湿度过高，会促使新梢徒长，影响花序各器官的分化质量，进而影响果实发育。展叶后叶片逐步开始进行光合作用，因此，此期间对光照和 CO_2 的要求逐步提高。

（2）修剪　第 1 次抹芽在萌芽后 10 ～ 15d 进行，第 2 次抹芽在前次抹芽后 10d 左右进行，也可以和定梢同时进行。篱架管理的葡萄，及时抹除距地面 50cm 以内的新梢。主蔓上每 20cm 左右留 1 个结果新梢，一个主蔓留 5 ～ 6 个结果新梢，即每株树留 5 ～ 6 个结果新梢。棚架管理的葡萄，水平架面主蔓上每 20 ～ 25cm 留 1 个结果新梢，即每平方米架面留 8 ～ 10 个结果新梢。

坐果率低的品种，如巨峰等，结果枝摘心在开花前进行，一般在花序上留 7 ～ 10 片叶摘心。坐果率高的品种，如凤凰 51、京秀、京玉等，可在花后 5 ～ 7d 摘心，甚至暂不摘心，让其多落掉一些花和果，待果实坐住后再进行，可使果穗松散，果粒增大。坐果率中等的品种一般在始花期摘心。棚架管理的可适当少留叶片，篱架管理的宜适当多留叶片。结果枝上的副梢要及早抹除，只在顶端留一个副梢反复摘心。

当新梢长至 30 ～ 40cm 时，应及时将其绑在架面上，以免影响通风透光。

（3）土肥水管理　展叶后一周喷一次氨基酸钙等叶面肥。开花前一周，每株施 50g 左右氮磷钾复合肥，保证开花坐果对肥水的要求。追肥后灌一次水，促进新梢生长，保证花期需水。最好利用管道进行膜下灌水，避免温室内湿度过大，发生病害。

4. 开花坐果期管理

（1）环境调控　葡萄花期对温度比较敏感，在此期间白天温度控制在 25 ～ 28℃，夜间 16 ～ 18℃，最低 15℃。空气相对湿度 50%。花期禁止浇水，防止造成落花落果。同时应增加 CO_2 含量，提高光合速率，促进坐果。

（2）修剪　此期要进行疏花序、去副穗、掐穗尖、整穗形。方法参考露地葡萄管理。

（3）肥水管理　在开花期喷施 0.1% 的硼砂水溶液，可以提高葡萄花粉发芽能力，提高坐果率。

（4）病虫害防治　花期注意防治穗轴褐枯病，可喷施 1 次甲基硫菌灵或用百菌清进行一次熏蒸。棚室内不宜喷施波尔多液，以免污染棚膜。

5. 果实发育期管理

（1）疏粒　坐果后对果穗进行疏粒。不同品种、不同栽培管理条件以及果粒大小，每穗保留粒数不等。如巨峰一般每穗保留 50 ～ 60 粒不等，使果粒在穗轴上均匀分布。保证成熟后果穗松紧适度，果粒大小一致，着色整齐。

（2）环境调控　白天应控制在 28℃，夜间温度可保持在 18 ～ 20℃。空气相对湿度控制在 50% ～ 60%。另外，这一时期光照条件的好坏及 CO_2 供给量的多少直接影响着光合速率的大小，从而影响果实的发育。因此，应增加 CO_2 含量，改善光照条件以提高光合产物在果实内的积累。

（3）新梢管理　及早处理副梢、卷须。在果实上色前剪除不必要的枝叶，对结果新梢基部的老叶，可去掉 3 ～ 4 片，促进果实上色和成熟。采收后的结果枝及时剪掉，改善光照条件，促进其他果实的成熟。

（4）土肥水管理　果实膨大期追肥，以磷钾肥为主，追肥后浇水。保持土壤疏松。

6. 果实着色成熟期

（1）环境调控　果实着色成熟期应加大昼夜温差，促进养分积累，以利果实着色、提高果实含糖量、改善果实品质。白天温度控制在 28 ～ 30℃，夜间 15 ～ 18℃或更低些。空气相对湿度控制在 50% ～ 60%。

（2）修剪　疏除过密的枝条，摘除果穗周围遮光的叶片，促进果实着色。停止浇水，防止造成裂果、降低果实品质。

（3）果实采收与包装　葡萄果穗成熟期不一致，应分期分批采收。时间在早晚温度低时进行。用疏果剪去掉青粒、小粒，然后根据果穗大小、果粒整齐度和着色等进行分级包装。

7. 果实采收后管理

果实采收后撤去棚膜改为露地栽培。要及时进行修剪，然后追肥灌水，促发新枝，重新培养结果母枝，后期及时控制新梢生长。

（1）采收后修剪　篱架栽培的葡萄通常是上部葡萄先成熟，采收后应及时回缩，以利于下部葡萄成熟，待果实全部采收后及时将主蔓在距地面 30 ～ 50cm 处回缩，促使潜伏芽萌发，培养新的主蔓，即结果母枝。有预备枝的则应回缩到预备枝处（图 7-33）。这项工作最好在 6 月上旬完成，最迟不能超过 6 月下旬。修剪时间越晚，主蔓应留得越长，避免新梢萌发过晚，花芽分化不好。棚架葡萄修剪如采用长梢修剪，同样将结过果的主蔓部分回缩到棚架的转弯处，有预备枝最好，培养新的结果母枝。

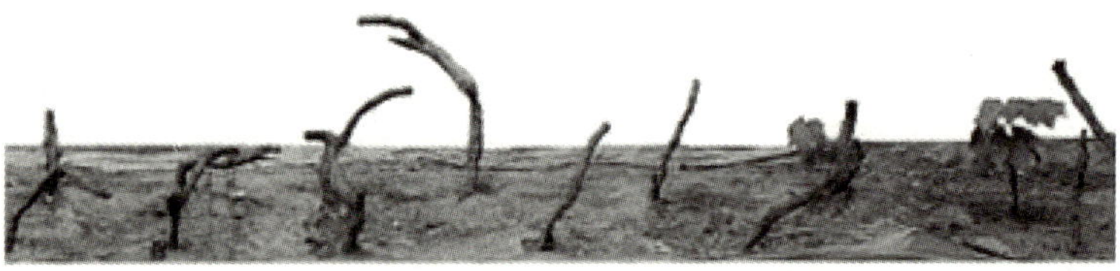

图 7-33　篱架栽培葡萄果实采收后修剪状

缩剪后留2个新梢　　培养成2个结果蔓

图 7-34　修剪后的新梢管理

（2）修剪后的新梢管理　主蔓回缩修剪后，大约 20d 潜伏芽萌发，对发出的新梢，选留 1 个，对其进行露地管理，副梢留一片叶摘心，及时去除卷须，当长到 1.8m 左右时或在 8 月上中旬进行摘心。美人指等生长势强旺的品种回缩后可留 2 个新梢，以缓和生长势（图 7-34）。

（3）肥水管理　葡萄修剪后每株施 50g 尿素或施复合肥 100 ～ 150g，施肥后灌一次水。9 月上中旬施一次有机肥，每亩施 5000kg，即 1 株树 5kg 左右，促进树体养分积累，为下年生产打好基础。在新梢生长过程中应进行叶面喷肥，促进新梢生长健壮，保证花芽分化的需要。

（4）病虫害综合防治　更新后的新梢，前期可喷布石灰半量式波尔多液200倍液防治葡萄霜霉病，以后可喷等量式波尔多液，共喷2～3次，每次间隔10～15d。在喷布波尔多液期间可间或喷布甲基硫菌灵、代森锰锌等杀菌剂防治白腐病、炭疽病等病害。

第七节　设施草莓栽培

一、主要品种

1. 塑料大棚栽培品种

早春大棚以丰香、幸香、卡尔特一号为主栽品种。

2. 日光温室栽培品种

日光温室促成栽培在城市郊区可选择品质好的品种，如枥乙女、幸香、宝交早生、红颜和丰香为主栽品种。在偏远地区，可选择硬度大、耐贮运的品种，如弗杰尼亚（杜克拉）、图得拉、鬼怒甘等品种。日光温室半促成栽培以选择红颜、全明星、新明星、弗杰尼亚、卡尔特一号效果比较好。

二、周年生产管理技术

1. 定植技术

设施栽培草莓在定植前要对土壤进行消毒处理，土壤消毒结束后，9月初平整土地，每亩施入腐熟农家肥5000kg和氮磷钾复合肥50kg。然后做成南北垄，垄面宽50～60cm，垄基宽70～80cm，高30～40cm。

设施栽培草莓宜选用经过假植的壮苗。对于假植苗，苗木要求具备5～6片叶，叶片大而厚，叶色浓绿，新茎粗度1～1.3cm，根系发达，全株鲜重35g以上。当假植苗有80%以上的植株通过顶芽花芽分化时就可以定植，通常在9月20日前后定植。应选择第三代子苗，第二代和第四代子苗次之。对于非假植苗，要求草莓植株具有3～4片展开叶，北方棚室栽培可在8月下旬至9月初定植。因各种原因不能按期定植的，可在10月上旬定植。

定植方式为大垄双行，即小行距20～25cm，株距15～18cm（图7-35），每亩定植7000～9000株。也可做床（80cm），小行距35～45cm，穴距25～30cm，每穴栽2～3株，亩栽8000～10000株。定植深度要求“深不埋心，浅不露根”，并在畦上覆地膜（黑色较好）。

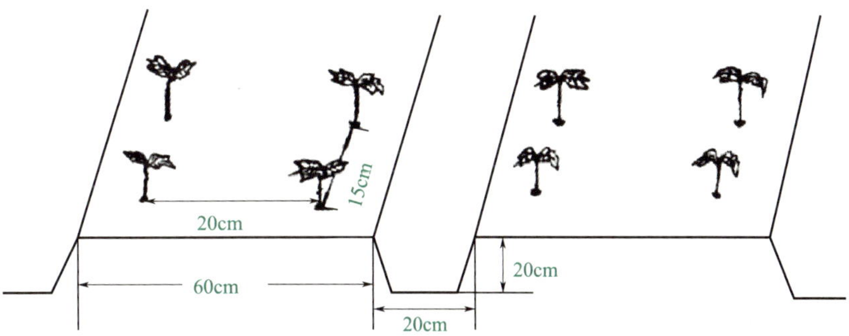

图7-35　草莓棚内垄栽示意图

为便于管理，草莓定植时要注意调整秧苗方向，使秧苗的弓背朝一个方向，如高畦双行栽植，应使秧苗弓背方向朝外，其好处是将来花序伸出方向一致，有利于管理（图 7-36）。定植后 1 周内，注意浇水保持土壤与空气湿度，有条件要适当遮阴，以利缓苗。缓苗后要适当控水。

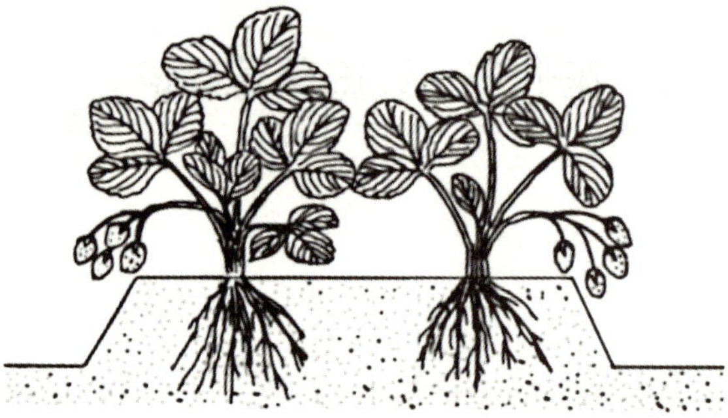

图 7-36　草莓苗定植方向

2. 扣棚保温与地膜覆盖

日光温室促成栽培的覆膜保温时间是在外界最低气温降到 8 ～ 10℃时进行，辽宁省可在 10 月中旬扣棚保温。促成栽培的草莓不进入自然休眠，如保温过早，室内温度高，不利于花芽分化；保温过晚，易导致植株进入休眠，表现矮化，不能正常生长结果。一般温度在 5℃以下，草莓进入休眠。夜间 6 ～ 7℃时为保温期的临界温度。

日光温室的半促成栽培是在草莓通过自然休眠后，进行覆膜保温，通常 11 月中旬扣棚膜，同时覆盖保温覆盖物，保持 1 个月以上，使植株进入自然休眠，满足草莓品种的自然休眠需冷量后即可升温。一般可在 12 月末至翌年 1 月上旬开始升温，升温过程要缓慢进行。

覆盖地膜一般在扣棚后一周左右进行。目前生产上普遍采用黑色地膜，在早晚温度低时进行，覆膜后立即破膜提苗。

3. 温、湿度管理

根据草莓的生育特点，无论是促成栽培，还是半促成栽培，升温后的温度管理指标是相同的。扣棚后温室内温度迅速升高，做好温度调节非常重要。温度总的管理原则为前期高，后期低。

草莓扣棚后 30d 左右开始现蕾，现蕾温度为白天 25 ～ 28℃、夜间 10℃，夜温过高（超过 13℃）时，腋花芽退化，雌雄蕊发育受阻。随后进入花期，此期管理非常关键，室内温度白天 23 ～ 25℃，夜间 8 ～ 10℃为宜。草莓花药开裂所需最低温度为 11.7℃，适宜温度为 13.8 ～ 20.6℃，温度过低时，花药不能开裂，影响授粉受精。在开花期遇有低于 0℃的温度，需要人工加温，避免影响授粉受精，降低前期产量。果实膨大期和成熟期白天保持 20 ～ 25℃，夜间 5 ～ 10℃。这一时期温度过高，可影响果实膨大，表现果实着色快、成熟早，但体积小、品质差。

如果做半促成栽培，前期要“闷棚”，使室温达到 30 ～ 35℃，目的是使草莓从休眠状态下迅速觉醒，进入生长状态。温度调控靠覆盖和通风来调节。设施栽培草莓空气相对湿度控制在 40% ～ 50% 为宜，以利于开花授粉和降低病害的发生。

在冬季不很寒冷的地区也可以采用塑料大棚进行促成栽培，但需要在大棚内加扣小拱棚。一般在每年的 12 月中旬前后扣小拱棚，保证草莓植株生长温度不低于 5℃，避免长期低温导致草莓植株进入休眠。

4. 光照管理

草莓喜光但比较耐阴。设施栽培最容易产生光照不足问题。光照不足，花茎和叶柄细长，叶片淡绿，花小或不能开花，授粉受精不良，果实小，品质差，产量低。在冬天晴天的中午，温室内的光照度一般为15000lx，阴天约5000lx，草莓能正常生长。但如果想要进一步提高产量，必须把光照度提高到25000lx。在温室后墙张挂反光幕可明显改善光照度。另外，可用电灯补光，每2～4m挂一个60～100W的白炽灯泡，从盖上草苫开始照明一直到22～24时，可解决光照时间不足的问题。

5. 赤霉素处理

赤霉素在草莓促成栽培中起着举足轻重的作用。喷施赤霉素可以促进营养生长，防止植株休眠，促进花梗和叶柄伸长，增大叶面积，促进花芽发育，在低温时喷施可起到长日照的作用。赤霉素喷施时期要求在扣棚后新叶长出2～3片时，以花序刚要显露时使用效果好，通常在日光温室保温后1周用10mg/L赤霉素喷布植株，只喷苗心，不要喷在叶面上。每株用量5mL左右，千万不能喷施过量。休眠较深的品种可喷2次，应在花序露出前15d之内完成。以设施内的温度为25～30℃时作用最明显。喷施后3～7d可看出明显效果。

6. 肥水管理

扣棚后，室内温度高，水分蒸发快，土壤容易缺水，特别是这个时期植株生长旺盛，需水量大。因此及时浇水非常必要。花期结合追肥（畦上开沟或穴施）应浇一次水。每亩施尿素10kg、磷肥20kg，这是第一次追肥。第二次是在顶花序果实转白膨大时进行，每亩施磷酸二氢钾15～30kg。第三次在顶花序果实采收前进行，追施钙钾肥，促进果实发育。第四次在顶花序果实采收后，追施氮磷钾复合肥，保证植株的随后生长。以后每15d追肥一次或叶面喷肥一次。

草莓温室栽培必须采用膜下灌溉方式，以膜下滴灌为好。也可在大垄中间留灌水沟，灌水时拱起北侧地膜进行。判断植株是否缺水，在早晨看叶缘是否吐水，即使土壤湿润，如植株不吐水，应视为缺水。

7. 授粉技术

草莓如果授粉受精不好，就会产生畸形果，影响商品价值和产量。花期提倡放蜂，每1000m^2放1～2箱蜜蜂即可。据试验，花期放蜂畸形果减少5倍，单果重明显增加，坐果率增加10%以上。蜂箱宜放在温室的西南角，距地面50cm，箱口向着东北角。

8. 植株管理

促成栽培草莓植株生长旺盛，易出现较多腋芽，宜在顶花序抽出后，选留2～3个方位好而壮的腋芽保留，其余掰掉以节省营养。在植株生长过程中，随时将老化、黄化、呈水平生长的叶去掉，以节省营养，改善通风透光条件，一般每个新茎保留6～8个叶片即可。

草莓是聚伞花序，一般第一个花序有20朵以上，少的也有10朵。疏花时高级次小花、弱花要及时疏掉，保留7～10朵，随着坐果，将畸形果、病虫果和小果疏掉，最终第一个花序保留5～7个果。留果量少则果个大，经济价值高。结果后的花序要及时去掉。同时要及时摘除匍匐茎并进行垫果。

9. 病虫害防治

以农业防治方法为主，通过增施有机肥，避免过量使用氮肥；栽植密度合理，防止过密造成郁闭；高畦栽培、地膜覆盖、膜下灌溉等措施提高草莓植株的抗病能力。一旦发现染病植株立即清除。收获结束后，及时清理秧苗和杂草，深翻施肥，利用太阳能消毒。避免连作，最好不与茄子轮作。通过放风等措施，将温室内湿度控制在 50% 以下。

白粉病在设施栽培中一旦发生，难以根治，要以预防为主。对易染病品种，如丰香等，应在定植前对秧苗彻底喷洒一次硫黄悬浮剂。定植后定期喷药预防，可用 20% 三唑酮可湿性粉剂 1000 倍液、12.5% 腈菌唑乳油 2000 倍液等喷雾防治，7 ～ 10d 喷 1 次，连喷 2 ～ 3 次。

灰霉病主要发生在 2 ～ 5 月，正是草莓果实大量成熟时期，只能用烟雾剂熏蒸。每亩用 20% 腐霉利烟剂 80 ～ 100g，傍晚时密闭熏蒸。

螨类危害要早期防治，可用 20% 双甲脒乳油 1000 ～ 1500 倍液防治。发生蚜虫和白粉虱可采用黄板诱杀，每亩挂 30 ～ 40 块。也可喷雾防治，但在采果前 2 周要停止用药。

复习思考题

1. 设施果树栽培主要方式有哪些？其适用的树种各有什么？
2. 与露地果树相比，设施内果树生长发育有什么特点？
3. 确定设施栽培果树开始升温日期的依据有哪些？
4. 比较设施栽培桃与设施栽培甜樱桃果实采收后修剪有何不同？
5. 为什么甜樱桃设施生产中会出现隔年结果现象？如何预防？
6. 如何打破设施葡萄休眠？怎样进行操作？
7. 温室葡萄如何进行更新修剪？
8. 简述日光温室草莓半促成栽培的关键技术。

参考文献

[1] 马文哲，雷世俊 . 果树生产技术（北方本）[M]. 2 版 . 北京：中国农业出版社，2019.
[2] 蒋锦标，卜庆雁 . 果树生产技术（北方本）[M]. 北京：中国农业大学出版社，2014.
[3] 马文哲 . 绿色果品生产技术（北方本）[M]. 北京：中国环境科学出版社，2006.
[4] 王海波，杨振锋 . 我国果业重大使命和“十四五”重点任务 [J]. 中国果树，2022（4）：1-4.
[5] 潘殿莲，王志强 . 我国设施果树全程机械化生产现状与趋势研究 [J]. 中国果树，2024（4）：147-151.
[6] 冯社章，赵善陶 . 果树生产技术（北方本）[M]. 北京：化学工业出版社，2007.
[7] 杨洪强 . 绿色无公害果品生产全编 [M]. 北京：中国农业出版社，2003.
[8] 刘振岩，李震三 . 山东果树 [M]. 上海：上海科学技术出版社，2000.
[9] 龙兴桂 . 现代中国果树栽培 [M]. 北京：中国林业出版社，2000.
[10] 张安盛，王少敏 . 安全优质果品的生产与加工 [M]. 北京：中国农业出版社，2005.
[11] 聂继云 . 果品标准化生产手册 [M]. 北京：中国标准出版社，2003.
[12] 周晏起，卜庆雁 . 草莓优质高效生产技术 [M]. 北京：化学工业出版社，2012.
[13] 劳秀荣，杨守祥，韩燕来 . 果园测土配方施肥技术 [M]. 北京：中国农业出版社，2008.
[14] 姜远茂，彭福田，巨晓棠 . 果树施肥新技术 [M]. 北京：中国农业出版社，2002.
[15] 周伟儒 . 果树壁蜂授粉新技术 [M]. 北京：金盾出版社，2007.
[16] 张中印，安建东，罗术东，等 . 蜜蜂授粉手册 [M]. 北京：中国农业出版社，2008.
[17] 王江柱，解金斗 . 苹果高效栽培与病虫害看图防治 [M]. 北京：化学工业出版社，2018.
[18] 汪景彦 . 苹果树合理整形修剪图解（修订版）[M]. 北京：金盾出版社，2004.
[19] 汪景彦 . 苹果无公害生产技术 [M]. 北京：中国农业出版社，2003.
[20] 魏钦平，王小伟，朱丽琴 . 无公害苹果标准化生产 [M]. 北京：中国农业出版社，2006.
[21] 冯明祥，邸淑艳 . 苹果病虫害及防治原色图册 [M]. 北京：金盾出版社，2007.
[22] 孟林 . 果园生草技术 [M]. 北京：化学工业出版社，2004.
[23] 杨洪强，接玉玲 . 无公害苹果标准化生产手册 [M]. 北京：中国农业出版社，2008.
[24] 张力飞，梁春莉 . 图说苹果栽培关键技术 [M]. 北京：中国农业大学出版社，2023.
[25] 张文，沙海峰，郝美玲 . 桃树栽培技术问答 [M]. 北京：中国农业大学出版社，2008.
[26] 冯明祥，李晓军 . 桃病虫害及防治原色图册 [M]. 北京：金盾出版社，2007.
[27] 于立杰，陈晓军，于强波 . 图说温室桃栽培关键技术 [M]. 北京：中国农业大学出版社，2023.
[28] 夏国芳，韩凤珠 . 图说甜樱桃栽培关键技术 [M]. 北京：化学工业出版社，2020.
[29] 韩凤珠，赵岩 . 大樱桃保护地栽培新技术 [M]. 北京：中国科学技术出版社，2018.
[30] 孟凡丽，梁春莉，于立杰 . 图说温室甜樱桃栽培关键技术 [M]. 北京：中国农业大学出版社，2022.
[31] 晁无疾 . 葡萄优新品种及栽培原色图谱 [M]. 北京：中国农业出版社，2003.

[32] 杨治元，陈哲 . 图解阳光玫瑰葡萄精品高效栽培 [M]. 北京：中国农业出版社，2021.

[33] 卜庆雁，王志利，翟秋喜 . 图说鲜食葡萄栽培关键技术 [M]. 北京：中国农业大学出版社，2022.

[34] 李体智 . 栗树实用栽培技术 [M]. 沈阳：辽宁科学技术出版社，2002.

[35] 夏国京，郝平 . 大果榛子高产栽培 [M]. 北京：金盾出版社，2006.

[36] 梁维坚，董德芬 . 大果榛子育种与栽培 [M]. 北京：中国林业出版社，2002.

[37] 梁春莉，聂洪超 . 图说榛子周年栽培关键技术 [M]. 北京：化学工业出版社，2019.

[38] 孙培博，夏树让 . 设施果树栽培技术 [M]. 北京：中国农业出版社，2008.

[39] 郭世荣，高志红 . 设施果树生产技术 [M]. 北京：化学工业出版社，2013.

[40] 蒋锦标，吴国兴 . 果树反季节栽培技术指南 [M]. 北京：中国农业出版社，2000.

[41] 郝燕燕，郝瑞杰 . 葡萄设施栽培技术 [M]. 北京：中国社会出版社，2006.

[42] 于立杰，张振东，于强波 . 图说温室草莓栽培关键技术 [M]. 北京：中国农业大学出版社，2022.

[43] 张运涛，王桂霞，董静 . 无公害草莓安全生产手册 [M]. 北京：中国农业出版社，2008.

[44] 杨治元 . 巨峰系葡萄品种特性 [M]. 北京：中国农业出版社，2007.

[45] 房经贵 . 图解设施葡萄高产栽培修剪与病虫害防治 [M]. 北京：化学工业出版社，2018.